高等学校通信类专业系列教材

教育部—中兴通讯 ICT 产教融合系列教材

PTN 光传输技术

主编　秦玉娟　李文祥

西安电子科技大学出版社

内 容 简 介

本书以光传输通信网络技术的典型工作任务为依据，以培养光传输通信网络建设与运行维护的核心职业能力为目标，由高校教师和企业工程师共同编写。全书共 6 章，分别为光传输技术发展、分组传送网网络规划、分组传送网环网搭建、分组传送网业务开通、分组传送网保护以及分组传送网运行维护。

本书概念清晰、内容丰富，理论与实践紧密联系，不仅可作为应用型本科教学用书，还可作为光传输工程培训用书及相关技术人员的参考书。

图书在版编目(CIP)数据

PTN 光传输技术 / 秦玉娟，李文祥主编. —西安：西安电子科技大学出版社，2021.9(2024.1 重印)
ISBN 978–7–5606–6061–5

Ⅰ. ①P… Ⅱ. ①秦… ②李… Ⅲ. ①光传输技术 Ⅳ. ①TN818

中国版本图书馆 CIP 数据核字(2021)第 082662 号

策　　划　刘玉芳
责任编辑　郑一锋　刘玉芳
出版发行　西安电子科技大学出版社(西安市太白南路 2 号)
电　　话　(029)88202421　　邮　　编　710071
网　　址　www.xduph.com　　电子邮箱　xdupfxb001@163.com
经　　销　新华书店
印刷单位　陕西博文印务有限责任公司
版　　次　2021 年 9 月第 1 版　2024 年 1 月第 3 次印刷
开　　本　787 毫米×1092 毫米　1/16　印　张　14
字　　数　327 千字
定　　价　35.00 元
ISBN 978-7-5606-6061-5 / TN
XDUP 6363001-3

前　言

在通信网络环境中，业务正在不断向综合方向发展，随着综合业务 IP 化的不断推进，出现了能够较好地承载电信级以太网业务，又能兼顾传统 TDM 业务，并继承 SDH/MSTP 良好的组网、保护和可运维能力的分组传送网 PTN 技术，该技术满足我国广大用户对通信业务的需求，突破了原有网络传输技术难点。

大规模的PTN网络建设之后，如何高效维护，成为摆在各运营商面前的主要问题之一。为了适应当前通信行业对人才的需求，一些应用型本科院校已着手对通信专业人才培养方案进行改革，开设了 PTN 分组传输网课程，但目前市面上关于 PTN 的参考书籍比较少，现有书籍也只是从分组传送网的理论方面进行阐述，并不适合作为应用型本科教学用书。

本书由高校教师和企业工程师共同编写，按照理论知识够用为度，重点突出实践的原则安排内容，以分组传送网(PTN)网络的建设部署和运维实战为核心，由浅入深，循序渐进，理论与实践结合。书中还配置了大量的图解说明，便于读者分析理解。因此，本书内容更科学，更贴近行业发展，更加符合应用型人才培养的需求。

全书共 6 章。第 1 章为光传输技术发展，简要介绍了光传输技术的发展历程以及 PTN 的基本原理、PTN 技术特点；第 2 章为分组传送网网络规划，详细介绍了分组传送网数据通信基础知识、分组传送网设计规划原则、典型的 PTN 设备以及 PTN 网络建设实例；第 3 章为分组传送网环网搭建，全面介绍了 PTN 分组传送网的调测开通及时钟配置；第 4 章为分组传送网业务开通，以中兴通讯公司的 ZXCTN 设备为实训平台，详细介绍了分组传送网的网络组建、业务配置，包括 E-Line 业务、E-LAN 业务、E-TREE 业务、TDM 业务、ATM 业务；第 5 章为分组传送网保护，详细介绍了 PTN 的保护方式以及分组传送网的网络保护配置等；第 6 章为分组传送网运行维护，详细介绍 PTN 的 OAM 技术以及 PTN 网络的管理和运维规范要求，针对性地研究了 PTN 网络故障的运维实例。

本书由兰州工业学院的老师和北京华晟经世信息技术有限公司的工程师共同撰写，其中秦玉娟老师编写了第 1、5、6 章以及第 4 章中的 4.1、4.2 节；北京华晟经世信息技术有限公司的李文祥高级工程师编写了第 2 章中的 2.3、2.4 节，第 3 章及第 4 章中的 4.3、4.4、4.5 节；第 2 章中的 2.1、2.2 节由刘馨老师编写；全书由李文祥高级工程师审阅。在本书的编写过程中，北京华晟经世信息技术有限公司和深圳中兴通讯股份有限公司提供了大量的资料，在此表示诚挚的谢意。

由于编者水平有限，书中难免存在不妥或疏漏之处，敬请广大读者批评指正。

编　者

2021 年 4 月

目　录

第 1 章　光传输技术发展

近年来，随着电信业的迅速发展，大量的通信新业务不断出现，信息高速公路正在世界范围内以惊人的速度发展，同时也产生了诸多通信应用，这些应用都对大容量通信提出了更高的技术要求。光传输技术作为一项主要的通信技术，正朝着高速度、大容量、扩展性好的方向发展。

本章以光传输技术的发展历程为依托，简单介绍光纤通信的发展历程，重点阐述光传输网络技术的演进，并对现网中采用的分组传送网络关键技术进行介绍。

1.1　光纤通信概述

1.1.1　光纤通信发展简史

1880 年，贝尔发明了光话系统，但光通信的关键困难——光源和传光介质没有解决。1960 年，美国科学家海曼发明了世界上第一台红宝石激光器；同年，贝尔实验室又发明了氦-氖激光器，初步解决了光通信的光源问题。但上述两种激光器的体积和重量较大，还不能进入实用阶段。

1966 年，英籍华人高锟指出利用光纤进行信息传输的可能性和技术途径，奠定了光纤通信的理论基础。当时石英纤维的损耗率高达 1000 dB/km 以上，而同轴电缆的损耗率则为 20 dB/km(但同轴电缆的损耗率已无下降可能)。高锟指出，石英纤维的损耗率并非其固有特性，而是由于材料中杂质的吸收产生的，因此，对材料提纯可以制造出适合远距离通信使用的低损耗光纤。

1970 年，光纤研制取得重大突破。美国康宁公司研制成损耗率为 20 dB/km 的石英光纤，1972 年光纤损耗率下降到 4 dB/km，1973 年则下降到 2.5 dB/km，1974 年更是降到 1.1 dB/km，1986 年降为 0.154 dB/km，接近光纤最低损耗的理论极限。从此，光纤的实用成为可能。

1970 年，光纤通信所用的光源器件也取得了进展，美国、日本、苏联的科学家分别成功研制了可在室温条件下使用的半导体激光器。1976 年，日本成功研制了 1310 nm 波长的半导体激光器，1979 年，美国和日本又成功研制了 1550 nm 波长的半导体激光器。半导体激光器的成功研制和不断完善，使光纤通信系统实用化成为可能。

1976 年，美国在亚特兰大进行了世界上第一个实用多模光纤通信系统的现场试验，传输速率为 44.7 Mb/s，传输距离为 10 km；1980 年，美国标准化 FT -3 多模光纤通信系统投入商用，传输速率为 44.7 Mb/s，传输容量相当于 672 个 64 kb/s 的话路。

此外，1976 年，日本进行了突变型多模光纤通信系统的试验，其传输速率为 34 Mb/s，相当于480个64 kb/s的话路，传输距离为64 km；1978年，日本又进行了100 Mb/s的渐变型多模光纤通信系统的试验，相当于同时传输1440个64 kb/s的话路；1983年，敷设了纵贯日本南北的长途光缆干线，全长3400 km，初期传输速率为400 Mb/s，相当于同时传输5760个话路，后来日本将其扩容到1.6 Gb/s，相当于同时传输23 040个话路。

1988年，第一条横跨大西洋的海底光缆建成，全长6400 km；1989年，第一条横跨太平洋的海底光缆建成，全长13 200 km。从此，海底光缆通信系统的建设全面展开，促进了全球通信网的发展。

我国光纤通信技术的研究始于20世纪70年代初，光纤通信系统的实用化则始于20世纪80年代初。

1.1.2 光纤通信的基本概念

光纤通信是以光波作为载波、以光纤作为传输媒介的一种通信方式。光波是一种电磁波，光纤通信工作在近红外区，光通信使用的电磁波谱如图1-1所示。

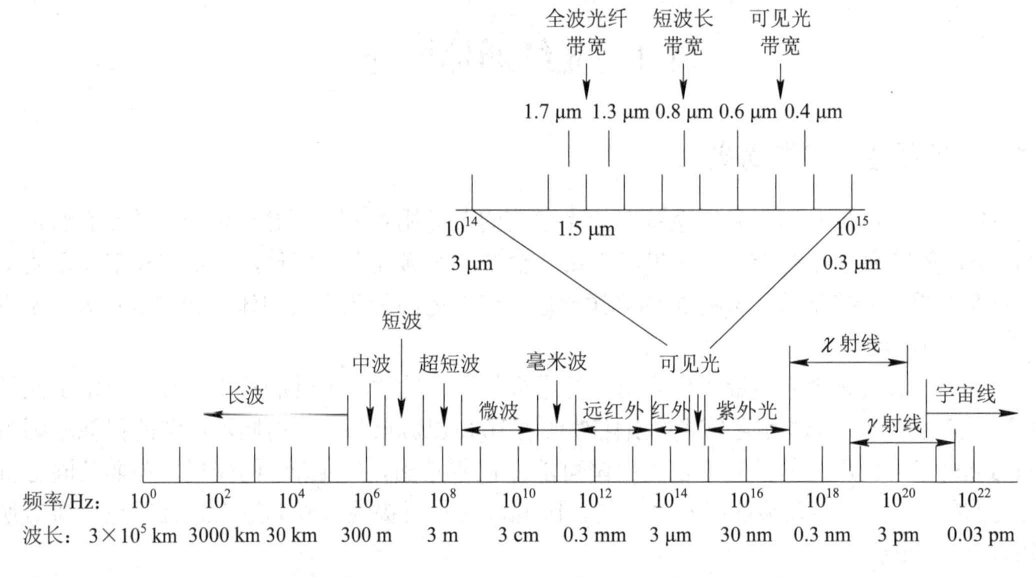

图1-1 电磁波谱及电通信和光通信所用频带在其中的位置

目前光纤通信所用光波的波长范围为0.8 μm～2.0 μm，属于电磁波谱中的近红外区。其中0.8 μm～1.0 μm称为短波长段，1.0 μm～2.0 μm称为长波长段。目前光纤通信使用的波长有三个：0.85 μm、1.31 μm和1.55 μm。

光在真空中的传播速度约为3×10^8 m/s，根据波长、频率和光速之间的关系式$f=c/\lambda$，对应光纤通信所用光波的波长范围，可得相应的频率范围为1.67×10^{14} Hz～3.75×10^{14} Hz。可见光纤通信所用光波的频率是非常高的。正因为如此，光纤通信具有其他通信无法比拟的巨大的通信容量。

1.1.3 光纤通信的基本组成

典型的光纤通信系统组成框图如图1-2所示。发送端由电发射端机把信息(如语音)进行模/数转换，用转换后的数字信号调制光发射机中的光源器件，发出携带信息的光波，光波经光纤传输后到达接收端，光接收机把数字信号从光波中检测出来送给电接收端机，电接收端机再进行数/模转换，恢复成原来的信息。

图 1-2 中仅表示了一个方向的传输，反方向的传输结构是相同的。

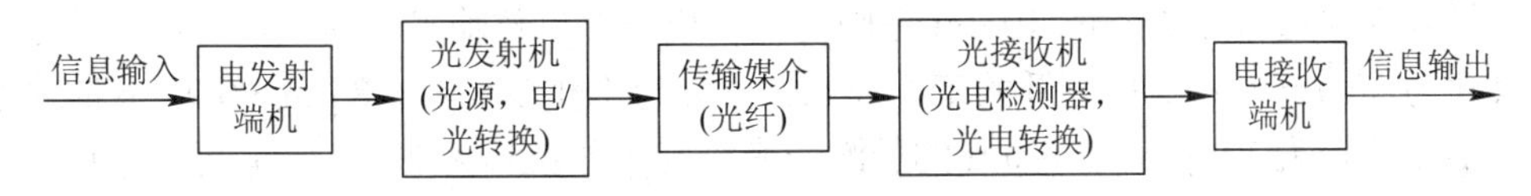

图 1-2　光纤通信系统组成

光源是光发射机的核心器件。光源的作用是将信号电流转换为光信号功率，即实现电/光的转换。在光纤通信系统中，用光波作为载波，通过光纤这种传输介质完成通信全过程。然而，目前各种终端设备多为电子设备，这就需要输入端先将电信号转换为光信号，也就是用电信号调制光源。目前光纤通信系统中常用的光源主要有半导体激光器(Laser Diode，LD)、半导体发光二极管(Light Emitting Diode，LED)、半导体分布反馈激光器(Distributed Feedback Laser，DFB)等。半导体激光器体积小、价格低、调制方便，只要简单地改变通过器件的电流，就能将光进行高速的调制，因而其已发展成为光通信系统中最重要的器件。

光接收机的核心器件是光电检测器，其作用是通过光电效应，将接收的光信号转换为电信号。光电二极管是最常见的光电检测器，光电二极管的种类很多，在光纤通信系统中，主要采用 PIN 光电二极管(Positive Intrinsic Negative PhotoDiode)和雪崩光电二极管(Avalanche PhotoDiode，APD)。在实际系统中还要将光电检测器、放大电路、均衡滤波电路、自动增益控制(Automatic Gain Control，AGC)电路及其他电路集成一体，形成光接收机。

1.1.4　光纤的结构和分类

3000 多年前，人们就开始利用光进行通信，但光通信的真正飞跃是在光纤出现之后。由于光纤无可比拟的优越性，在短短的几十年中迅速取代了电通信的地位。光传输网络的发展演进以单波速率的提升为基础，从 10G、40G、100G 到 200G/400G，还在继续向着单波 600G 的方向前进。

光纤的发明解决了光通信的传输媒质问题。与铜制圆波导管不同，光纤具有许多非常优秀的性能，是非常理想的传输媒质。同时，半导体激光器的发明解决了光源问题，可以制作出价格适中甚至廉价的光发射机。因此，通信的载波频率由微波跳过了毫米波和亚毫米波波段，直接进入到光波波段。

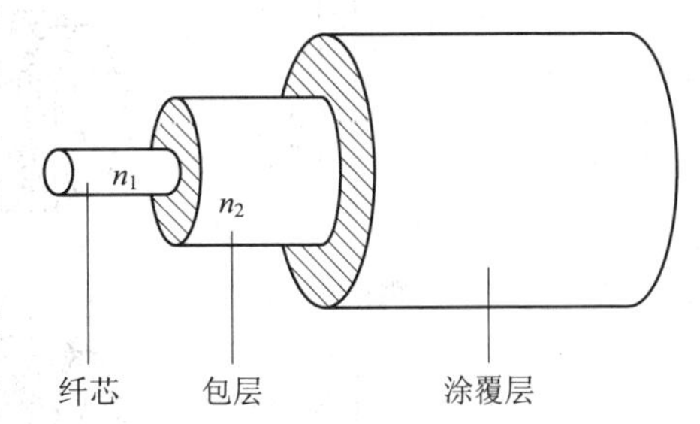

图 1-3　光纤结构示意图

如图 1-3 所示，一根实用化的光纤是由多层透明介质构成的，一般分为三部分：纤芯、包层和外面的涂覆层。纤芯由高度透明的材料制成，设纤芯和包层的折射率分别为 n_1 和 n_2，光能量在光纤中传输的必要条件是 $n_1 > n_2$，纤芯的折射率比包层稍高，光能量主要在纤芯内传输；包层为光的传输提供反射面和光隔离，并起一定的机械保护作用；涂覆层保护光纤不受水汽的侵蚀和机械擦伤。

光纤按其截面上折射率分布的不同可分为阶跃型和渐变型两种，两者的折射率分布如图 1-4 所示。按传输模式的数量，光纤可分为多模和单模光纤。单模光纤只传输一种模式，纤芯直径较细，通常在 4 μm～10 μm 范围内。多模光纤可传输多种模式，纤芯直径较粗，典型尺寸为 50 μm 左右。按光纤的工作波长，可分为工作波长为 0.8 μm～0.9 μm 的短波长光纤，工作波长为 1.0 μm～1.6 μm 的长波长光纤和工作波长为 2 μm 以上超长波长光纤。短波长光纤属早期产品，目前很少采用。单模光纤的传输性能比多模光纤好，价格也比多模光纤便宜，因而得到更广泛的应用。单模阶跃折射率光纤、多模阶跃折射率光纤和多模渐变折射率光纤是三种主要类型的光纤，其折射率分布和光纤模型如图 1-5 所示。

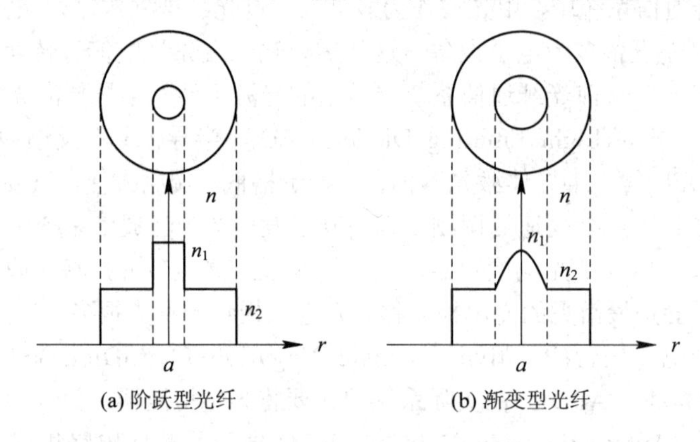

图 1-4 阶跃型和渐变型光纤折射率分布

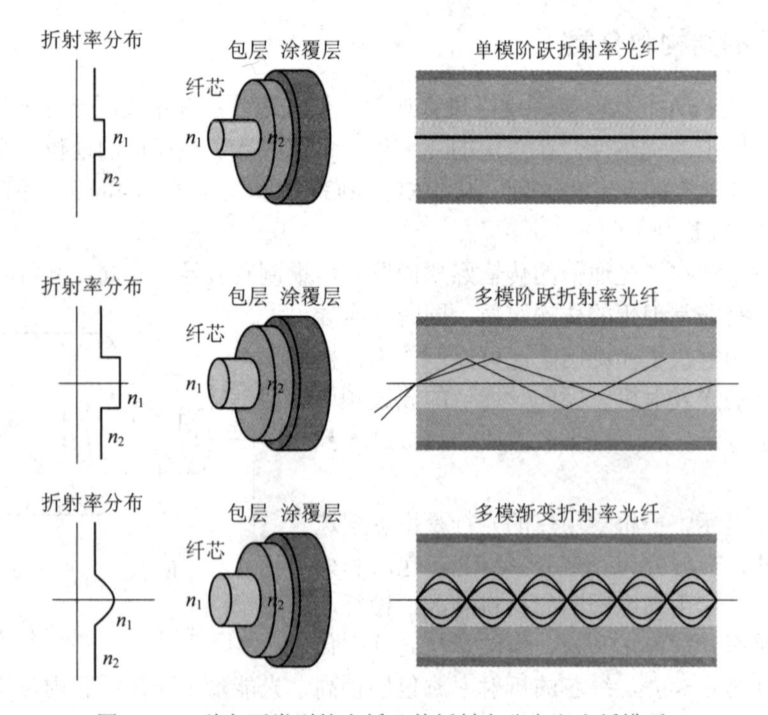

图 1-5 三种主要类型的光纤及其折射率分布和光纤模型

1.2　光传输技术

光通信技术的发展日新月异，光传输网络经历了技术的发展和革新，从 1977 年世界上第一条光纤通信系统在美国投入商用以来，经历了由低速到高速、由电层到光层、由可管到可控、由人工到智能的发展过程。光传输技术先后经历了 PDH(Plesiochronous Digital Hierarchy，准同步数字体系)、SDH(Synchronous Digital Hierarchy，同步数字体系)、MSTP(Multi-Service Transport Platform，多业务传送平台)、WDM(Wavelength Division Multiplexing，波分复用)、ASON(Automatically Switched Optical Network，自动交换光网络)和 PTN(Packet Transport Network，分组传送网)的发展，信息传输规模和安全可靠程度有了很大提升。

传输网在通信网络中的位置如图 1-6 所示。从图中可以看出，传输网是由传输节点设备和传输媒质共同构成的网络，位于交换节点之间，其作用是服务于各业务网和电信支持网，对业务进行安全、长距离、大容量的传输。目前世界各国的传输网主要是通过光纤通信来搭建的。传输网是一个庞大而复杂的网络，为便于网络的管理与规划，必须将传输网络划分成若干个相对分离的部分。通常，传输网络按其地域覆盖范围的不同，可以划分为国际传输网、国内省际长途传输网(一级干线)、省内长途传输网(二级干线)以及城域网。对于城域网，根据传输节点所在位置及业务传送能力，习惯上将其划分为核心层、汇聚层和接入层。

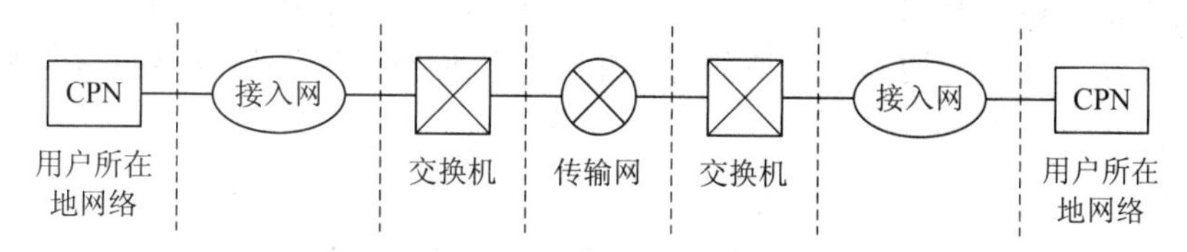

图 1-6　传输网在通信网络中的位置

1.2.1　准同步数字体系(PDH)

数字复接是将若干个低速数字信号合并成一个高速数字信号，然后通过高速信道传输的专门技术。

数字光纤通信的传输容量与所采用的数字复接体系有关。国际上主要的两大数字复接体系有准同步数字体系 PDH 和同步数字体系 SDH 两种。

1. 基本概念

准同步数字体系(PDH)的建议是由国际电话电报咨询委员会(CCITT)(现国际电信联盟电信标准化部门 ITU-T)于 1972 年提出的，又于 1988 年最终完整形成的。PDH 设备虽然属于光传输设备，但主要处理的是电信号，PDH 复用的方式明显不能满足信号大容量传输的要求，另外 PDH 的地区性规范也使网络互连增加了难度。PDH 已经愈来愈成为现代通信网的瓶颈，制约了传输网向更高的速率发展。

准同步是指各级的比特率相对于其标准值有一个规定的容量偏差，而且定时用的时钟信号并不是由一个标准时钟发出来的，通常采用正码速调整法实现准同步复用。ITU-T G.702 规定，准同步数字系列有两种标准：一种是北美和日本采用的 T 系列；另一种是欧洲和中国采用的 E 系列。

表 1-1 是 T 系列和 E 系列各等级的速率。可以看出，T 系列和 E 系列一个话路的速率都等于 64 kb/s，而其他各等级速率两者不同。

表 1-1 准同步数字系列 PDH 各等级速率

PDH 等级	速率/(kb/s)		
	T 系列(北美、日本采用)		E 系列(欧洲、中国采用)
一个话路	64		64
一次群(基群)	1544		2048
二次群	6312		8448
三次群	44 736(北美)	32 064(日本)	34 368
四次群	—	97 728(日本)	139 264

2. PDH 复用

PDH 的 T 系列和 E 系列各等级复用关系图如图 1-7 所示。其中方框内的数字从上到下依次为各等级速率，两个方框之间带有乘号的数字表示由这两个方框的低速率等级到高速率等级之间转换的复用数，或者反过来表示由这两个方框的高速率等级到底速率等级之间转换的解复用数。可以看出，无论是 T 系列还是 E 系列，相邻两个等级由低速率复用成高速率时，需要在低速率一边插入一些额外开销比特以便复用后能与规定的高速率相同。

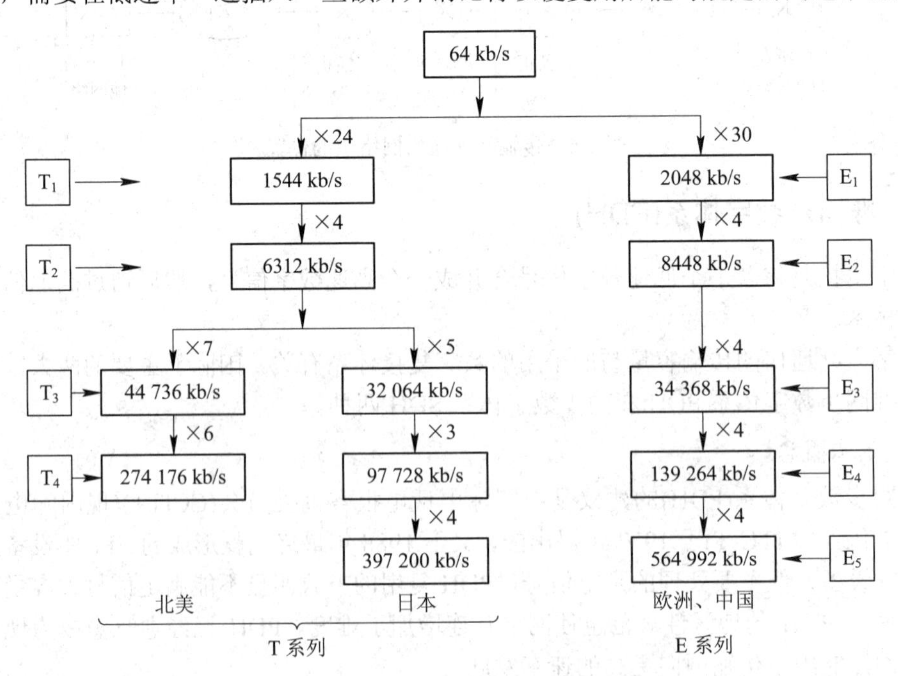

图 1-7 PDH 的 T 系列和 E 系列各等级复用关系图

3. PDH 的缺点

1) 接口方面

(1) PDH 只有地区性的电接口规范，没有统一的世界性标准。现有的 PDH 制式共有三种不同的信号速率等级：欧洲系列、北美系列和日本系列。

(2) PDH 没有世界性统一的光接口规范。为了完成设备对光路上的传输性能进行监控，各厂家各自采用自行开发的线路码型。由于各厂家在进行线路编码时，为完成不同的线路监控功能，在信息码后加上不同的冗余码，导致不同厂家同一速率等级的光接口码型和速率也不一样，致使不同厂家的设备无法实现横向兼容。

2) 复用方式

复接/分接设备结构复杂，上下话路价格昂贵。PDH 从高速信号中分/插低速信号要逐级地进行，由于低速信号分/插到高速信号要通过层层的复用和解复用过程，这样就会使信号在复用/解复用过程中受到损伤，使传输性能劣化。

3) 运行维护方面

PDH 信号的帧结构里用于运行管理维护(OAM)的开销字节不多，这也就是在设备进行光路上的线路编码时，要通过增加冗余编码来完成线路性能监控功能的原因。

4) 没有统一的网管接口

由于 PDH 没有网管功能，更没有统一的网管接口，因而不利于形成统一的电信管理网。

1.2.2　同步数字体系(SDH)

同步数字体系(SDH)是一种将复接、线路传输及交换功能融为一体，并有统一网管系统操作的综合信息传送网络，其前身是美国贝尔通信技术研究所提出来的 SONET (Synchronous Optical Network，同步光网络)。CCITT 于 1988 年接受了 SONET 的概念并将其重新命名为 SDH，使其成为不仅适用于光纤也适用于微波和卫星传输的通用技术体制。SDH 可以实现网络有效管理、实时业务监控、动态网络维护、不同厂商设备间的互通等多项功能，能大大提高网络资源利用率，降低管理及维护费用，实现灵活可靠和高效的网络运行与维护，因此是当时世界信息领域在传输技术方面的发展和应用的热点，受到人们的广泛重视。SDH 设备主要应用在 20 世纪 90 年代中期到 21 世纪初。

1. SDH 的帧结构

ITU-T 规定 STM-*N* 的帧是以字节(8 bit)为单位的矩形块状帧结构，帧结构由三部分组成：段开销(包括再生段开销(RSOH)和复用段开销(MSOH))、管理单元指针(AU-PTR)、信息净负荷(Payload)，如图 1-8 所示。

STM-*N* 的信号是 9 行 × 270 × *N* 列的帧结构。此处的 *N* 与 STM-*N* 的 *N* 相一致，取值为 1、4、16、64，表示此信号由 *N* 个 STM-1 信号通过字节间插复用而成。由此可知，STM-1 信号的帧结构是 9 行 × 270 列的块状帧。并且，当 *N* 个 STM-1 信号通过字节间插复用成 STM-*N* 信号时，仅仅是将 STM-1 信号的列按字节间插复用，行数恒定为 9 行不变。

SDH 信号帧传输的原则是：按帧结构的顺序从左到右、从上到下逐个字节，并且逐个比特地传输，传完一行再传下一行，传完一帧再传下一帧。

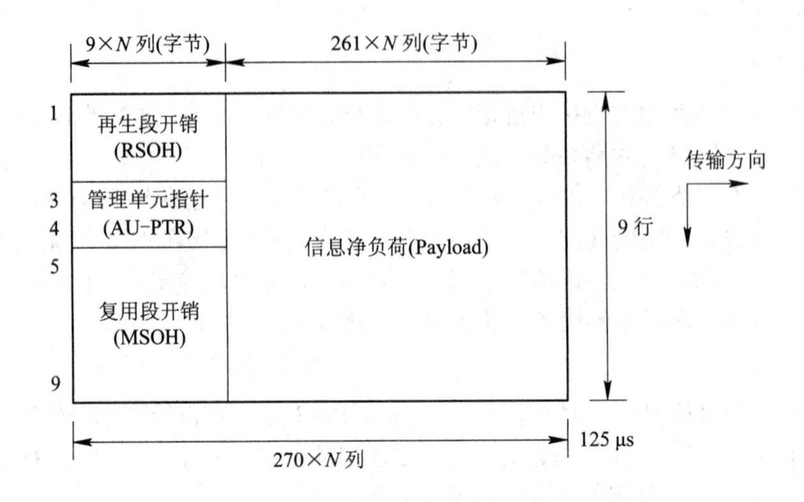

图 1-8　STM-*N* 的帧结构

ITU-T 规定对于任何级别的 STM-*N* 帧，帧频都是 8000 帧/秒，也就是帧的周期为恒定的 125 μs，PDH 的 E1 信号也是 8000 帧/秒。

STM-1 的传送速率为

270(每帧 270 列) × 9(共 9 行) × 8 bit(每个字节 8 bit) × 8000(每秒 8000 帧)

= 155 520 kb/s = 155.520 Mb/s

由于帧周期的恒定使 STM-*N* 信号的速率有其规律性。例如 STM-4 的传输速率恒定等于 STM-1 信号传输速率的 4 倍，STM-16 恒定等于 STM-1 的 16 倍。而 PDH 中的 E2 信号速率不等于 E1 信号速率的 4 倍。SDH 信号的这种规律性所带来的好处是可以便捷地从高速 STM-*N* 码流中直接分/插出低速支路信号，这就是 SDH 按字节同步复用的优越性。SDH 速率等级如表 1-2 所示。

表 1-2　SDH 速率等级

	STM-1	STM-4	STM-16	STM-64
速率/(Mb/s)	155.520	622.080	2488.320	9953.280

2. SDH 对比 PDH 的优点

1) 接口方面

(1) 电接口方面。

SDH 体制对网络节点接口(NNI)作了统一的规范。规范的内容有数字信号速率等级、帧结构、复接方法、线路接口、监控管理等。这就使 SDH 设备容易实现多厂家互连，也就是说在同一传输线路上可以安装不同厂家的设备，体现了横向兼容性。

(2) 光接口方面。

线路接口(这里指光口)采用世界性统一标准规范，SDH 信号的线路编码仅对信号进行扰码，不再进行冗余码的插入。扰码的标准是世界统一的，这样对端设备仅需通过标准的解码器就可与不同厂家 SDH 设备进行光口互连。

2) 复用方式

由于低速 SDH 信号是以字节间插方式复用进高速 SDH 信号的帧结构中的，这样就使低速 SDH 信号在高速 SDH 信号的帧中的位置是固定的、有规律性的，也就是说是可预见的。这样就能从高速 SDH 信号中直接分/插出低速 SDH 信号，简化了信号的复接和分接，使 SDH 体制特别适合于高速大容量的光纤通信系统。

3) 运行维护方面

SDH 信号的帧结构中安排了丰富的用于运行维护(OAM)功能的开销字节，使网络的监控功能大大加强，维护的自动化程度大大加强。

4) 兼容性

SDH 有很强的兼容性，这也就意味着当组建 SDH 传输网时，原有的 PDH 传输网不会作废，两种传输网可以共同存在。

1.2.3　多业务传送平台(MSTP)

随着 3G 移动多媒体业务(图像、视频)的需求不断增加，出现了多业务传送平台，MSTP 是指基于 SDH，同时实现 TDM、ATM、IP 等业务接入、处理和传送，提供统一网关的多业务传送平台。作为传送网解决方案，MSTP 伴随着电信网络的发展和技术进步，经历了从支持以太网透传的第一代 MSTP 到支持二层交换的第二代 MSTP，再到当前支持以太网业务的第三代 MSTP 的发展历程。不过 MSTP 依然是基于 SDH 的刚性管道本质，对以太网业务的突发性和统计特性依然存在一定的缺陷。MSTP 在 2001 至 2006 年这段时间，得到了电信运营商大规模的应用。

1.2.4　波分复用(WDM)

1. WDM 概念及系统基本结构

20 世纪 90 年代中后期，WDM 开始应用到传输网骨干层和核心层的建设中。波分多路复用的原理是利用波分复用设备将不同的信号调制成不同波长的光，并复用到光纤信道上，在接收方，采用波分复用设备分离不同波长的光。这种在同一根光纤中同时传输两个或众多不同波长光信号的技术，称为波分复用。可见，WDM 实质上是利用了光的不同波长。

波分复用(WDM)充分利用单模光纤低损耗区的巨大带宽资源，将光纤的低损耗窗口划分成若干个信道，把光波作为信号的载波，将多种不同波长的光载波信号在发送端经复用器(亦称合波器，Multiplexer)汇合在一起，并耦合到光线路的同一根光纤中进行传输；在接收端，经解复用器(亦称分波器，Demultiplexer)将各种波长的光载波分离，然后由光接收机作进一步处理以恢复原信号。WDM 具有节约线路投资、降低器件的超高速要求、IP 的传送通道和高度的组网灵活性、经济性和可靠性等优点。

WDM 通常有三种复用方式，即 1.31 μm 和 1.55 μm 波长的波分复用(WDM)、粗波分复用(CWDM)和密集波分复用(DWDM)。

1) 1.31 μm 和 1.55 μm 波长的波分复用

这种复用技术在 20 世纪 70 年代初时仅用两个波长：1310 nm 窗口波长，1550 nm 窗口波长，利用 WDM 技术实现单纤双窗口传输，这是最初的波分复用的使用情况。

2) 粗波分复用

继在骨干网及长途网络中应用后，波分复用技术也开始在城域网中得到使用，这里主要指的是粗波分复用技术CWDM。CWDM 技术是指相邻波长间隔较大的 WDM技术，相邻信道的间距一般大于等于20 nm，波长数目一般为4波或8波，最多16波。CWDM使用1200 nm～1700 nm窗口。CWDM采用非制冷激光器、无光放大器件，成本较 DWDM低；缺点是容量小、传输距离短。因此，CWDM技术适用于短距离、高带宽、接入点密集的通信应用场合，如大楼内或大楼之间的网络通信。

3) 密集波分复用

密集波分复用技术DWDM是指相邻波长间隔较小的WDM技术，工作波长位于1550 nm窗口，可以在一根光纤上承载8～160个波长，主要应用于长距离传输系统。

一个单向DWDM系统的基本结构如图1-9所示。

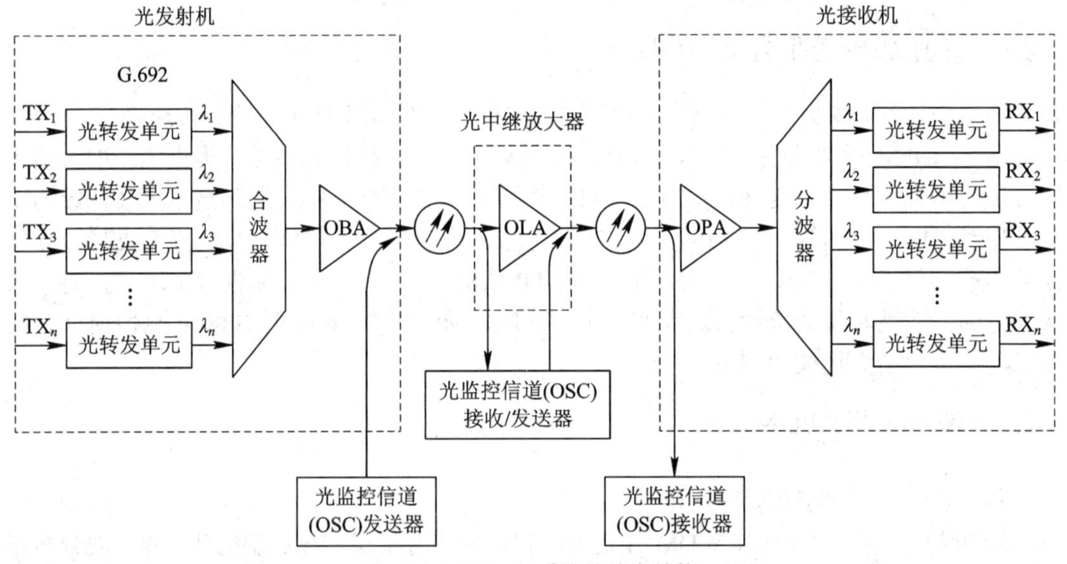

图1-9 DWDM系统的基本结构

其名单元功能如下：

(1) 光转发单元(OTU)：完成非标准波长信号光到符合 G.694.1(2)标准波长信号光的波长转换功能。

(2) 合波器/分波器(OMU/ODU)：完成G.694.1(2)标准固定波长信号光的合波/分波。

(3) 光功率放大器(OBA)：通过提升合波后的光信号功率，从而提升各波长的输出光功率。

(4) 光前置放大器(OPA)：通过提升输入合波信号的光功率，从而提升各波长的接收灵敏度。

(5) 光线路放大器(OLA)：完成对合波信号的纯光中继放大处理。

(6) 光监控信道(OSC)：通常采用1510 nm和1625 nm两个中心波长，负责整个网络的监控数据传送(后来出现了ESC(电监控信道)技术，利用OTU光信号直接携带监控信息，在ESC方式下不需要OSC，但要求OTU支持ESC功能)。光监控信号用于承载DWDM 系统的网元管理和监控信息，使网络管理系统能有效地对DWDM 系统进行管理。

2. 主要性能指标

1) DWDM系统工作波长区

系统工作波长区位于1550 nm低耗窗口，分为C波段和L波段两部分。C波段(常规波段)波长范围为1528 nm～1561 nm，工作频率为196.05 THz～192.10 THz(1 THz = 1000 GHz)；L波段(长波长波段)波长范围为1577 nm～1603 nm，工作频率为190.00 THz～186.95 THz。

2) 通路间隔

通路间隔是指两个相邻复用通路之间的标称频率差，包括均匀通路间隔和非均匀通路间隔。目前，多数采用均匀通路间隔。

DWDM系统最小通路间隔为50 GHz的整数倍。

(1) 复用通路为8波时，通路间隔为200 GHz。

(2) 复用通路为16波/32波/40波时，通路间隔为100 GHz。

(3) 复用通路为80波以上时，通路间隔为50 GHz。

采用的通路间隔越小，要求分波器的分辨率越高，复用的通路数也越多。

3) 标称中心频率

标称中心频率是指DWDM系统中每个复用通路对应的中心波长(频率)。

例如，当复用通路为16波/32波/40波时，第1波的中心频率为192.1 THz，通路间隔为100 GHz，频率向上递增。

1.2.5　光传送网(OTN)

1. 从WDM走向OTN和ASON

采用WDM技术后可以使容量迅速扩大几倍甚至几百倍；电再生距离从传统SDH的60 km～100 km增加到400 km～600 km，节约了大量光纤和电再生器，大大降低了传输成本。WDM与信号速率及电调制方式无关，是互连新老系统引入宽带新业务的方便手段。总体来看，采用WDM后传输链路容量已基本实现突破，网络容量的“瓶颈”将转移到网络节点上。

传统点到点WDM系统的主要问题是：

(1) 点到点WDM系统只提供了大量原始的传输带宽，需要有大型、灵活的网络节点才能实现高效的灵活组网能力。

(2) 需要在枢纽节点实现WDM通路的物理终结和手工互连，因此不能迅速提供端到端的新电路。

(3) 在下一代网络的大型节点处，高容量的光纤配线架的管理操作将十分复杂，手工互连不仅慢，而且易出错，扩容成本高，难度大。

(4) 需要增加物理终结大量通路和附加大量接口卡的成本，特别对于工作和保护通路可延伸到数千千米的长距离传输系统影响更大。显然，为了将传统的点到点WDM系统所提供的巨大原始带宽转化为实际组网可以灵活应用的带宽，需要在传输节点处引入灵活光节点，实现光层联网，构筑所谓的光传送网(OTN)乃至自动交换光网络(ASON)，即实现从传统WDM走向OTN和ASON的转变和升级。当然，这种转变从网络视角看不应也不会是革命性的，而是长期的、自然的演进过程，是网络可持续发展的必然结果。

2. OTN分层结构

OTN(Optical Transport Network，光传送网)是传送网向全光网(AON)演进过程中的一个过渡。OTN借鉴了SDH传送网在帧结构、功能模型、网络管理、信息模型、性能要求、物理层接口等系列建议，并结合DWDM的优势分别从物理层接口、网络节点接口等多个方面定义了OTN。

整个OTN分层结构如图1-10所示，其中光层分为光通道层(OCh)、光复用段层(OMS)和光传输段层(OTS)。

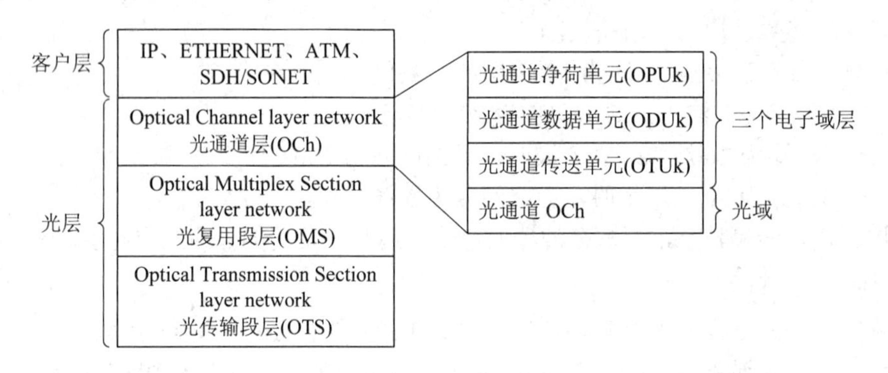

图1-10 OTN分层结构

光通道层又分为三个电子域层，分别为光通道数据单元(ODUk，k = 0，1，2e，3，4)、光通道传送单元(OTUk，k = 0，1，2，3，4)、光通道净荷单元(OPUk，k = 0，1，2，2e，3，4)，其中OTUk、ODUk采用数字封装技术实现。

3. OTN特点

OTN的主要优点是完全向后兼容。在SDH管理功能基础上，既提供了现有通信协议的完全透明，又为WDM提供端到端的连接和组网能力。

OTN概念涵盖了光层、电层网络，其技术继承了SDH和WDM的双重优势，特征体现为：

1) 多种用户信号封装和透明传输

根据G.709标准，OTN帧结构可支持多种用户信号的映射和透明传输，如SDH、ATM、以太网等。目前对于SDH和ATM信号可实现标准封装和透明传送，但对于不同速率的以太网封装及传送却有差异。

2) 大颗粒的复用、交叉和配置

OTN的电层带宽颗粒为光通路数据单元，光层的带宽颗粒为波长，相对于SDH的VC-12/VC-4的调度颗粒，OTN复用、交叉和配置的颗粒明显要大很多，在高带宽数据用户业务的适配度和传送效率方面都有显著提升。

3) 强大的开销和维护管理能力

OTN提供了和SDH类似的开销管理能力，OTN光通道层(OCh)的OTN帧结构大大增强了该层的数字监视能力。另外OTN还提供6层嵌套串联连接监视(TCM)功能，这样使得OTN组网时，采用端到端和多个分段同时进行性能监视的方式成为可能，为跨运营商传输提供了合适的管理手段。

4) *增强了组网和保护能力*

通过引入 OTN 帧结构、ODUk 交叉和多维度可重构光分/插复用器等，极大地增强了光传送网的组网能力；前向纠错(Forward Error Correction，FEC)技术的采用，显著增加了光层传输的距离，也提供了更为灵活的电层及光层的业务保护功能。

作为新型的传送网络技术，OTN 并非尽善尽美。最典型的不足之处就是其不支持 2.5 Gb/s 以下颗粒业务的映射与调度。另外，OTN 标准最初制定时并没有过多考虑以太网完全透明传送的问题，导致目前通过超频方式实现 10GE LAN 业务比特透传后，出现了与 ODU2 速率并不一致的 ODU2e 颗粒，40GE 也面临着同样的问题。这使得 OTN 组网时可能出现一些业务透明度不够或者传送颗粒速率不匹配等互通问题。

2000 年以后，自动交换光网络 ASON 开始出现，ASON 是能够智能化、自动化地完成光网络交换链接功能的新一代光传送网。ASON 技术传送网的特点是：具有分布式处理功能；与所传送客户层信号的比特率和协议相独立，可支持多种客户层信号；具有端对端网络监控保护、恢复能力；实现了控制平台与传送平台的独立；实现了数据网元和光层网元的协调控制，将光网络资料和数据业务的分布自动地联系在一起；与所采用的技术相独立；网元具有智能功能；可根据客户层信号的业务等级来决定所需要的保护等级。ASON 设备在实际网络组网中使用很少，因为它必须应用于网格网中才能充分发挥其优势。

1.3 分组传送网技术

通信行业正以迅猛的速度向前发展，新的业务对传输网络提出了新的要求。以往的 SDH 体制已经不能满足新业务的发展需要，分组传送网技术的出现，使得传输领域开始变革，传输 IP 化是大势所趋。分组传送网(PTN)是基于分组交换的、面向连接的多业务传送技术，能够提供高效率的多业务承载，具备强大的保护、OAM 和网管功能，还具有灵活的统计复用、严格的 QoS 和时间同步等电信级传送网能力。PTN 是业内关注的电信级承载技术热点之一，可分为以太网增强技术和传输技术结合 MPLS 两大类，前者以支持流量工程的运营商骨干桥接技术(Provider Backbone Bridge-Traffic Engineering，PBB-TE)为代表，后者以 T-MPLS(MPLS-TP)为代表。本节主要讲述 PTN 分组传送网的概念、发展背景、技术特点、关键技术以及应用场合。

1.3.1 分组传送网的概念

PTN(Package Transport Network，分组传送网)是一种传送网络架构和具体技术，该技术在 IP(Internet Protocol，网络协议)业务和底层光传输媒质之间设置了一个层面。PTN 针对分组业务流量的突发性和统计复用传送的要求而设计，以分组业务为核心并支持多业务提供，具有更低的 TCO(Total Cost of Ownership，总体使用成本)，同时秉承光传输的传统优势，包括高可用性和可靠性、高效的带宽管理机制和流量工程、便捷的 OAM(Operation，Administration and Maintenance，操作、管理和维护)和网管、可扩展、较高的安全性等。

PTN 是新型的城域宽带传输网络，是适合于传送电信(有线/无线)业务、电视和数据业务的统一传送平台，也是符合 NGN(Next Generation Network，下一代网络)要求的传输技术。

1.3.2 分组传送网的发展背景

随着新兴数据业务的迅速发展和带宽的不断增长、无线业务的 IP 化演进、商业客户的 VPN(VirtualPrivateNetwork，虚拟专用网络)业务应用，人们对承载网的带宽、调度、灵活性、成本和质量等综合要求越来越高。传统基于电路交叉为核心的 SDH(Synchronous Digital Hierarchy，同步数字体系)网络存在成本过高、带宽利用低、不够灵活的弊端，运营商陷入占用大量带宽的数据业务收入微薄与网络建设维护成本高昂的矛盾之中。同时，传统的非连接特性的 IP 网络和产品，又难以严格保证重要业务的传送质量和性能，已不适应于电信级业务的承载。现有传送网的弊端如下：

(1) TDM(Time Division Multiplex，时分复用模式)业务的应用范围正在逐渐减少。

(2) 随着数据业务的不断增加，基于 MSTP 的设备的数据交换能力难以满足需求。

(3) 业务的突发特性加大，MSTP 设备的刚性传送管道将导致承载效率的降低。

(4) 随着对业务电信级要求的不断提高，传统基于以太网、MPLS(Multi-Protocol Label Switching，多协议标签交换)、ATM(Asynchronous Transfer Mode，异步传输模式)等技术的网络不能同时满足网络在 QoS(Quality of Service，服务质量)、可靠性、可扩展性、OAM 和时钟同步的需求。

综上所述，运营商亟待需要一种可融合传统语音业务和电信级业务要求，低 OPEX(Operating Expenditure，运营成本)和低 CAPEX(Capital Expenditure，资本性支出)的 IP 传送网，构建智能化、融合、宽带、综合的面向未来和可持续发展的电信级网络。

PTN 分组传送网技术就是在这个大背景下产生的，且一经提出便获得了快速发展，并已成为本地、城域传送网 IP 化演进的主流技术之一，在现网中获得了大量的应用。

全球许多运营商都非常青睐 PTN 技术，Vodafone 等运营商在 2008 年成功部署 PTN 网络，并且取得了良好的效果；2008—2009 年，FT/Orange、Telefonica/O2、T-Mobile 等在全球排名位列 TOP10 的跨国运营商，也纷纷引入 PTN 技术用于移动承载网的建设。

在国内，中国移动在 2009 年投资 30 亿元建设 PTN，并已在 2010 年 5 月开始集采及测试工作。而且投资额度逐年增加，仅在 2016 年，中国移动就采购了 59 万套小型化接入 PTN 设备。

1.3.3 分组传送网的技术特点

PTN 网络是 IP/MPLS、以太网和传送网三种技术相结合的产物，具有面向连接的传送特征，适用于承载电信运营商的无线回传网络、以太网专线、L2 VPN(二层虚拟专用网)以及 IPTV(Internet Protocol Television，交互式网络电视)等高品质的多媒体数据业务。

PTN 网络具有以下特点：

(1) 基于全 IP 分组内核。

(2) 秉承 SDH 端到端连接、高性能、高可靠、易部署和维护的传送理念。

(3) 保持传统 SDH 优异的网络管理能力和良好体验。

(4) 融合 IP 业务的灵活性和统计复用、高带宽、高性能、可扩展的特性。

(5) 具有分层的网络体系架构。传送层划分为段、通道和电路各个层面，每一层的功能定义完善，各层之间的相互接口关系明确清晰，使得网络具有较强的扩展性，适合大规模组网。

(6) 采用优化的面向连接的增强以太网、IP/MPLS 传送技术，通过 PWE3 仿真适配多业务承载，包括以太网帧、MPLS(IP)、ATM、PDH、FR(Frame Relay)等。

(7) 为 L3(Layer 3)/L2(Layer 2)乃至 L1(Layer 1)用户提供符合 IP 流量特征而优化的传送层服务，可以构建在各种光网络/L1/以太网物理层之上。

(8) 具有电信级的 OAM 能力，支持多层次的 OAM 及其嵌套，为业务提供故障管理和性能管理。

(9) 提供完善的 QoS 保障能力，将 SDH、ATM 和 IP 技术中的带宽保证、优先级划分、同步等技术结合起来，实现承载在 IP 之上的 QoS 敏感业务的有效传送。

PTN 可根据 DSCP/TOS/VLAN/802.1p 等多种方式识别业务类型和优先级，其优先级主要有 EF、AF 和 BE 三个级别。EF：快速转发，有一个保证带宽。AF：保证转发，有一个保证带宽，一个限制带宽，比如保证带宽 100M，限制带宽 200M，就是说 100M 的肯定能传送，但是超过 100M 的通过优先级进行限制。AF 又分为 AF11、AF12、AF21、AF22、AF31、AF32。BE：尽量转发，只有一个限制带宽，不管进来的带宽为多大，都需要进行带宽竞争。

(10) 提供端到端(跨环)业务的保护。

1.3.4　分组传送网的关键技术

PTN 的出现颠覆了传统光传输产品的一些特性，但却保留了 MSTP 的易管理、易维护和多种业务保护能力，同时 PTN 对交叉核心部分进行了全面的改造，实现了在传输上具备分组交换机制的能力，同时还具备了弹性带宽分配、统计复用和差异化服务能力。

1. PWE3 伪线仿真

PWE3(Pseudo Wire Edge to Edge Emulation，端到端的伪线仿真)是一种端到端的二层业务承载技术。PWE3 的主要功能如下：

(1) PWE3 在 PTN 网络中，可以真实地模仿 ATM、帧中继、以太网、低速 TDM 电路和 SONET(Synchronous Optical Network)/SDH 等业务的基本行为和特征。

(2) PWE3 以 LDP 为信令协议，通过隧道(如 MPLS 隧道)模拟 CE 端的各种二层业务，如各种二层数据报文、比特流等，使 CE 端的二层数据在网络中透明传递。

(3) PWE3 可以将传统的网络与分组交换网络连接起来，实现资源共享和网络的拓展。具体内容将在 4.2 节介绍。

2. MPLS-TP 分组转发技术

MPLS-TP(MPLS Transport Profile，多协议标签交换传送应用)是 ITU-T(International Telecommunication Union-Telecommunication Sector，国际电信联盟电信标准化部门)标准化的一种分组传送网(PTN)技术。是 T-MPLS(Transport MPLS)的后续演进。MPLS-TP 的主要特点如下：

(1) MPLS-TP 解决了传统 SDH 在以分组交换为主的网络环境中的效率低下的缺点。

(2) MPLS-TP 是借鉴 MPLS 技术发展而来的一种传送技术。其数据是基于 MPLS-TP 标签进行转发的。

(3) MPLS-TP 是面向连接的技术。

(4) MPLS-TP 是吸收了 MPLS/PWE3(基于标签转发/多业务支持)和 TDM/OTN(良好的操作维护和快速保护倒换)技术的优点的通用分组传送技术。

(5) MPLS-TP 可以承载 IP、以太网、ATM 、TDM 等业务，其不仅可以承载在 PDH/SDH/OTH 物理层上，还可以承载在以太网物理层上。

(6) MPLS-TP = MPLS + OAM – IP。MPLS-TP 是 MPLS 在传送网中的应用，它对 MPLS 数据转发面的某些复杂功能进行了简化，去掉了基于 IP 的无连接转发特性，并增加了面向连接的 OAM 和保护恢复的功能，并将 ASON(Automatically Switched Optical Network，自动交换光网络)/GMPLS(Generalized Multiprotocol Label Switching，通用多协议标志交换协议)作为其控制平面。

具体内容将在 4.1 节介绍。

3. MPLS-TP OAM

MPLS-TP OAM 是 MPLS-TP 将原有的 OAM 进行分层管理控制，如段层、隧道层、伪线层、业务层和接入链路层。MPLS-TP OAM 将分别针对这些层进行层次化的 OAM。具体内容将在 6.1 节介绍。

1.3.5 分组传送网的主要应用场景

分组传送网的主要应用场景有基于城域网的 PTN 应用(包括移动基站回传和重要集团客户业务承载)、基于 LTE 承载需求的 PTN 应用和智能电网承载需求的 PTN 应用等。

1. 基于城域网的 PTN 应用场景

现阶段城域传送网主要为分组城域传送网、城域 SDH/MSTP 传送网和城域 WDM 传送网。其中分组城域传送网向上与移动通信系统 RNC(Radio Network Controller，无线网络控制器)/BSC(Base Station Controller，基站控制器)/SAE(System Architecture Evolution，系统架构演进)-GW、城域数据网业务接入控制层的 SR(Service Router，全业务路由器)/BRAS(Broadband Remote Access Server，宽带接入服务器)相连，向下与基站、各类客户相连。另外在核心、汇聚层可以承载于 WDM 网络之上，作为 WDM 传送网的客户层。

未来城域网的网络功能与构架将呈现分组化、宽带化、扁平化、同质化的发展趋势，其中对城域传送网要求包括：支持多协议多业务；中间层次最少；网络拓扑架构和容量具有扩展性；具备透明性；可跨越多网络层面，实现快速业务指配；具备集成的、标准的、易用的网管系统；低成本，继续可靠、平滑有效完成向分组网的过渡。

技术方面将呈现 PON、PTN、IP/MPLS、WDM/OTN 多技术共存，逐渐融合的趋势。

1) 移动基站回传

PTN 针对移动通信中的 2G/3G 业务，提供丰富的业务接口 TDM/ATM/IMA E1/STMn/POS/FE/GE，通过 PWE3 伪线仿真接入 TDM、ATM、Ethernet 业务，并将业务传送至移动核心网一侧。

2) 重要集团客户业务承载

PTN 技术主要应用于重要集团客户的 VPL(Virtual Private Line，虚拟专用线)、VPLS(Virtual Private LAN Services，虚拟专用局域网业务)、VPN(Virtual Private Network，

虚拟专用网)、Internet、VoIP 等业务承载。

对于 VPL/VPLS 业务，客户分部的企业内网路由器通过 FE/GE/E1/STM-1 接口接入 PTN 网络的接入设备，经过 PTN 网络的传送承载，最终传送至客户总部侧的 PTN 网络接入设备，通过 FE/GE/E1/STM-1 等接口连接至客户总部的企业内网路由器。

对于 VPN、Internet、VoIP(Voice over Internet Protocol，网络电话)业务，客户的企业内网路由器，IP 化话音接入设备通过 FE/GE 接口接入 PTN 网络的接入设备，经过 PTN 网络的传送承载，最终传送至核心层边缘设备，并通过 GE/10GE 接口连接数据城域网的 SR。

2．基于 LTE 承载需求的 PTN 应用场景

LTE(Long Term Evolution，长期演进)网络给承载网带来更高的需求，与此同时，大客户业务发展需要也要求进一步完善建设承载网络干线。只有采用新型 PTN 设备承载新建 LTE 承载网络才是最终的解决方案。

3．智能电网承载需求的 PTN 应用场景

智能电网对承载技术的总体要求是：随着行业信息化在各领域的深入发展以及国家智能电网建设的规划出台，新型电力系统诉求构架在新型的数字化、信息化、自动化、互动化的通信支撑平台，其中的电力调度、综合信息通信支撑平台以及配电通信网都对于承载技术提出了新的总体要求。

输电通信承载网的要求：高可靠性，大容量的层次化的承载网络以保证综合信息与调度信息安全传送，可采用 PTN、OTN、MSTP 等来组建坚强智能的传送网络。

配用电通信网的要求是：配用电通信网采用统一平台，用于实现各种通信方式的灵活接入与统一管理，可采用 MSTP、PTN、PON 等来组建网络。

习　题

一、填空题

1．PTN 的中文名称是____________，它结合了______、_______、_______三类产品中的优势技术，是当前传输网的主要承载设备。

2．光源的作用是将__________变换为___________。光检测器的作用是将__________转换为____________。

3．目前光纤通信的长波波长低损耗工作窗口是________和__________。

4．STM-1 每秒可传的帧数是__________。

二、简答题

1．简述 WDM 的概念。

2．光纤通信系统由哪几部分组成？各部分的功能是什么？

3．PTN 技术的特点有哪些？

4．光传输技术的发展经历了哪些技术？

第2章　分组传送网网络规划

本章以PTN分组传送网的网络规划为依托，介绍传输网络的拓扑结构，PTN分组传送技术的基础包括以太网基本原理、VLAN原理和IP地址划分，通过设定完成PTN分组传送网网络规划任务，讲述PTN分组传送网的拓扑规划、参数规划。最后以中兴ZXCTN分组传送设备为例，介绍分组传送网络的设备规划。

2.1　网络拓扑规划

随着综合业务的发展，尤其是数据业务的迅速增长，传输网络规模不断扩大，对网络提出了新的要求：

(1) 上层网络需满足各种大容量业务的汇聚、疏导，网络趋于智能化，并具有良好的扩展性；

(2) 下层接入网络需满足各用户对业务的个性化需求，提供丰富业务接口和带宽分配。

传输网传统的组网方式已不能满足网络发展的需要，采用新的组网方式已是大势所趋。

2.1.1　传输网分层结构

运营商级的城域网、承载网，大型企业的局域网以及高校的校园网，都属于大规模网络。在规划大规模网络拓扑结构时，一般采用分层结构，将其分为核心层、汇聚层、接入层。

网络层次化设计具有以下好处：

(1) 结构简单：通过网络分成许多小单元，降低了网络的整体复杂性，使故障排除或扩展更容易，能隔离广播风暴的传播，防止路由循环等。

(2) 升级灵活：网络容易升级到最新的技术，升级任意层的网络对其他层造成的影响比较小，无需改变整个网络环境。

(3) 易于管理：层次结构降低了设备配置的复杂性，使网络更容易管理。

传输网分层架构如图2-1所示。

1. 核心层

根据业务发展需求，对于多中心局地区考虑建设核心层环路，核心层环路节点一般为多个业务的中心局，各个节点间的业务流量也比较大。核心层在网络建设初期，可以采用环型结构，随着业务的增加，可以逐步过渡到网状结构。

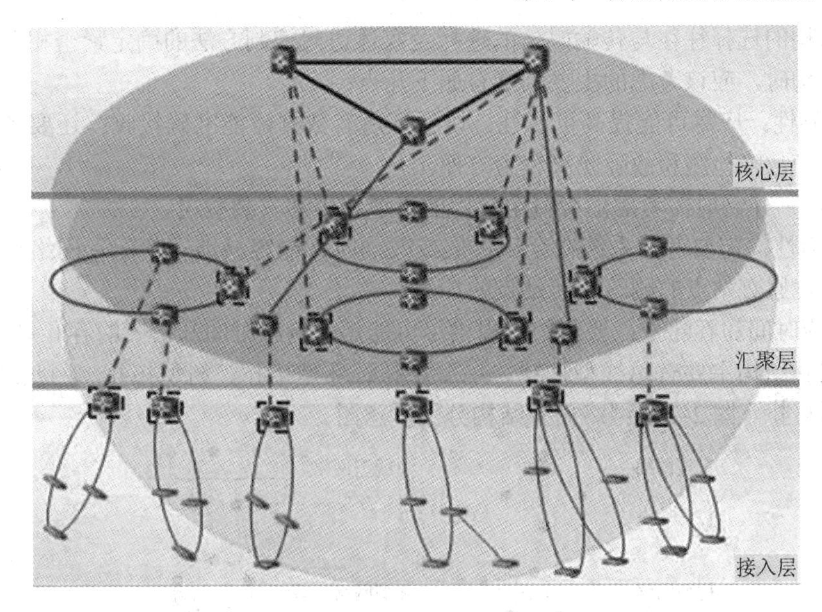

图 2-1　传输网分层架构

2. 汇聚层

汇聚层节点主要用于对汇集众多基站和 POP 点(网络服务提供点)等业务接入点的电路分区，并将它们转接到核心层节点。汇聚层节点应以汇聚区域内的业务量进行设置，单节点汇聚区域和业务量不宜过大，尽量考虑与业务量大的数据 POP 点合设。对于已经建设汇聚层环路的地区，根据业务网提供的业务需求量核实各汇聚环的容量使用率情况，若一般汇聚层环路容量使用率达 65%，则应考虑进行扩容，扩容方案一般采用裂环、叠加环路或设备升级等方式。

3. 接入层

接入层主要实现基站、数据 POP 点至汇聚节点或核心节点的数据传送。根据新增基站和数据 POP 点的分布情况，应以接入路由尽量短、电路归属尽量相同的原则组建边缘层网络。新增基站和数据 POP 点一般以环路或链路的形式接入原传输网。对于新建边缘层环路节点不应太大，在光纤资源允许的情况下，一般环上的节点数不应超过 10 个。链型接入可采用有线传输、无线传输、卫星传输、租用电路等方式。

2.1.2　网络拓扑类型

网络拓扑结构是指网上计算机或设备与传输媒介形成的节点与线的物理构成模式。每一种网络结构都由节点、链路和通路等几部分组成。

(1) 节点，又称为网络单元，它是网络系统中的各种数据处理设备、数据通信控制设备和数据终端设备。常见的节点有服务器、工作站、交换机等设备。

(2) 链路，即两个节点间的连线，可分为物理链路和逻辑链路两种，前者指实际存在的通信线路，后者指在逻辑上起作用的网络通路。

(3) 通路是指从发出信息的节点到接收信息的节点之间的一系列的节点和链路，即一系列穿越通信网络而建立起的节点到节点的链路。

拓扑结构的选择往往与传输媒体的选择及媒体访问控制方法的确定紧密相关。在选择网络拓扑结构时，应该考虑的主要因素有如下几点：

(1) 可靠性：应尽可能提高可靠性，以保证所有数据流能准确接收；还要考虑系统的可维护性，使故障检测和故障隔离较为方便。

(2) 费用：建网时需考虑适合特定应用的信道费用和安装费用。

(3) 灵活性：需要考虑系统在今后扩展或改动时，能容易地重新配置网络拓扑结构，能方便地处理原有站点的删除和新站点的加入。

(4) 响应时间和吞吐量：要为用户提供尽可能短的响应时间和最大的吞吐量。

网络拓扑结构主要有总线型拓扑、星型拓扑、环型拓扑、树型拓扑、网状(分布式)拓扑和复合型拓扑。图2-2为网络拓扑结构分类示意图。

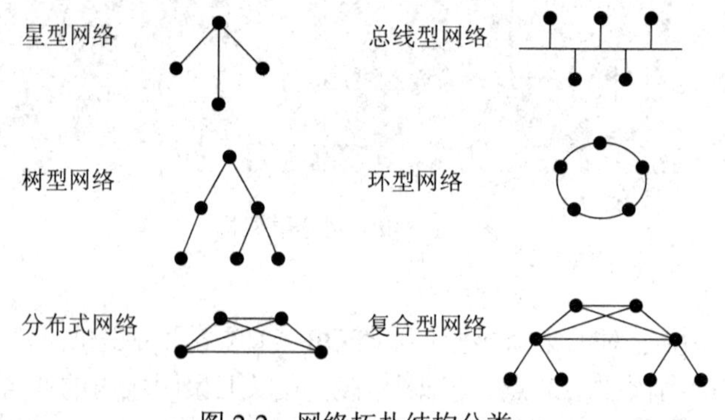

图2-2　网络拓扑结构分类

1. 星型网络

星型网络由中央节点和通过点到点通信链路接到中央节点的各个站点组成。中央节点执行集中式通信控制策略，因此中央节点相当复杂，而各个站点的通信处理负担都很小。星型网络采用的交换方式有电路交换和报文交换，电路交换更为普遍。这种结构一旦建立了通道连接，就可以无延迟地在连通的两个站点之间传送数据。

1) 优点

(1) 结构简单，连接方便，管理和维护都相对容易，而且扩展性强。

(2) 网络延迟时间较小，传输误差低。

(3) 在同一网段内支持多种传输介质，除非中心节点故障，否则网络不会轻易瘫痪。因此，星型网络拓扑结构是目前应用最广泛的一种网络拓扑结构。

2) 缺点

(1) 安装和维护的费用较高。

(2) 共享资源的能力较差。

(3) 通信线路利用率不高。

(4) 对中心节点要求较高，一旦中心节点出现故障，整个网络将瘫痪。

2. 总线型网络

总线型网络采用一个信道作为传输媒体，所有站点都通过相应的硬件接口直接连接到这一公共传输媒体上，该公共传输媒体即称为总线。任何一个站点发送的信号都沿着传输媒体传播，而且能被所有其他站点接收。

因为所有站点共享一条公用的传输信道，所以一次只能由一个设备传输信号。通常采用分布式控制策略来确定哪个站点可以发送信号，发送站点将报文分成分组，然后逐个依次发送这些分组，有时还要与其他站点发送来的分组交替地在媒体上传输。当分组经过各站点时，其中的目的站点会识别到分组所携带的目的地址，然后复制这些分组的内容。

1) 优点

(1) 总线结构所需要的电缆数量少，线缆长度短，易于布线和维护。

(2) 总线结构简单，可靠性较高。

(3) 网络扩展方便，易于增加或减少用户。

(4) 多个节点共用一条传输信道，信道利用率高。

2) 缺点

(1) 总线的传输距离有限，通信范围受到限制。

(2) 故障诊断和隔离较困难。

(3) 分布式协议不能保证信息的及时传送，不具有实时功能。站点必须是智能的，要有媒体访问控制功能，从而增加了站点的硬件和软件开销。

3. 环型网络

环型网络由站点和连接站点的链路组成一个闭合环，每个站点能够接收从一条链路传来的数据，并以同样速率串行地把该数据沿环送到另一端链路上。这种链路可以是单向的，也可以是双向的，数据以分组形式发送。

1) 优点

(1) 环型网络所需的电缆长度和总线型网络相似，但比星型网络要短得多。

(2) 增加或减少工作站时，仅需简单的连接操作。

(3) 可使用光纤。光纤的传输速率很高，十分适合于环型网络的单方向传输。

2) 缺点

(1) 节点的故障会引起全网故障。这是因为环上的数据传输要通过接在环上的每一个节点，一旦环中某一节点发生故障就会引起全网的故障。

(2) 故障检测困难，故障检测需在网上各个节点进行，因此故障检测难度大。

(3) 环型网络的媒体访问控制协议都采用令牌传递的方式，在负载轻时信道利用率相对比较低。

4. 树型网络

树型网络从总线型网络演变而来，形状像一棵倒置的树，顶端是树根，树根以下带分支，每个分支还可再带子分支。树型网络的特点大多与总线型网络相同，但也有一些特殊之处。

1) 优点

(1) 易于扩展。这种结构可以延伸出很多分支和子分支，这些新节点和新分支都能容易地加入网内。

(2) 故障隔离较容易。如果某一分支的节点或线路发生故障，很容易将故障分支与整个系统隔离开来。

2) 缺点

各个节点对根的依赖性太大，如果根发生故障，则全网不能正常工作。从这一点来看，树型网络的可靠性有点类似星型网络。

5. 分布式网络

分布式网络是由分布在不同地点且具有多个终端的节点机互连而成的。网络中任一节点均至少与两条线路相连，当任意一条线路发生故障时，通信可转经其他链路完成，具有较高的可靠性，同时网络易于扩充。

分布式网络又称网状网络，较有代表性的网状网络就是全连通网络。

1) 优点

(1) 网络可靠性高。一般通信子网中任意两个节点交换机之间，存在着两条或两条以上的通信路径，这样当一条路径发生故障时，还可以通过另一条路径把信息送至节点交换机。

(2) 网络可组建成各种形状，采用多种通信信道，多种传输速率。

(3) 网内节点共享资源容易。

(4) 可改善线路的信息流量分配。

(5) 可选择最佳路径，传输延迟小。

2) 缺点

(1) 控制复杂，软件复杂。

(2) 线路费用高，不易扩充。

(3) 在以太网中，如果设置不当会造成广播风暴，严重时甚至可能会使网络完全瘫痪。

(4) 分布式网络一般用于Internet骨干网上，使用路由算法来计算发送数据的最佳路径。

6. 复合型网络

将以上某两种单一网络混合起来，取两者的优点构成的网络称为复合型网络。一种是星型网络和环型网络混合成的“星-环”网络，另一种是星型网络和总线型网络混合成的“星-总”网络。这两种混合网络在结构上有相似之处，若将总线型网络的两个端点连在一起也就变成了环型网络。

2.2 网络参数规划

自20世纪70年代末，微型计算机逐渐得到了广泛的使用，促使计算机局域网(Local Area Network，LAN)技术得到飞速发展，并在计算机网络中占有非常重要的地位。

电气和电子工程师协会(IEEE)对局域网的定义是：局域网络中的通信被限制在中等规模的地理范围内，能够使用只有中等或较高数据速率的物理信道，且具有较低的误码率，局域网络是专用的，由单一组织机构所利用。

局域网的主要特点是网络为一个单位所拥有，地理范围和站点数目均有限，具有较高的数据传输速率和较低的误码率，便于安装、维护和扩充。局域网的主要功能是资源共享和数据通信，同时提高计算机系统的可靠性，易于分布处理。

局域网技术的发展也同样遵守着优胜劣汰的规律，好的网络技术得到事实上的认可被保留下来，而且发展得越来越快，而不好的技术则逐渐被淘汰，退出局域网技术的竞争舞台。现在保留下来的几种局域网技术包括以太网系列、802.11 无线局域网技术等。目前全球大部分的局域网都采用以太网技术系列。

2.2.1 以太网原理

1. 以太网概述

以太网是 20 世纪 70 年代由美国 Xerox(施乐)公司的 Palo Alto 研究中心(简称 PARC)正式推出的。那时的以太网是一种基带总线局域网，数据传输速率为 2.94 Mb/s，使用无源电缆作为总线来传送数据帧，并以曾经在历史上表示传播电磁波物质的以太(ether) 来命名。后来，Xerox 公司推出了带宽为 2 Mb/s 的以太网，又与 Intel 和 DEC 公司合作推出了带宽为 10 Mb/s 的以太网，简称 DIX Ethernet V1，这是第一个以太网规范版本，也是世界上第一个局域网的技术标准。后来美国电气和电子工程师协会 IEEE 802 委员会制定了一系列局域网标准，其中以太网标准(IEEE 802.3)就是参照以太网的技术标准建立的，1982 年修改为第二版规范，即 DIX Ethernet V2，成为世界上第一个局域网产品的规范。

随着以太网技术的不断进步与带宽的提升，目前在很多情况下以太网成为局域网的代名词。

IEEE 在定义了 802.3 以太网 MAC 标准外，还定义了多种局域网 MAC 标准，如 802.4 令牌总线网、802.5 令牌环网等。IEEE 802.2 为 LLC(逻辑链路控制)标准，该标准向网络层提供了一个统一的格式和接口，屏蔽了各种 802 网络之间的差别。除此之外还有其他相关标准，如 IEEE 802.3u 为 100 Mb/s 以太网标准，IEEE 802.3z 为 1000 Mb/s 以太网标准，IEEE 802.3ab 为 1000 Mb/s 以太网运行在双绞线上的标准。

2. MAC 地址

在局域网中，硬件地址又称为物理地址或 MAC 地址(因为这种地址用在 MAC 帧中)。IEEE 802 标准为局域网规定了一种 48 位的全球地址，是局域网中每一台计算机固化在网卡 ROM 中的地址。

IEEE 802 标准规定 MAC 地址字段可采用 6 字节(48 位)，如图 2-3 所示。

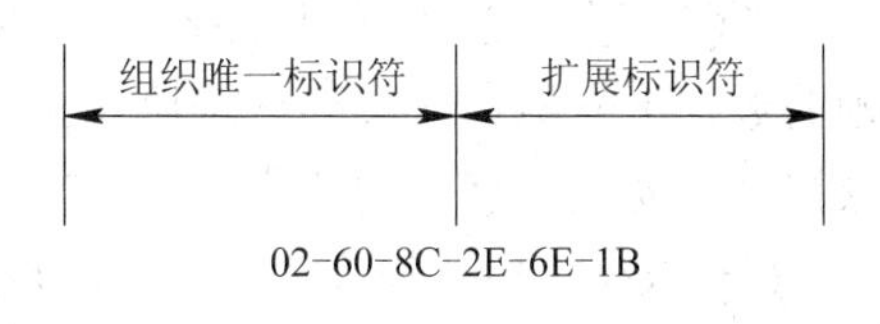

图 2-3　MAC 地址字段

IEEE 的注册管理机构 RA(Registration Authority)是局域网全球地址的法定管理机构，它负责分配地址字段的 6 个字节中的前三个字节(即高位 24 位)。世界上所有的局域网适配器生产厂家都必须向 IEEE 购买由这三个字节构成的地址块，称为 OUI (Organizationally Unique Identifier，组织唯一标识符)，通常也叫作公司标识符(Company ID)。地址字段中的后三个字节(即低位 24 位)则是由厂家自行指派，称为扩展标识符(Extended Identifier)，只要保证生产出的适配器没有重复地址即可。可见，用一个地址块可以生成 2^{24} 个不同的地址。用这种方式得到的 48 位地址称为 MAC-48，它的通用名称是 EUI-48(Extended Unique Identifier 48，扩展唯一标识符 48)。

适配器具有过滤功能，它从网络上每收到一个 MAC 帧就先用硬件检查 MAC 帧中的目的地址。如果是发往本站的帧就收下，然后再进行其他的处理，否则就将此帧丢弃，不再进行其他的处理。这样做不会浪费主机的资源。以太网的数据帧包括以下三种：

(1) 单播(unicast)帧：一对一，即收到的帧的 MAC 地址与本站的硬件地址相同。

(2) 广播(broadcast)帧：一对全体，即发送给本局域网上所有站点的帧(全 1 地址)。

(3) 多播(multicast)帧：一对多，即发送给本局域网上一部分站点的帧。

3. 以太网 MAC 帧格式

常用的以太网 MAC 帧格式有两种标准，一种是 EthernetV2 标准(即以太网 V2 标准)，另一种是 IEEE 的 802.3 标准。使用最多的是以太网 V2 的 MAC 帧格式，如图 2-4 所示。

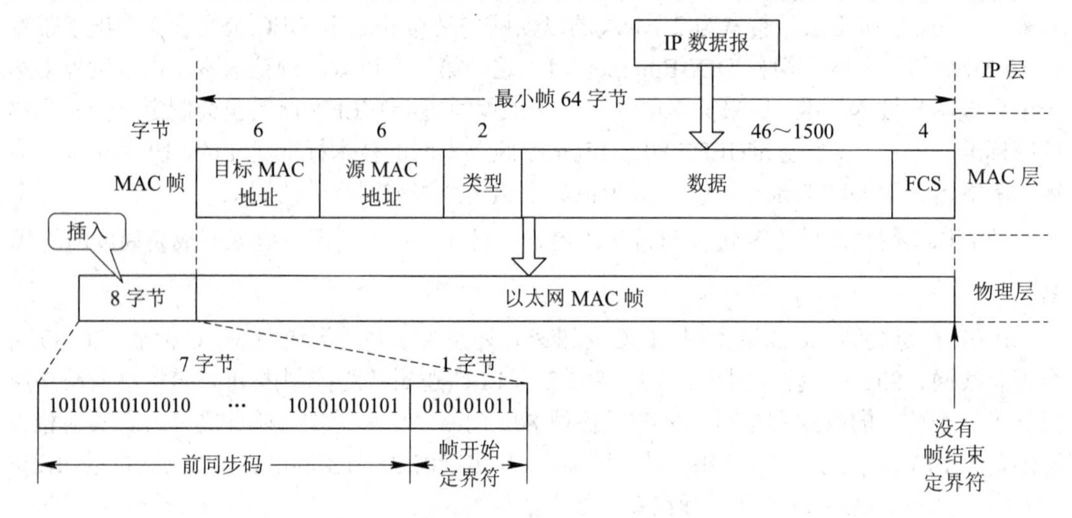

图 2-4　以太网 V2 的 MAC 帧格式

相关字段含义说明如下：

(1) 目的 MAC 地址和源 MAC 地址字段：长度都是 6 字节，分别表示接收节点和发送节点的 MAC 地址。

(2) 类型字段：长度为 2 字节，用来标志上一层使用的是什么协议，以便把收到的 MAC 帧的数据上交给上一层的这个协议。当类型字段的值为 0x0800 时，就表示上层使用的是 IP 数据报。若类型字段的值为 0x8137，则表示该帧是由 Novell IPX 发过来的。

(3) 数据字段：长度为 46～1500 字节，46 字节数据字段的最小长度，等于以太网帧的最小长度 64 字节减去 18 字节的首部和尾部。

(4) 帧检验序列 FCS：长度为 4 字节，使用 CRC 检验。当传输媒体的误码率为 1×10^{-8} 时，MAC 子层可使未检测到的差错小于 1×10^{-14}。

当数据字段的长度小于 46 字节时，应在数据字段的后面加入整数字节的填充字段，以保证以太网的 MAC 帧长度不小于 64 字节。

为了达到比特同步，在传输媒体上实际传送的要比 MAC 帧还多 8 个字节。在 MAC 帧的前面插入的 8 字节中的第一个字段共 7 个字节，是前导同步码，用来迅速实现 MAC 帧的比特同步。第二个字段是帧开始定界符，表示后面的信息就是 MAC 帧。

4．以太网工作原理

CSMA/CD (Carrier Sense Multiple Access With Collision Detection，载波监听多路访问/碰撞检测)协议是 IEEE 802.3 在传统共享式以太网中一种共享传输介质的介质访问控制方法。

CSMA/CD 的基本原理是：所有节点都共享网络传输信道，节点在发送数据之前，首先检测信道是否空闲，如果信道空闲则发送，否则就等待；在信息发送后，再对冲突进行检测，当发现冲突时则取消发送。该方法可以概括为“先听后发，边发边听，冲突停止，延迟重发”。

举例来说，CSMA/CD 过程可看成一种文雅的交谈，在这种交谈方式中，如果有人想阐述观点，他应该先听听是否有其他人在说话(即载波侦听)，如果此时有人在说话，他应该耐心地等待，直到对方结束说话，然后才可以开始发表意见。在这个过程中存在这样一种情况，有可能两个人同时说话，这时很难辨别出每个人都在说什么，那么按照文雅交谈的要求，当两个人同时开始说话时，双方都会发现他们在同一时间开始讲话(即冲突检测)，这时说话立即终止，随机过了一段时间后，说话才开始。说话时，由第一个开始说话的人来对交谈进行控制，而第二个开始说话的人将不得不等待，直到第一个人说完，然后他才能开始说话。

对 CSMA/CD 协议的工作原理补充说明如下：

(1) “多路访问”说明是总线网络，许多计算机以多节点接入的方式连接在一根总线上。协议的实质是“载波监听”和“碰撞检测”。

(2) “载波监听”是指每一个节点在发送数据之前先要检测总线上是否有其他计算机在发送数据，如果有，则暂时不发送数据，以免发生碰撞。“先听后发”一般指采用称为载波侦听的技术，即一个节点在传输前先侦听信道，如果另一个节点正在向信道上发送帧，节点则继续等待并侦听信道。如果侦听到该信道是空闲的，则该节点开始数据帧传输；否则，该节点将继续重复这个过程。

(3) “碰撞检测”，也称为“冲突检测”，就是之前所概括的“边发边听”和“冲突停止”。发送数据的节点边发送数据边检测信道上的信号电压大小，当一个节点检测到的信号电压摆动值超过一定的门限值时，就认为总线上至少有两个节点同时在发送数据，表明产生了碰撞，就要立即停止发送，如图 2-5 所示。

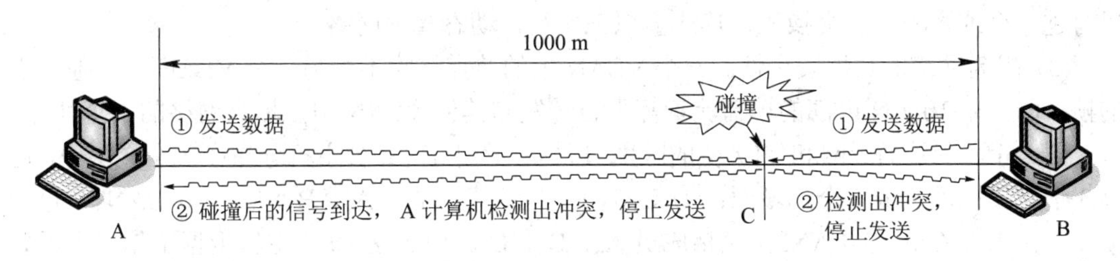

图 2-5　冲突检测示意图

(4) 在发生碰撞时，总线上传输的信号会产生严重的失真，无法从中恢复出有用的信息。产生冲突并检测到冲突的两个节点不能直接进入下一次的载波监听环节，而是要等待一段随机时间后再尝试下一次传输，这个过程就是“延迟重发”阶段。

(5) 以太网还采取了一种叫作冲突强化的措施。当发送数据的节点一旦检测到碰撞时，除了立即停止数据发送外，还要再继续发送 48 bit 的人为干扰信号，称为冲突加强信号或阻塞信号，以便让所有节点都知道现在已经发生了碰撞并停止抢占，可以迅速地清空信道，进行下一次的传输准备。

(6) 以太网还规定了一个帧间最小间隔为 9.6 μs，相当于 96 bit 的发送时间。一个节点在检测到总线开始空闲后，还要等待 9.6 μs 才能再次发送数据。这样做是为了使刚刚收到数据帧的节点的接收缓存来得及清理，做好接收下一帧的准备。

在 CSMA/CD 方式下，在一个时间段只有一个节点能够在导线上传送数据。如果其他节点想传送数据，必须等到正在传输的节点的数据传送结束后才能开始传输数据。以太网之所以被称作共享介质就是因为节点共享同一传输介质这一事实。

2.2.2　虚拟局域网 VLAN

虚拟局域网 VLAN 是一种通过将局域网内的设备逻辑地而不是物理地划分成一个个网段，从而实现虚拟工作组的技术。VLAN 技术允许网络管理者将一个物理的局域网逻辑地划分成不同的广播域(VLAN)，每一个 VLAN 都包含一组有着相同需求的计算机工作站，与物理上形成的 LAN 有着相同的属性，但由于它是逻辑地而不是物理地划分，所以同一个 VLAN 内的各个工作站无须被放置在同一个物理空间里，即这些工作站不一定属于同一个物理 LAN 网段。

虚拟局域网其实只是局域网给用户提供的一种服务，并不是一种新型局域网，它是为解决以太网的广播问题和安全性而提出的一种协议，它在以太网帧的基础上增加了 VLAN 头，用 VLAN ID 把用户划分为更小的工作组，相同 VLAN 的成员可以互相访问，不同 VLAN 的成员不能直接访问。

1. VLAN 的优点

(1) 更有效地共享网络资源。如果采用交换机构成较大的局域网，大量的广播报文会使网络性能下降。VLAN 能将广播报文限制在本 VLAN 范围内，不会转发到其他 VLAN 中，从而提升了网络的效能。

(2) 简化网络管理。当节点物理位置发生变化时，例如跨越多个局域网，通过逻辑上配置 VLAN 即可形成网络设备的逻辑组，无需重新布线和改变 IP 地址等。这些逻辑组可以跨越一个或多个二层交换机，形成虚拟工作组，动态管理网络。

(3) 提高网络的数据安全性。一个 VLAN 中的节点接收不到另一个 VLAN 中其他节点的帧，即一个 VLAN 内部的单播流量都不会转发到其他 VLAN 中，提高网络的安全性。

图 2-6 显示了局域网和 VLAN 的区别与联系，图中有 10 台主机分布在 3 个楼层中，通过 3 个交换机连接成 3 个局域网：① LAN 1，包括成员 A_1、A_2、B_1、C_1；② LAN2，包括成员 A_3、B_2、C_2；③ LAN3，包括成员 A_4、B_3、C_3。由于这 10 台主机根据工作要求需要划分为 3 个工作组，即 A_1-A_4，B_1-B_3，C_1-C_3。从图 2-6 中可以看出，每一个工作组的主机并不位于同一楼层，如果改变网络布线或搬迁主机就会带来较大的麻烦，这时可以利用交换机 VLAN 功能，将这 10 台主机划分到 VLAN1、VLAN2、VLAN3 中。

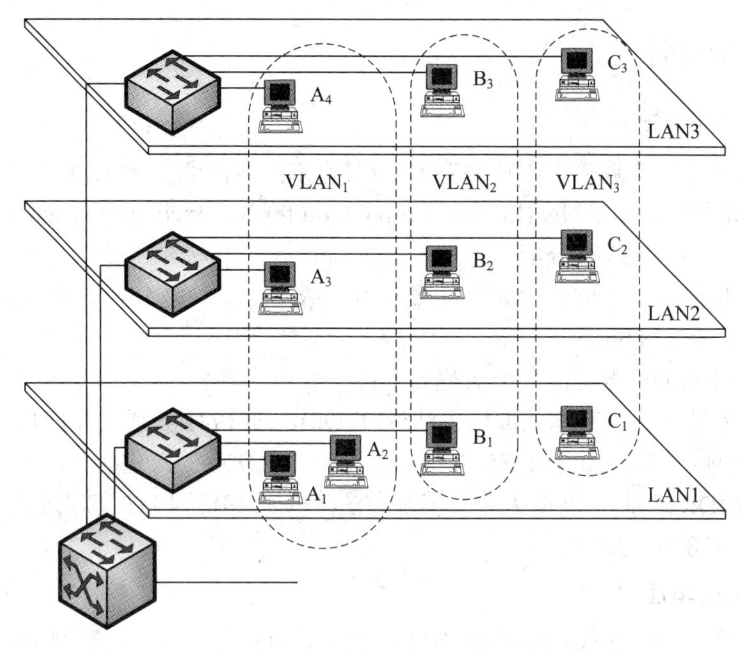

图 2-6　虚拟局域网的构成

2. VLAN 的实现技术

VLAN 从逻辑上对网络进行划分，组网方案灵活，配置管理简单，降低了管理维护的成本。VLAN 的主要目的是划分广播域，主要的划分方法有以下几种：

(1) 基于端口的 VLAN：目前最普遍的 VLAN 划分方式为基于端口的静态划分方式，网络管理员将端口划分为某个特定 VLAN 的端口，连接在这个端口的主机就属于这个特定的 VLAN。其优点是配置相对简单，对交换机转发性能几乎没有影响；缺点是需要为每个交换机端口配置所属的 VLAN，一旦用户移动位置，可能需要网络管理员对交换机的相应端口进行重新设置。

(2) 基于 MAC 地址的 VLAN：根据网络设备的 MAC 地址确定 VLAN 的成员关系，在端口接收帧时，根据目的 MAC 地址查询 VLAN 数据库，VLAN 数据库将该帧所属 VLAN 的名字返回。其优点是网络设备可在不需要重新配置的情况下在网络内部任意移动，其缺点是由于网络上的所有 MAC 地址需要掌握和配置，所以管理任务较重。

(3) 基于协议的 VLAN：该方法将物理网络划分成基于协议(如 IP、IPX 或 AppleTalk 等)的逻辑 VLAN，即在端口接收帧时，它的 VLAN 由该信息包的协议决定。例如，IP 广播帧只被广播到 IP VLAN 中的所有端口接收。

(4) 基于子网的 VLAN：基于子网的 VLAN 是基于协议的 VLAN 的一个子集，根据帧所属的子网决定一个帧所属的 VLAN。要做到这点，交换机必须查看入帧的网络层包头。

(5) 基于组播的 VLAN：基于组播的 VLAN 为组播分组动态创建的，即每个组播分组都与一个不同 VLAN 对应，这就保证了组播帧只被相应的组播分组成员的那些端口接收。

(6) 基于策略的 VLAN：基于策略的 VLAN 是 VLAN 的最基本的定义，对于每个无标签的入帧都查询策略数据库，从而决定该帧所属的 VLAN。例如，可以建立一个用于公司管理人员之间来往电子邮件的特别 VLAN 的策略，以便这些流量不被其他任何人看见。

2.2.3 IP 地址规划

1．IP 地址的概念

IP 地址就是给每个连接在因特网上的主机(或路由器)分配一个在全世界范围内唯一的标识符，IP 地址现在由 ICANN (Internet Corporation for Assigned Names and Numbers，因特网名字与号码分配机构)进行分配。

根据 IP 地址的长度不同，IP 地址主要有两种版本：一种是 IPv4，长度为 32 bit；另一种是 IPv6，长度为 128 bit。

关于 IP 地址的编址方案的发展历程如下：

(1) 分类 IP 地址：最基本的编址方法(RFC790)，于 1981 年通过相应标准。

(2) 子网地址：RFC950 于 1985 年通过，是对 RFC790 的改进。

(3) 超网(CIDR 地址)：新的无分类编址方法(RFC1519)于 1993 年通过。

(4) IPv6：128 bit 的地址。

2．IP 地址的组成

IPv4 地址用二进制表示，每个 IP 地址长 32 bit，每 8 位一组，将比特换算成字节，就是 4 个字节。为了便于记忆，将每个字节用一个十进制的数字表示，字节与字节之间用“．”分开，这种表示方法称为点分十进制表示法。例如，一个二进制形式的 IP 地址为“10101100.00010000.00011110.00111000”，写成十进制形式可以表示为“172.16.30.56”。IPv4 地址由两部分组成，分别是网络部分和主机部分。IPv4 只支持大概 40 亿个网络地址。

IPv6 地址由 128 bit 组成，按每 16 位划分为一组，每组转换成 4 个十六进制数，每组之间用冒号隔开，称为冒分十六进制表示法，如“2001:0000:0000:0000:085b:3c51:f5ff:ffdb”。IPv6 也由两部分组成，分别是可变长度的类型前缀和其余部分。IPv6 支持 3.4×10^{38} 个网络地址。

3．IP 地址的分类

最初设计互联网时，Internet 委员会定义了 5 种 IP 地址类型以适合不同容量的网络，即 A 类、B 类、C 类、D 类和 E 类，其中 A、B、C 三类由 Internet NIC 在全球范围内统一分配，D、E 类为特殊地址，可以使用 IP 地址第一部分来标识这五类地址。IPv4 地址的分类如图 2-7 所示。

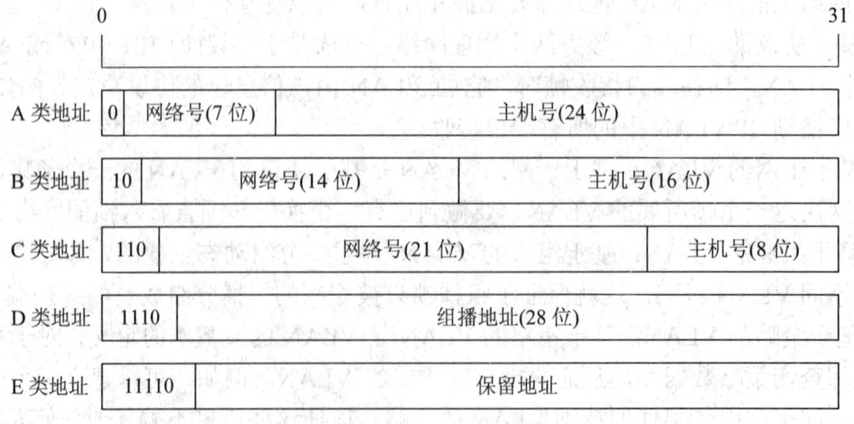

图 2-7 IPv4 地址的分类

1) A类地址

A类地址用于主机数目非常多的大型或特大型网络，它的网络号字段为1字节，主机号字段为3字节，其中网络号字段的第一位已经固定为0。由于网络ID不能全0，127作为保留网段，因此A类地址的第一部分取值范围为1～126。A类地址中仅仅有126个网络可以使用，主机部分有24位，所以每个网络可以有$2^{24}-2$个主机，这里减去2是指减去主机ID全0的网络地址和主机ID全1的广播地址。A类网络默认子网掩码为255.0.0.0。

2) B类地址

B类地址用于中型到大型网络，它的网络号字段为2字节，主机号字段为2字节，其中网络号字段的第一位已经固定为10，因此B类地址的第1部分取值范围为128～191。每个网络可以有$2^{16}-2$个主机。B类网络默认子网掩码为255.255.0.0。

3) C类地址

C类地址主要用于局域网，它的网络号字段为3字节，主机号字段为1字节，其中网络号字段的第一位已经固定为110，因此，C类地址的第一部分取值范围为192～223。每个网络可以有254个主机。C类网络默认子网掩码为255.255.255.0。

4) D类和E类地址

D类地址是用于多播(也称为组播)的地址，网络地址最高位为1110，因此D类地址的第一部分取值范围为224～239。D类地址没有子网掩码。

E类地址作为实验地址，保留未用，网络地址最高位为11110，因此E类地址的第一部分取值范围为240～254。

4．子网掩码

IP 地址在没有相关的子网掩码的情况下存在是没有意义的。子网掩码(Subnet Mask)又叫做网络掩码或地址掩码，它是一种用来指明一个IP地址的哪些位标识的是主机所在的子网以及哪些位标识的是主机的位掩码。通过子网掩码可将某个IP地址划分成网络地址和主机地址两部分。

子网掩码与IP地址一样也是32位，由连续的1和连续的0组成。子网掩码中的1对应IP地址中原来的网络部分，而子网掩码中的0对应现在的主机部分。子网掩码也可以采用点分十进制标记法表示。

计算机如何使用子网掩码来计算它所在的网段呢？只要把IP地址和子网掩码进行逐位的“与”运算(AND)，就可以立即得到对应的网络地址。例如有一台计算机的IP地址为131.107.41.6，子网掩码为255.255.255.0，将IP地址和子网掩码进行“与”运算后，得到该计算机所处的网段为131.107.41.0，如图2-8所示。

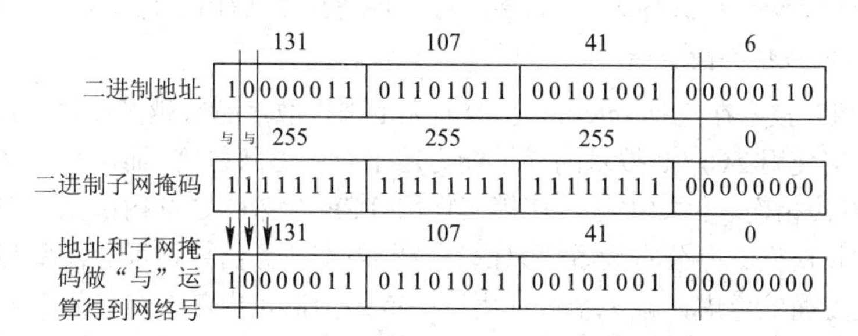

图2-8　IP地址与子网掩码的“与”运算

5．保留的 IP 地址

IP 地址空间中的某些地址已经为特殊目的而保留，而且通常并不允许作为主机地址使用。这些保留地址如下：

(1) 网络地址：当 IP 地址中的主机地址的所有位都为 0 时，它特指某个网段，而不是网络上的特定主机。

(2) 广播地址：当 IP 地址中的主机地址的所有位都为 1 时，它特指该网段的全部主机，是一个广播地址。

(3) 回环地址：网络地址 127.×.×.×已经分配给本地回环地址，这个地址主要用于网络软件测试以及本地计算机进程间通信，使用这个地址提供了对协议堆栈的内部回环测试。一般 127.0.0.1 这个地址仅代表本地主机，不能用来分配，它主要用来测试本主机的进程之间的通信。

(4) 169.254.0.0：169.254.0.0～169.254.255.255 实际上是自动私有 IP 地址。对于 Windows 2000 以上版本的操作系统，在无法获取 IP 地址时自动配置 IP 地址为 169.254.×.×，子网掩码为 255.255.0.0 这种形式，这样可以使所有获取不到 IP 地址的计算机之间能够通信。

(5) 0.0.0.0：如果计算机的 IP 地址和网络中的其他计算机地址冲突，使用 ipconfig 命令看到的就是 0.0.0.0，子网掩码也是 0.0.0.0。在路由器上用 0.0.0.0 地址指定默认路由。

(6) 全“1”的 IP 地址是 255.255.255.255，也是广播地址，但 255.255.255.255 代表所有主机，用于向网络的所有节点发送数据包，这样的广播不能被路由器转发。

6．公共地址和私有地址

IP 地址根据其用途和安全性级别的不同，分为公共地址和私有地址两类。公共地址在 Internet 中使用，可以在 Internet 中随意访问；私有地址只能在内部网络中使用，只有通过代理服务器才能与 Internet 通信。

1) 公共网 IP 地址资源的分配方案

公共网 IP 地址资源的分配需要向相关机构申请注册后才能使用，其中因特网名字与号码分配机构是负责全球范围内互联网上的 IP 地址编号分配的机构。

ICANN 将部分 IP 地址和 AS 号码分配给大洲级的互联网注册机构(Regional Internet Registry, RIR)，负责指定区域范围内的 IP 地址和 AS 号码的地址分配和登记注册。RIR 目前主要包括：欧洲区域互联网络信息中心，北美区域互联网络信息中心，中美、南美区域互联网络信息中心和亚洲、太平洋区域互联网络信息中心四个区域互联网络信息中心，通常 RIR 会将地址进一步分配给区内大的 LIR(Local Internet Registry，本地互联网注册机构)/ISP(Internet Service Provider，互联网服务提供商)，然后由它们做更进一步的分配。

2) 私有网络地址分配方案

随着 TCP/IP 技术在包括 Internet 在内的大范围扩散，越来越多没有连接到 Internet 网络上的企业希望使用 TCP/IP 技术的寻址能力用于企业内部通信，而没有打算与其他企业或 Internet 网络直接相连。例如银行、连锁店使用 TCP/IP 来构建其内部企业网络，大量的本地工作站，如收银机、办公室设备等只满足企业内部业务需要，很少需要与外部连接。另外，出于安全方面的考虑，许多企业使用网关或路由器将内部网络与外部网络连通。内部网络的路由器接口通常不需要被外部企业直接访问，内部网络通常不能直接访问 Internet，这样仅有一个或多个网关在 Internet 上是可见的。在这种情况下，内部网络可以使用非唯一的 IP 地址。

在 RFC 1918 私有网络地址分配标准中，保留了以下三个 IP 地址块用于私有网络：10.0.0.0～10.255.255.255 (10/8 比特前缀)；172.16.0.0～172.31.255.255 (172.16/12 比特前缀)；192.168.0.0～192.168.255.255 (192.168/16 比特前缀)。

一个决定使用上述 IP 地址空间的企业不需要与 ICANN 组织或 Internet 地址注册组织进行注册、申请。这样，该地址空间就可以被许多企业自由使用。私有地址空间中的地址仅在一个企业内部保证唯一，这样它们可以在自己拥有的私有网络内部实现通信。

7. IP 地址规划原则

在 IP 网络中，为了确保 IP 数据报的正确传输，必须为网络中的每一台主机分配一个唯一的 IP 地址。当要组建一个 IP 网络时，首先必须考虑 IP 地址的规划问题。通常 IP 地址的规划可参照以下步骤进行：

(1) 分析网络规模，明确网络中所拥有的网段数量以及每个网段中可能拥有的最大主机数。通常路由器的每一个接口所连的网段都被认为是一个独立的网段。

(2) 根据网络规模确定所需要的网络类别和每类网络的数量，如 B 类网络需要几个、C 类网络需要几个等。

(3) 确定使用公共地址、私有地址还是两者混用。若采用公共地址，需要向 Internet 网号管理机构 ICANN 提出申请，并获得相应的地址使用权。

(4) 根据可用的地址资源为每台主机指定 IP 地址，并在主机上进行相应的配置，在配置地址之前，还要考虑地址分配的方式。

IP 地址的分配可以采用静态和动态两种方式。所谓静态分配是由网络管理员为主机分配一个固定不变的 IP 地址并手动配置到主机上。动态分配目前主要以客户机/服务器模式，通过动态主机配置协议(Dynamic Host Control Protocol，DHCP)来实现。采用 DHCP 进行动态主机 IP 地址分配的网络环境中至少要有一台 DHCP 服务器，DHCP 服务器拥有可供主机申请使用的 IP 地址资源，客户机通过 DHCP 请求向 DHCP 服务器提出关于地址分配或租用的要求。

静态分配和动态分配方式各有利弊，静态分配有利于基于 IP 地址的网络监控与事件追踪，但需要网络管理员来维护地址的全局唯一性；动态分配有利于提高 IP 地址的资源利用率，还可以有效避免静态分配中所出现的 IP 地址冲突问题。

即使遵照了上面的方法，实际使用 IP 地址的过程中仍然会面临两个严峻的问题：一个是 IP 地址的浪费，当一个公司或组织机构获得一个网络号时，即使它的网络节点数少于这个网络号所规定的最大节点数，那些多余出来的 IP 地址也不能为其他网络所使用；另一个是 IP 地址资源的短缺，除了互联网规模增大所产生的地址紧缺外，网络管理也在一定程度上刺激了 IP 地址资源的需求。例如，当一个企业或组织机构的网络因主机规模增加而经常出现冲突增加、吞吐率下降或网络难以有效管理等多种性能问题时，通常会采用网络分段的方法，而根据 IP 网络的特点，就需要为这些新分出来的网段指定新的网络号并申请新的 IP 地址资源。但是，目前 32 位的 IPv4 地址已出现了严重的资源紧缺，已经不可能随心所欲地获取网络号。为了提高 IP 地址资源的利用率，同时也为了解决 IP 地址资源短缺的问题，人们引入了子网及无类别域间路由地址和网络地址翻译技术等。

2.3 设备选择规划

2.3.1 网络拓扑设计原则

实际工程中的基站非常多，整个承载网的规模很大，投入的设备成百上千。一般常使用环型、网状型等形式来完成拓扑设计。

PTN 分组传送网建设初期，以承载 LTE 无线回传业务为主，在网络规划中也以 LTE 承载网为例介绍。

2.3.2 网络容量计算

容量规划是网络规划中的重要部分，在网络建设过程中，通常和拓扑规划同期进行。容量规划是根据当前用户数及预计的发展趋势，估算出网络的总容量，从而有效指导设备的选型和部署。

在 LTE 承载网中网络容量计算涉及的参数如下：

(1) 单站平均吞吐量：一个基站带宽需求的平均值。

(2) 单站三扇区吞吐量：一个基站带宽需求的峰值。

(3) 基站带宽预留比：基站平均吞吐量与实际预留给基站的带宽之间的比值，预留带宽是为了应对今后基站带宽需求的增加。

(4) 链路工作带宽占比：链路带宽可分配给工作带宽、保护带宽、其他业务带宽，工作带宽为 LTE 流量主用路径占用的带宽，保护带宽为备份路径占用的带宽。LTE 承载网还可能承担其他业务如 2G/3G、大客户专线等。工作带宽占比即 LTE 业务在整个链路带宽中占用的比例。

(5) 带宽收敛比：LTE 移动通信网络主要承载数据业务，由于数据业务的统计复用特点，加上用户资费包封顶等原因的存在，使得承载链路的实际带宽分配要小于基站带宽需求，这就是带宽收敛。比如：单个基站带宽需求为 200 Mb/s，汇聚层带宽收敛比为 3∶4，则汇聚层为单个基站预留的带宽为 150 Mb/s。

根据以上参数，计算出接入层、汇聚层、核心层数据流量，以此来确定设备类型和数量。

在设备类型方面，现网各大运营商的建网策略和原有网络不尽相同，设备方面主要采用 PTN 和路由器。

2.3.3 设备配置规划

在设计好网络拓扑并计算出设备容量需求之后，下一步是要对部署的设备硬件进行规划。PTN 分组传送设备选型，需要考虑的因素很多，如吞吐量、支持的接口类型、线卡带宽、路由能力、交换能力、能实现的网络技术、OAM 等。一般主要根据容量计算的结果从两个方面考虑选型，一是设备本身的吞吐量；二是接口带宽。

接入层与汇聚层设备，主要关注接口带宽是否能满足链路带宽的需要。比如，接入环链路带宽为 5 Gb/s，接入设备就应选用至少支持 10GE 接口的设备。

核心层和骨干网设备，主要关注设备整体吞吐量是否能承载足够的基站。比如计算出核心层设备吞吐量为 400 Gb/s，就要选用最少支持 400G 以上吞吐量的设备。本书主要以中兴传输设备为例进行介绍。

1. 中兴通讯产品系列及特点

中兴通讯的 PTN 产品包括 ZXCTN 6100、ZXCTN 6110、ZXCTN 6130、ZXCTN 6200、ZXCTN 6300、ZXCTN 9004 和 ZXCTN 9008，可以满足从接入层到骨干层的所有应用，为用户提供面向未来的新一代传送网的整体解决方案，如图 2-9 所示。

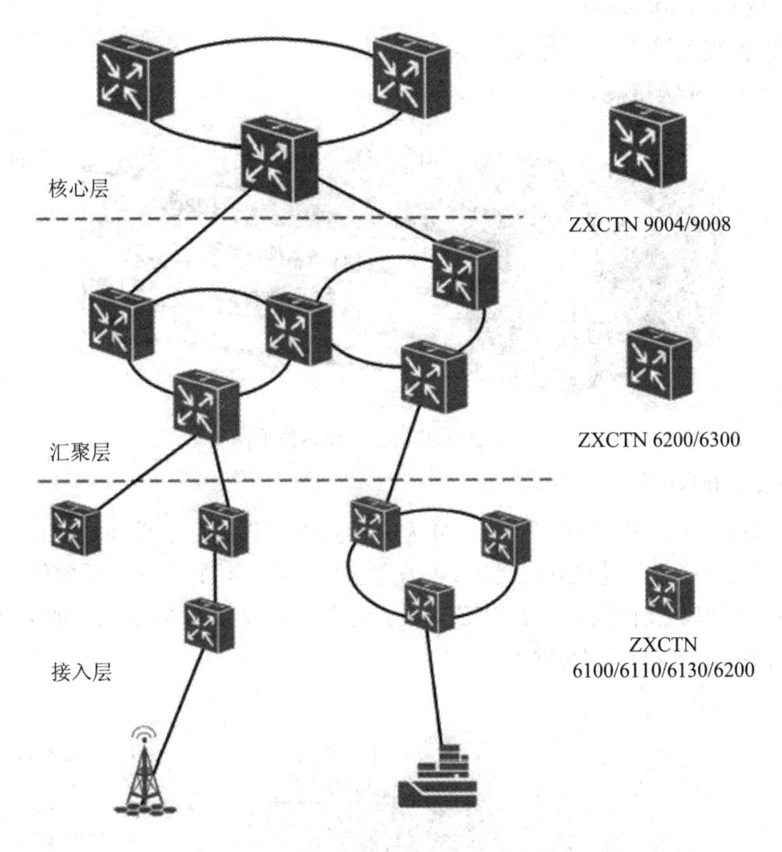

图 2-9　中兴通讯 PTN 产品

2. ZXCTN 6200 简介

ZXCTN 6200 是中兴通讯推出的电信级多业务承载产品，如图 2-10 所示，其专注于移动 Backhual 和多业务网络融合的承载和传送，可有效满足各种接入汇聚层的传送要求。

ZXCTN 6200 设备参数指标如下：

- 尺寸：482.6 mm(W) × 130.5 mm(H) × 240.0 mm(D)。
- 接入层 CE&PTN 设备：采用分组交换架构和横插板结构，高度为 3U，可安装在 300 mm 深的标准机柜。
- 安装方式：柜式、壁挂、桌面等。

• 支持−48 V 直流供电方式，交流供电方式需要外配专门的 220 V 转−48 V 电源。

• 功耗：小于等于 250 W。

• 交换容量(双向)：88 Gb/s。

• 背板容量：220 Gb/s。

• 包转发率：65.47 Mpps。

• 业务接口支持 GE(包括 FE)、POS STM-1/4、Channelized STM-1/4、ATM STM-1、IMA/CES/MLPPP E1、10GE 等接口。

• 提供 4 个业务槽位，其中上面两个槽位的背板带宽为 8 个 GE；下面两个槽位的背板带宽为 4GE+1XG，可以兼容 10GE 单板。

• 业务单板与 6300 兼容。

• 提供设备级关键单元冗余保护。

• 抗震指标：9 级抗震。

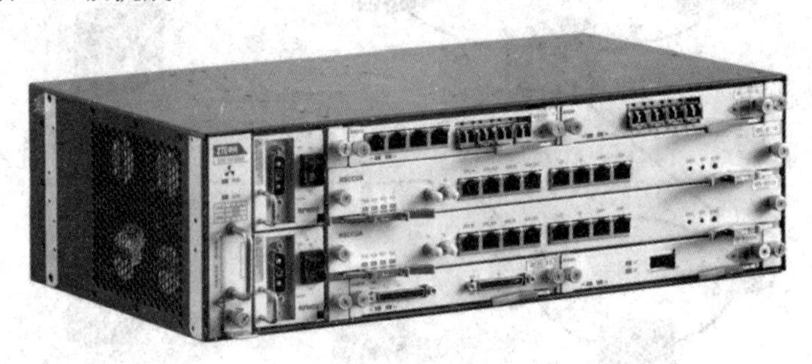

图 2-10 ZXCTN 6200 设备外形图

1) ZXCTN 6200 子架

ZXCTN 6200 子架采用横插式结构：分为交换主控时钟板区、业务线卡区、电源板区、风扇区等。子架提供 9 个插板槽位，包括 2 个主控板槽位、4 个业务单板槽位、2 个电源板槽位和 1 个风扇槽位。整机设计符合 IEC 标准，可以安装到 IEC 标准机柜或 ETS 标准机柜中。ZXCTN 子架结构如图 2-11 所示。

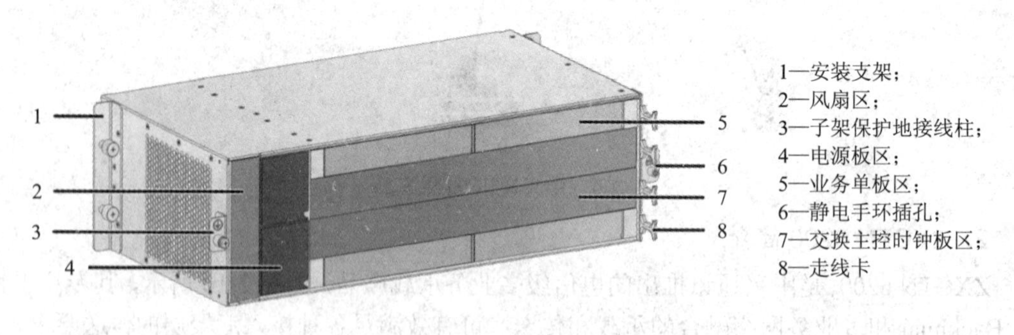

图 2-11 ZXCTN 6200 子架结构

2) ZXCTN 6200 子架板位资源

2 号槽位支持 8GE 的业务接入容量；4 号槽位支持 4GE 或 10GE 的业务接入容量，当插入 GE 单板时，接入容量为 4GE，当插入 10GE 单板时，接入容量为 10GE，如图 2-12

所示。

<table>
<tr><td rowspan="4">风
扇
Slot9</td><td rowspan="2">电源板
Slot7</td><td>Slot1 低速LIC板卡 8 Gb/s</td><td>Slot2 低速LIC板卡 8 Gb/s</td></tr>
<tr><td colspan="2">Slot5 交换主控时钟板</td></tr>
<tr><td rowspan="2">电源板
Slot8</td><td colspan="2">Slot6 交换主控时钟板</td></tr>
<tr><td>Slot3 高速LIC板卡10 Gb/s</td><td>Slot4 高速LIC板卡10 Gb/s</td></tr>
</table>

图 2-12　ZXCTN 6200 子架板位资源

功能类单板的槽位固定，业务接口板的槽位不固定。ZXCTN 6200 的单板与插槽的对应关系如表 2-1 所示。

表 2-1　ZXCTN 6200 单板与插槽的对应关系

槽位号	接入容量	可插单板
1#、2#	8GE	R8EGF、R8EGE、R4EGC、R4CSB、R4ASB、R16E1F、R4GW、R4CPS
3#、4#	4/10GE	R1EXG、R8EGF、R8EGE、R4EGC、R4CSB、R4ASB、R16E1F、R4GW、R4CPS
5#、6#	—	RSCCU2
7#、8#	—	RPWD2
9#	—	RFAN2

3) ZXCTN6200 单板

ZXCTN 6200 单板代号及名称如表 2-2 所示。

表 2-2　ZXCTN 6200 单板命名列表

单板代号	单板名称	英文名称
RSCCU2	主控交换时钟单元板	Switch Control Clock Unit for Board 6200
R1EXG	1 路增强型 10GE 光口板	1 port Enhanced 10 Gigabit ethernet Fiber interface Board
R8EGF	8 路增强型千兆光口板	8 ports Enhanced Gigabit ethernet Fiber interface Board
R8EGE	8 路增强型千兆电口板	8 ports Enhanced Gigabit ethernet ELE interface Board
R4EGC	4 路增强型千兆 Combo 板	4 ports Enhanced Gigabit ethernet Combo interface Board
R4CSB	4 路通道化 STM-1 板	4 ports Channelized STM-1 Board
R4ASB	4 路 ATM STM-1 板	4 ports ATM STM-1 Board
R4GW	网关板	Gateway Board
R4CPS	4 端口通道化 STM-1 PoS 单板	4–Port Channelized STM-1 PoS Board
R16E1F	16 路前出线 E1 板	16 ports E1 Board with Front interface
RPWD2	直流电源板	Power DC Board for 6200
RFAN2	风扇板	Fan Board for 6200

(1) 主控交换时钟单元板 RSCCU2。

主控交换时钟单元板 RSCCU2 集成主控、交换和时钟同步处理功能；采用 1+1 备份方式工作，是系统的核心单板。RSCCU2 单板完成的功能如下：

① 主控功能：

- 实现系统控制与通信、网管命令处理。
- 实现单板管理、单板性能事件和告警信息收集上报。
- 运行路由协议，维护路由转发表。
- 提供网管接口 Qx 和本地维护终端接口 LCT。
- 提供告警输入接口，可支持 4 路外部告警输入。
- 提供告警输出接口，可支持 3 路设备告警输出。
- 支持主控、交叉和时钟单元 1+1 热备份。

② 交换功能：

- 实现业务转发、调度。
- 支持 44GE 交换容量。

③ 时钟同步功能：

- 产生系统同步时钟。
- 提供 1 对 BITS 外时钟输入/输出接口(2 Mb/s 和 2 MHz 可选)。
- 提供 1 对 GPS 时钟输入/输出接口，可支持相位同步信息和绝对时间值的输入/输出。

(2) 增强型千兆 Combo 板 R4EGC。

R4EGC 单板完成的功能如下：

① 提供 4 个千兆 SFP 光接口和 4 个千兆以太网电接口。

② 光接口类型支持 100Base-FX、1000Base-SX 和 1000Base-LX。

③ 电接口类型支持 10Base-T、100Base-TX 和 1000Base-T。

④ 支持配置光接口速率。

⑤ 支持光接口数字诊断。

⑥ 支持光接口激光器自动关断。

⑦ 支持电接口全双工工作模式。

⑧ 支持电接口 10 M/100 M/1000 M 自动协商。

⑨ 支持电接口强制模式。

⑩ 支持电接口自动交叉功能。

⑪ 支持电接口线缆测试。

⑫ 支持同步以太网。

⑬ 协助完成系统 OAM 相关 LM、DM 功能。

⑭ 支持 MPLS-TP OAM 报文中的 MEL 值修改。

⑮ 支持 1588 报文打时间戳的功能。

(3) 增强型千兆电口板 R8EGE。

R8EGE 单板完成的功能如下：

① 提供 8 个千兆以太网电口。

② 接口类型支持 10Base-T、100Base-TX 和 1000Base-T。

③ 支持全双工工作模式。

④ 支持 10M/100M/1000M 自动协商。

⑤ 支持强制模式。

⑥ 支持自动交叉功能。

⑦ 支持线缆测试。

⑧ 支持同步以太网。

⑨ 协助完成系统 OAM 相关 LM、DM 功能。

⑩ 支持 MPLS-TP OAM 报文中的 MEL 值修改。

⑪ 支持 1588 报文打时间戳的功能。

(4) 增强型千兆光口板 R8EGF。R8EGF 单板完成的功能如下：

① 提供 8 端口千兆 SFP(Small Form Factor Pluggable)光接口。

② 接口类型支持 100Base-FX、1000Base-SX 和 1000Base-LX。

③ 支持配置接口速率。

④ 支持光接口数字诊断。

⑤ 支持光接口激光器自动关断。

⑥ 支持同步以太网。

⑦ 协助完成系统 OAM 相关 LM、DM 功能。

⑧ 支持 MPLS-TP OAM 报文中的 MEL 值修改。

⑨ 支持 1588 报文打时间戳的功能。

(5) 增强型 10GE 光口板 R1EXG。

R1EXG 单板完成的功能如下：

① 提供 1 个 10GE XFP(10-Gigabit Small Form-Factor Pluggable)光接口。

② 接口类型支持 10GBase-SX 和 10GBase-LX。

③ 支持配置接口速率。

④ 支持光接口数字诊断。

⑤ 支持光接口激光器自动关断。

⑥ 支持同步以太网。

⑦ 协助完成系统 OAM 相关 LM、DM 功能。

⑧ 支持 MPLS-TP OAM 报文中 MEL 值修改。

⑨ 支持 1588 报文打时间戳的功能。

(6) 通道化 STM-1/STM-4 板 R4CSB。

R4CSB 实现通道化的 4 路 STM-1 或 1 路 STM-4 业务处理。完成结构化和非结构化 TDM 业务的汇聚和透传，R4CSB 单板功能如下：

① 提供 4 路 STM-1 或 1 路 STM-4 光接口。光接口类型为 LC 接口，采用可插拔 SFP 光模块。

② STM-1 光接口带宽为 155M，所支持的光模块类型有 S-1.1(15 km)、L-1.1(40 km)、L-1.2(80 km)。

③ STM-4 光接口带宽为 622M，所支持的光模块类型有 S-4.1(15 km)、L-4.1(40 km)、L-4.2(80 km)。

④ 支持配置端口速率。

⑤ 支持端口数字诊断。

⑥ 支持端口激光器自动关断。

⑦ 支持SDH功能，包括标准的SDH帧结构、SDH帧定界功能、时钟恢复功能、段层开销的处理、告警和性能统计。

⑧ 支持PWE3业务封装承载。

(7) 前出线E1板R16E1F。

E1电路仿真单板用于实现TDM E1或IMA E1业务的接入和承载。UNI侧实现TDM E1或IMA E1业务的接入和承载，网管显示为R16E1F-(TDM+IMA)。NNI侧则实现ML-PPP工作方式，网管显示为R16E1F-(MLPPP)，R16E1F单板功能如下：

① 对于R16E1F-(TDM+IMA)单板，其E1接口的业务工作方式可配置为TDM E1(CES)或IMA E1。

② 对于R16E1F-(MLPPP)单板，其E1接口的业务工作方式可配置为ML-PPP E1。

③ 单板提供16路E1接口，每路接口带宽为2.048 Mb/s。

④ E1接口支持成帧和成帧检测功能，支持PCM30/PCM30 CRC/PCM31/PCM31 CRC四种帧格式，符合ITU-T G.704标准。

⑤ TDM E1业务支持结构化或非结构化的电路仿真方式。其中，结构化业务支持E1成帧处理和时隙压缩功能。

⑥ TDM E1业务支持使用PWE3封装和解封装。

⑦ 经过PTN网络传输的TDM E1和IMA E1业务，在恢复重组时，支持选择自适应时钟恢复方式和再定时方式。

⑧ E1接口工作在ML-PPP业务方式时，可实现基站语音和信令业务分离承载。

⑨ 支持线路提取同步时钟。

⑩ 支持ML-PPP链路状态检测。

⑪ 支持板内ML-PPP组中E1链路的保护。

⑫ 所有E1接口支持告警上报和性能上报。

⑬ 单板支持自适应时钟恢复和CES输出时钟漂移控制。

⑭ E1接口发送时钟支持网络时钟和自适应时钟方式。

⑮ 支持16路E1再定时。

(8) 直流电源板RPWD2。

直流电源板RPWD2处理所输入的−48 V直流电源，输出−48 V直流二次电源，并通过背板给子架各单板供电，RPWD2单板功能如下：

① 采用1+1热备份模式，可由两组直流电源同时供电。

② 支持单板热插拔功能。

③ 具有过流保护功能。当设备内部电流超过额定电流时，电源板会自动切断对设备内部的供电。

④ 具有过压、欠压检测功能。当外部供电电压过低时，单板上报欠压告警；当外部供电电压过高时，单板上报过压告警。

⑤ 支持电源输入端防反接功能。

(9) 风扇板RFAN2。

RFAN2单板完成的功能如下：

① 在机箱左侧(从正面看)由多个风扇从内部吸风。机箱右边为进风口，形成自右向左

流向的风道。

② 风扇吸入的冷气流与单板整件和电源板的热气流进行交换，发热芯片采用铝散热器散热。

③ 接收主控时钟交换单元板的速度控制信号，控制风扇转速。

④ 检测风扇告警信息，上报给主控时钟交换单元板。

⑤ 检测风扇信息，驱动面板指示灯显示风扇状态。任何一个风扇出现故障，面板指示灯 ALM(红灯)长亮。

3．ZXCTN 9008 简介

ZXCTN 9008 是中兴通讯推出的面向分组传送的电信级多业务承载产品，它以分组为内核，实现多业务承载，可以为客户提供移动回程(Backhaul)以及 FMC(Fixed Mobile Convergence，固定网络与移动网络融合)端到端解决方案，降低网络建设和运维成本，实现网络的平滑演进。

ZXCTN 9008 为 12U 高的机架式设备，主要定位于城域传送网的汇聚层和核心层，如图 2-13 所示。

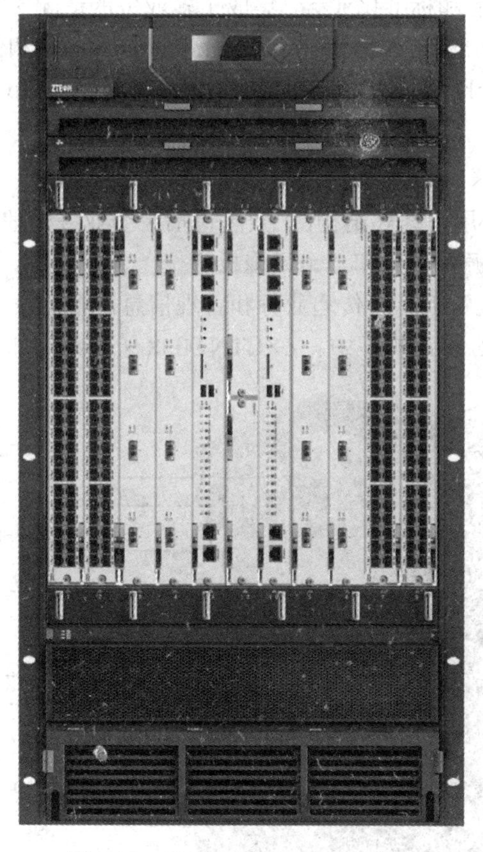

图 2-13　ZXCTN 9008 设备外形图

ZXCTN 9008 设备参数指标如下：

- 尺寸：482.6 mm(W) × 888.2 mm(H) × 560.0 mm(D)。
- 采用分组交换架构和竖插板结构，12U 高。

- 安装方式：机架式安装在 600/800 mm 深的大容量传输机柜。
- 支持−48 V 直流和 220 V 交流两种供电方式。
- 功耗：小于等于 2700 W。
- 交换容量(双向)：2.24 Tb/s。
- 背板带宽：2.52 Tb/s。
- 包转发率：476 Mpps。
- 业务槽位：8 个业务槽位，最大接入容量：48(GE) × 8 = 384 Gb/s。
- 业务接口支持 GE(O/E)、10GE、POS STM-1/4/16/64、CPOS STM-1、Ch STM-1、ATM STM-1 等接口。
- 提供设备级关键单元冗余保护，包括时钟、主控、电源 1 + 1 保护。
- 抗震指标：9 级抗震。

ZXCTN 9008 采用先进的分布式、模块化设计架构，支持大容量的交换矩阵。面对业务网络承载需求的复杂性和不确定性，ZXCTN 9008 设备融合了分组与传送技术的优势，采用分组交换为内核的体系架构，并集成 IP(Internet Protocol)/MPLS(Multi Protocol Label Switching)丰富的业务功能和标准化业务，集成了多业务的适配接口、同步时钟、IEEE 1588 V2、电信级的 OAM(Operation, Administration and Maintenance)和保护等功能，在此基础上实现以太网、ATM(Asynchronous Transfer Mode)和 TDM(Time Division Multiplexing)电信级业务处理和传送。

1) ZXCTN 9008 子架

ZXCTN 9008 子架采用竖插式结构，子架区包括 8 个业务处理板槽位，2 个主控板槽位，2 个交换板槽位，3 个电源板槽位和 2 个风扇板槽位。

单板与单板之间通过背板总线传递业务和管理信息，整机设计符合 IEC 标准，可以安装到 IEC 标准机柜或 ETS 标准机柜中。ZXCTN 9008 子架结构如图 2-14 所示。

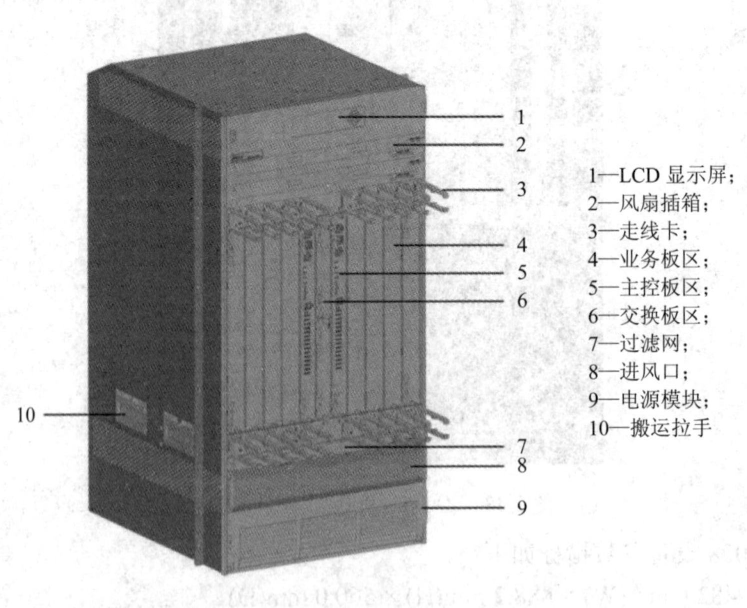

图 2-14 ZXCTN 9008 子架结构

2) ZXCTN 9008 子架板位资源

ZXCTN 9008 子架单板包括 8 个业务板槽位，2 个主控板槽位，2 个交换板槽位，3 个电源模块槽位和 2 个风扇插箱槽位，如图 2-15 所示。

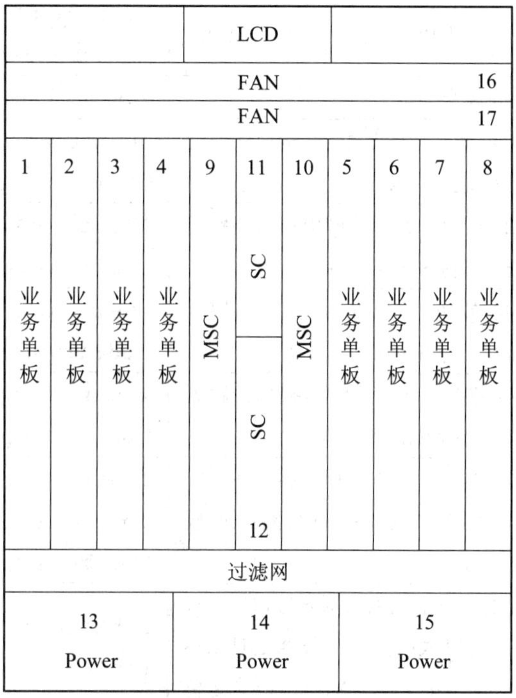

LCD
FAN 16
FAN 17
1 2 3 4 9 11 10 5 6 7 8
业务单板 业务单板 业务单板 业务单板 MSC SC MSC 业务单板 业务单板 业务单板 业务单板
SC 12
过滤网
13 Power　14 Power　15 Power

图 2-15　ZXCTN 9008 子架板位资源

ZXCTN 9008 单板槽位列表如表 2-3 所示。

表 2-3　ZXCTN 9008 单板槽位列表

槽位号	接入容量	可插单板
1#～8#	80GE	P90S1-24GE-RJ、P90S1-24GE-SFP、P90S1-48GE-RJ、P90S1-48GE-SFP、P90S1-12GE1XGET-SFPXFP、P90S1-24GE2XGE-SFPXFP、P90S1-2XGE-XFP 、 P90S1-2XGET-XFP 、 P90S1-4XGE-XFP 、 P90S1-4XGET-XFP 、P90S1-LPCA+接口子卡、P90S1-LPC24+接口子卡
9#～10#	—	P9008-MSC、P9008-MSCT
11#～12#	—	P9008-SC
13#～15#	—	PM-DC2UB(可任选 2 个槽位配置，支持 1+1 冗余保护)、PM-AC2U(支持 2+1 冗余保护)
16#～17#	—	P9008-FAN
注：功能类单板的槽位固定，业务接口板的槽位不固定		

3) ZXCTN 9008 单板

ZXCTN 9008 单板见表 2-4。

表 2-4 ZXCTN 9008 单板列表

单板代号	单板名称	英文名称
P9008-MSC	9008 主控板	Management & Switching Card for 9008
P9008-MSCT	9008 主控板(支持 1588 和 BITS)	Management & Switching Card for 9008 (supporting1588V2 and BITS)
P9008-SC	9008 交换板	Switching Card for 9008
P90S1-24GE-SFP	24 端口千兆以太网光接口线路处理板(支持 SyncE)	24-port Gigabit Ethernet SFP Interface Line Card (supporting SyncE)
P90S1-24GE-RJ	24 端口千兆以太网电接口线路处理板(支持 SyncE)	24–port Gigabit Ethernet RJ45 Interface Line Card (supporting SyncE)
P90S1-48GE-SFP	48 端口千兆以太网光接口线路处理板(支持 SyncE)	48-port Gigabit Ethernet SFP Interface Line Card (supporting SyncE)
P90S1-48GE-RJ	48 端口千兆以太网电接口线路处理板(支持 SyncE)	48-port Gigabit Ethernet RJ45 Interface Line Card (supporting SyncE)
P90S1-24GE2XGE-SFPXFP	24 端口千兆以太网光接口 + 2 端口万兆以太网光接口线路处理板(支持 SyncE)	24-port Gigabit Ethernet SFP Interface and 2-port 10Giga bit Ethernet XFP Interface Line Card (supportingSyncE)
P90S1-12GE1XGET-SFPXFP	12 端口千兆以太网光接口 + 1 端口万兆以太网光接口线路处理板(8 个 GE 和 1 个 XGE 端口支持 1588V2)	12-port Gigabit Ethernet SFP Interface and 1-port 10Gigabit Ethernet XFP Interface Line Card (8GE+1XGE supporting 1588V2)
P90S1-2XGE-XFP	2 端口万兆以太网光接口线路处理板(支持 SyncE)	2-port 10Gigabit Ethernet XFP Interface Line Card (supporting SyncE)
P90S1-2XGETXFP	2 端口万兆以太网光接口线路处理板(支持 1588V2)	2-port 10 Gigabit Ethernet XFP Interface Line Card (supporting 1588V2)
P90S1-4XGE-XFP	4 端口万兆以太网光接口线路处理板(支持 SyncE)	4-port 10Gigabit Ethernet XFP Interface Line Card (supporting SyncE)
P90-8GE1CP12/3-SFP	8 端口千兆以太网光接口 + 1 端口 OC-12/STM-4 CPOS SFP 接口多业务子卡	8-port Gigabit Ethernet SFP interface and 1-port OC-12/STM-4 CPOS SFP Interface Multi- Service Sub Card
P90-24E1-TX	24 端口 E1 接口多业务子卡(120 Ω)	24-port E1 multi-service sub Card(120Ω)
PM-DC2UB	9008 用 2U 直流电源板	Power DC Board for 9008
PM-AC2U	9008 用 2U 交流电源板	Power AC Board for 9008
P9008–FAN	风扇板	Fan Board for 9008

(1) P9008-MSCT。

ZXCTN 9008 的主控板由主控单元、交换单元和时钟单元等功能块组成，采用 1+1 备份工作方式，是系统的核心单板，P9008-MSCT 单板功能如下：

① 数据交换功能。

② 控制功能，运行系统网管和路由协议。

③ 带宽管理功能。

④ 带外通信功能，传输各业务单板之间的高速信令。

⑤ 时钟和时间同步功能。

(2) P9008-MSC。

ZXCTN 9008 通常配置 2 块主控板，2 块主控板上的主控单元采用 1+1 备份工作方式。2 块主控板上的交换单元与交换板(通常配置 2 块)共同构成 4 个交换平面，采用 3+1 负载分担和冗余备份工作方式，P9008-MSC 单板功能如下：

① 数据交换功能。

② 控制功能，运行系统网管和路由协议。

③ 带宽管理功能。

④ 带外通信功能，传输各业务单板之间的高速信令。

⑤ 时钟和时间同步功能。

(3) P9008-SC。

P9008-SC 是 ZXCTN 9008 的交换板，负责系统业务数据的快速交换。2 块交换板和 2 块主控板上的交换单元采用负荷分担工作方式，并支持 3+1 冗余备份，P9008-SC 功能如下：

① 数据交换功能。

② 带外通信功能，传输本板与主控板之间的高速信令。

③ 液晶显示控制功能。

(4) P90S1-12GE1XGET-SFPXFP。

该单板提供 12 个 GE SFP 类型光接口和 1 个 10GE XFP 类型光接口，其功能如下：

① 12 个 GE 接口均支持 1000BASE-X 和 100BASE-FX 自适应。

② 12 个 GE 接口支持 SyncE，其中最高端口的 8 个(5～12)支持 1588 V2 功能，12 个端口支持抽取和接收以太网时钟信号，最高端口的 8 个支持 1588 时间信号的处理。

③ 10GE 接口可配置为 10GE-LAN 和 10GE-WAN。

④ 10GE 接口均支持 SyncE 和 1588 V2 功能，可抽取和接收以太网时钟信号及进行 1588 时间信号的处理。

⑤ 支持层次化的 QOS 功能(H-QOS)。

⑥ 协助完成系统 OAM 相关 LM、DM 功能。

⑦ 支持 MPLS-TP OAM 功能的端到端检测和环网检测。

⑧ 支持上电复位和软件复位。

⑨ SFP 光接口和 XFP 光接口都可以下指令关断。

⑩ SFP 光模块和 XFP 光模块都支持在线诊断功能。

(5) P90S1-4XGET-XFP。

P90S1-4XGET-XFP 单板完成的功能如下：

① 可配置为 10GE-LAN 和 10GE-WAN 模式。

② P90S1-4XGET-XFP 单板的 4 个接口均支持 SyncE 和 1588 V2，可抽取和接收以太网时钟信号及 1588 时间信号。

③ 支持层次化的 QoS 功能 H-QoS (Hierarchical-QoS)。

④ 协助完成系统OAM相关的LM(Loss Measurement)、DM(Delay Measurement)功能。

⑤ 支持MPLS-TP OAM功能的端到端检测和环网检测。

⑥ 支持上电复位和软件复位。

⑦ 支持XFP光纤模块在线诊断功能。

(6) P90S1-48GE-RJ。

P90S1-48GE-RJ单板完成的功能如下：

① 每个接口均支持100/1000BASE-TX速率自适应。

② 每个接口均支持MDX/MDIX自适应和全双工半双工自适应。

③ 48个接口中有4个(48～45号端口)支持SyncE，可抽取和接收以太网时钟。

④ 支持层次化的QoS功能(H-QoS)。

⑤ 协助完成系统OAM相关LM、DM功能。

⑥ 支持MPLS-TP OAM功能的端到端检测和环网检测。

⑦ 支持上电复位和软件复位。

(7) P90S1-48GE-SFP。

P90S1-48GE-SFP单板完成的功能如下：

① 48个GE接口均支持1000BASE-X和100BASE-FX自适应。

② 48个GE接口中有4个(48～45号端口)支持SyncE，可抽取和接收以太网时钟。

③ 支持层次化的QoS功能(H-QoS)。

④ 协助完成系统OAM相关LM、DM功能。

⑤ 支持MPLS-TP OAM功能的端到端检测和环网检测。

⑥ 支持上电复位和软件复位。

⑦ SFP光接口可以下指令关断。

⑧ SFP光模块支持在线诊断功能。

(8) PM-DC2UB。

ZXCTN 9008使用的直流电源模块，为设备提供−48 V的直流电源，其功能如下：

① 采用1+1备份模式，可由两组直流电同时供电。

② 具有过流保护功能：当设备内部电流超过额定电流时，电源模块能够切断对设备内部的供电。

③ 具有过压、欠压检测功能：当外部供电电压过低时系统会发出欠压告警；当外部供电电压过高时，系统会发出过压告警。

(9) PM-AC2U。

ZXCTN 9008使用的交流电源模块，为设备提供−48 V交流电源，其功能如下：

① 采用1+1备份模式，可由两组交流电同时供电。

② 具有过流保护功能：当设备内部电流超过额定电流时，电源模块能够切断对设备内部的供电。

③ 具有过压、欠压检测功能：当外部供电电压过低时系统会发出欠压告警；当外部供电电压过高时，系统会发出过压告警。

(10) P9008-FAN。

ZXCTN 9008的风扇模块，包括风扇控制板、风扇、风扇面板，P9008-FAN模块功能如下：

① 风扇控制板的功能如下：

从背板取得–48 V电源，经调压模块调压后供给风扇；检测风扇转速，监控风扇是否失效；根据系统检测的温度或主控命令，调整风扇转速，达到降噪、节能、延长风扇寿命目的；将上报异常状态的告警传送给主控板。

② 风扇的功能是为设备散热。

③ 风扇面板的功能是通过指示灯显示风扇的工作状态。

4．设备配置规划案例

随着无线接入网向LTE、5G演进，给承载网带来更高的需求，与此同时，大客户业务发展需要也要求进一步建设完善承载网络干线。

城域传送网按照骨干层、汇聚层、接入层的三层组网结构建设网络架构体系，实现3G与4G的统一承载。基站电路回传至核心节点后，直接与AGW(Access Gateway，接入网关)及RNC相连。

根据网络拓扑规划，前期接入层可采用GE链路组建环网，汇聚层可采用10GE链路组建环网。随着业务流量的不断增长，接入层需要升级到10GE链路环网。接入层设备可选择ZXCTN6100(GE)或ZXCTN6200(10GE)；汇聚层设备可选择ZXCTN6200(接入层选择6100设备)或ZXCTN6300(接入层选择6200设备)；核心层设备可选择ZXCTN9004或9008设备组建LTE承载网，如图2-16所示。

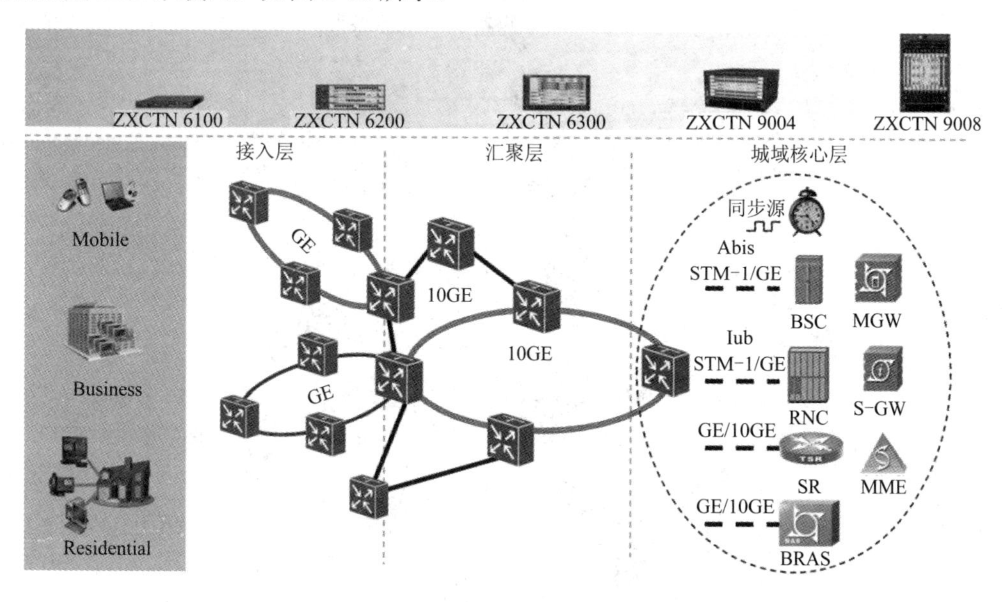

图2-16　LTE承载网设备选择

2.4　分组传送网规划案例分析

某地市运营商计划新建LTE移动通信网络，为了确保基站回传的带宽满足需求，计划配套建设PTN分组传送网。

1. 需求分析

(1) LTE 初期重点考虑 2G/3G/4G 共存时 TDM/ATM 业务及 3G 中后期 HSPA 业务大量部署后，移动宽带化带来的 backhaul 数据流量的快速增长。LTE 网络中 X2 和 S1 业务由核心网侧分组传送设备进行统一调度处理。

(2) LTE 属于移动超宽带，需要关注的是网络的扁平化，在 LTE 中期需考虑 X2 业务在汇聚层的设备调度，尽量减少折返路径。

(3) 基站业务采用端到端的 OAM。

(4) 基站侧采取 LAG、TPS、IMA 等保护方式，网络侧保护采用线性 1+1/1∶1 保护，与核心网相连的分组传送设备采用 VRRP 和 LAG 保护。

2. 网络规划

1) 拓扑规划

PTN 组网初期应以环型网络为主，结构清晰，采用 PTN 组网方式新建的 LTE 承载网典型拓扑结构如图 2-17 所示。

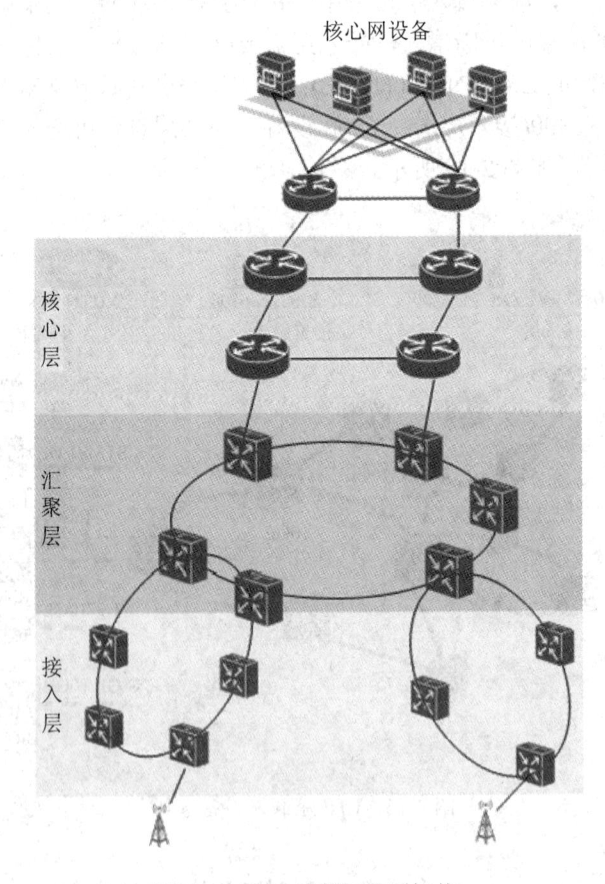

图 2-17 LTE 承载网典型拓扑

对于大型城域网，PTN 网络按核心层、汇聚层和接入层三层组网。

在中小型城域网中，PTN 网络按核心层、汇聚层和接入层端到端组网，部分小型城域网中只有汇聚层和接入层。

核心层：负责提供核心节点间的局间中继电路，核心层应具有大容量的业务调度能力和多业务传送能力。可采用 10GE 组环，节点数量宜在 2～4 个；业务量较大时也可采用 mesh 组网。所带汇聚环建议控制在 6 个以内。

汇聚层：负责一定区域内各种业务的汇聚和疏导，汇聚层应具有较大的业务汇聚能力及多业务传送能力。采用 10GE 组环，节点数量宜在 4～8 个。

小型城市城域网建议将汇聚层及核心层合一；所带接入环建议不超过 8 个。

接入层：接入层应具有灵活、快速的多业务接入能力，采用 GE 组环。为了安全起见，节点数量不应多于 15 个。

根据需求分析，建议按照核心层、汇聚层和接入层三层组网架构组建 LTE 网络配套 PTN 分组传送网，在接入层选用 ZXCTN6100/6200 设备组建 GE 环，汇聚层采用 ZXCTN6200/6300 设备组建 10GE 组环，核心层采用 ZXCTN9004/9008 组建。

2) *参数规划*

LTE 承载网现网是大而复杂的网络，首要关注业务连通性，其次关注传送质量、冗余保护等诸多环节，所以现网方案中规划的内容包括 IP 规划、VLAN 规划、IGP 规划、业务模型规划、隧道模型规划、可靠性规划、OAM 规划、时钟规划、QoS 规划等等。

此处只关注业务连通的关键技术，需要完成 VLAN 规划，IP 地址规划，而时钟、QoS、OAM、VPN 等内容未涉及，此部分规划会在后续章节中逐步介绍。

(1) VLAN 规划。PTN 设备的每个线路侧端口(NNI)都要配置网管 VLAN(MCC VLAN)和业务 VLAN。网管 VLAN 和业务封装 VLAN 的 VLAN ID 都可以重复使用，但必须遵循以下原则：

• 相邻链路段 VLAN ID 不允许相同；

• 不相邻链路段 VLAN ID 可以相同；

• 网管 VLAN 的 ID 范围为 3001～4093，U31 网管上会自动屏蔽这些 VLAN 值，防止网管 VLAN 和业务封装 VLAN 冲突；

• 业务封装 VLAN 的 ID 范围为 17～3000，建议从 101 开始使用。

• 按照上述原则，VLAN 规划方案如下：

• 10GE 环网管 VLAN：VLAN ID 从 4093 开始，每条链路一个 VLAN，VLAN ID 递减；

• GE 环网管 VLAN：VLAN ID 从 3001 开始，每个接入环一个 VLAN，VLAN ID 递增；

• 10GE 环业务封装 VLAN：VLAN ID 从 3000 开始，每条链路一个 VLAN，VLAN ID 递减；

• GE 环业务封装 VLAN：VLAN ID 从 101 开始，每个接入环一个 VLAN，VLAN ID 递增。

(2) IP 规划。

在 LTE 承载网中的 PTN 和路由器设备需要分配 IP 地址，用到的地址分 3 类：

① 管理地址，使用 loopback 地址，loopback 地址的规划应注意 3 点：

• loopback 地址使用 32 位掩码；

• 每台设备规划一个 loopback，与 OSPF、LDP 的 router-id 合用；

• 全网唯一。

② 接口互联地址，IP 接口的规划要注意以下 3 点：

• 唯一性，任何接口地址必须全网唯一；

• 扩展性，使用 30 位的掩码 255.255.255.252，节约 IP 地址空间，同时地址分配在每一层次上都要留有余量。

• 连续性，现网的设备数量很多，汇聚层和接入层按汇聚环分配地址段在环上按逆时针顺序，针对每个汇聚节点先环后链分配，由近及远分配。在节点数量比较少时，可为每个层次划分一个 IP 段作为接口地址，从中再连续地分配给各接口即可。

③ 业务地址，分配给核心网设备和 BBU 使用的地址。业务地址规划要注意以下 3 点：

• 地址数量满足需求；

• 为未来的可能增加的终端做好预留；

• 避免地址浪费。

以上 3 类地址在规划时要明确分开，各自有独立的 IP 网段，以便记忆和维护。在分配时可考虑按网络层次先分配大的网段，再根据机房和设备进行细分。IP 地址段按从小到大或从大到小的原则连续使用。

(3) 参数规划示例。

根据选定的拓扑来规划 IP 地址，以 10.33.64.0/20 地址段为例。IP 地址规划如图 2-18 所示，各用途及 IP 地址分配见表 2-5。

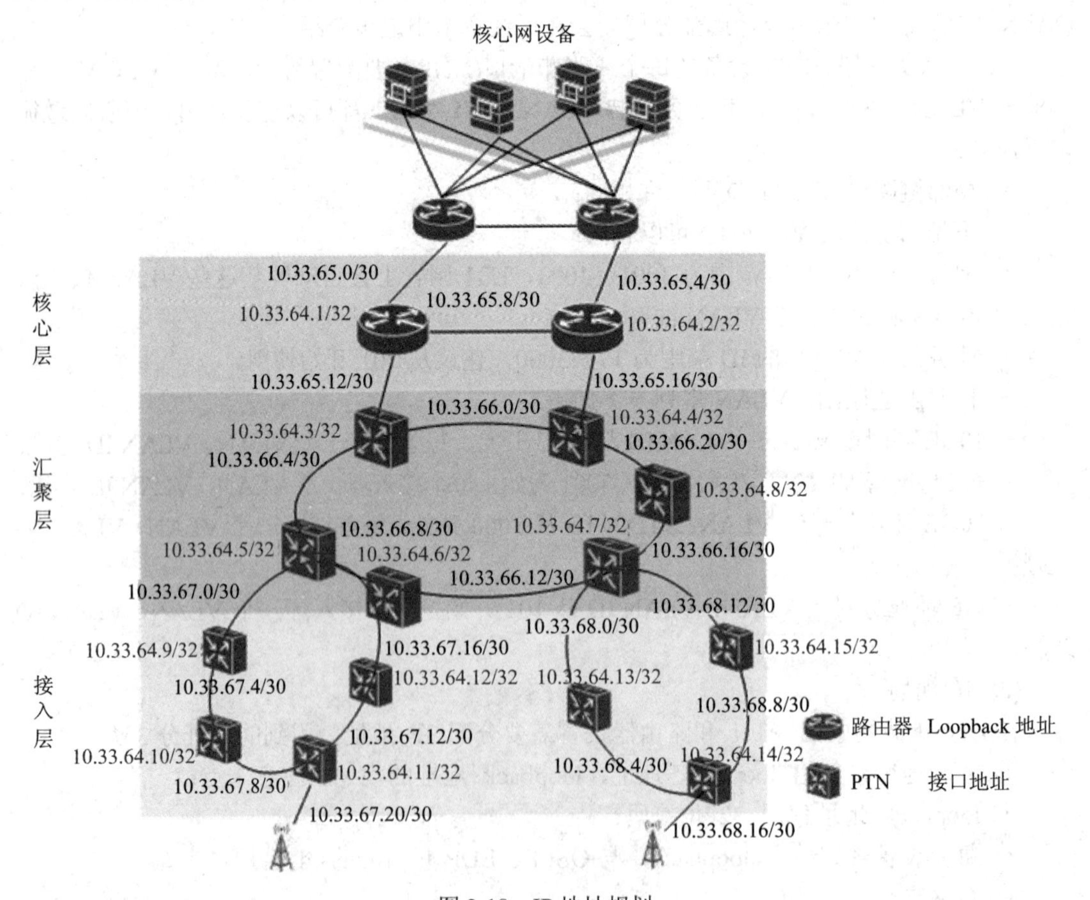

图 2-18 IP 地址规划

表 2-5　IP 地址规划

用　　途	IP 地址
管理地址	10.33.64.0/24
核心层与核心网对接接口地址 核心层设备对接接口地址 核心层与汇聚层对接接口地址	10.33.65.0/24
汇聚环设备对接接口地址	10.33.66.0/24
接入环设备对接接口地址 接入设备与 BBU 对接接口地址	10.33.67.0/24 10.33.68.0/24
核心网内地址	10.33.72.0/22
BBU 业务地址	10.33.76.0/22

习　　题

一、单项选择题

1. IP 地址是由以下哪些部分组成的？(　　)

A. 地址、域名　　B. 网络号、主机号

C. 信源地址、信宿地址　　D. 域名、MAC 地址

2. 152.22.16.152 是一个(　　)的 IP 地址。

A. A 类　　B. B 类

C. C 类　　D. D 类

3. 下列 IP 地址中，错误的 IP 地址是(　　)。

A. 11.254.68.2　　B. 5.7.8.9

C. 200.16.48.127　　D. 200.254.255.256

4. 子网掩码为 255.255.0.0，下列哪个 IP 地址不在同一网段中？(　　)

A. 172.25.15.201　　B. 172.25.16.15

C. 172.10.25.16　　D. 172.25.201.15

5. 常见的硬件地址是(　　)位。

A. 16　　B. 32　　C. 48　　D. 64

二、填空题

1. 网管 VLAN 的 ID 范围是________，U31 网管上自动屏蔽这些 VLAN 值，防止网管 VLAN 和业务封装 VLAN 冲突；业务封装 VLAN 的 ID 范围是__________，建议从_______开始使用。

2. ZXCTN 6200 子架采用_______结构，分为___________、__________、电源板区、风扇区等。子架提供____个插板槽位，包括____个主控板槽位、_____个业务单板槽位、2 个电源板槽位和 1 个风扇槽位。

3. ZXCTN 9008 子架采用_______结构，子架区包括____个业务处理板槽位，_____个主控板槽位，_____个交换板槽位，3 个电源板槽位和 2 个风扇板槽位。

三、简答题

1．常用的计算机网络的拓扑结构有哪些？各自有何特点？

2．描述 IP 地址和 MAC 地址的定义及其关系。

3．私网 IP 地址的范围有哪些？

4．以中兴光传输设备为例，试设计一个传送网的整体解决方案，满足接入层、汇聚层和核心层的所有应用，试画出网络拓扑结构。

第 3 章　分组传送网环网搭建

本章以中兴通讯 PTN 设备来完成分组传送网的搭建为例，介绍传输设备的安装调测规范、网管软件的基本架构、分组传送网同步技术，要求掌握 PTN 设备的开局步骤及脚本的编写、中兴通讯传输网管软件 NetnumenU31 的操作使用及时钟源配置，能够对 PTN 网络平台的搭建建立系统的认识，为后续分组传送网的业务配置打下基础。

3.1　分组设备安装调测

中兴 PTN 设备安装

3.1.1　分组设备安装

1．机柜

ZXCTN 6200 使用中兴通讯传输设备统一机柜。该机柜采用后立柱的形式和前门单开门方式，具有优良的散热性能，如图 3-1 所示。

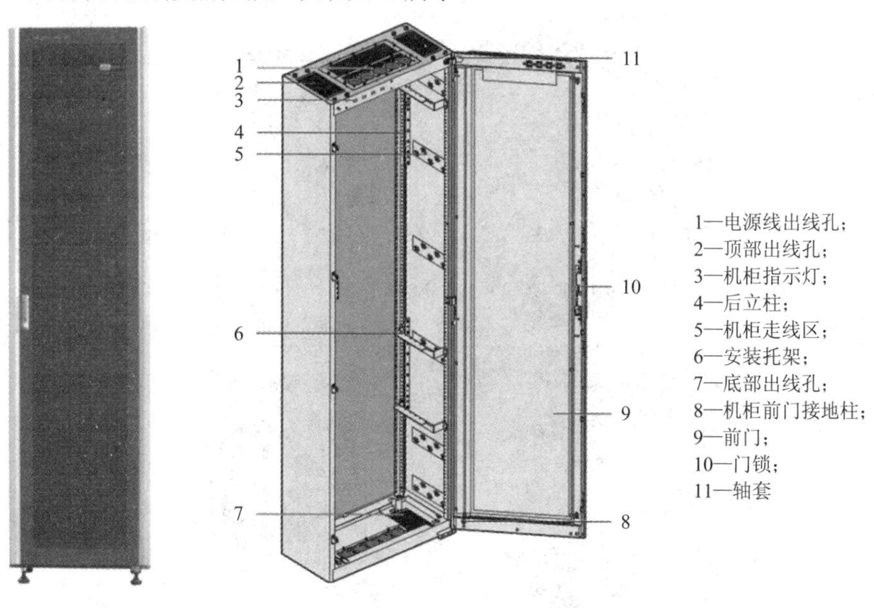

图 3-1　中兴通讯传输设备统一机柜

2．机框子架

机框子架采用内置式安装。内置式安装是指采用后支耳安装方式，将子架安装在中兴通讯传输设备机柜内。将设备子架放置于机柜内的安装托架上，小心推入，如图 3-2 所示。

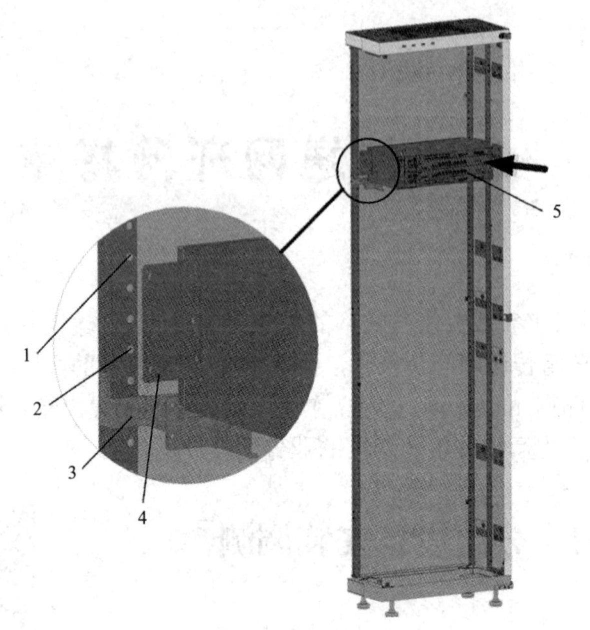

图 3-2　机柜子架安装示意图

3．电源分配箱

将电源分配箱放到机柜内部最上面的安装托架上，小心推入，如图 3-3 所示。注意将电源分配箱要完全推入机柜。

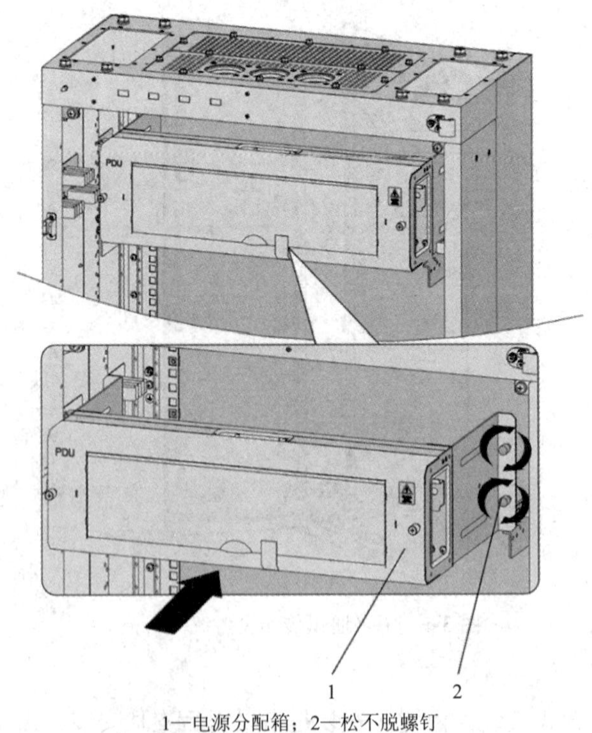

1—电源分配箱；2—松不脱螺钉

图 3-3　电源分配箱安装示意图

4．风扇

将风扇单元面板上的松不脱螺钉拧松，握住风扇面板上的把手，将风扇垂直推入槽位中，如图 3-4 所示。

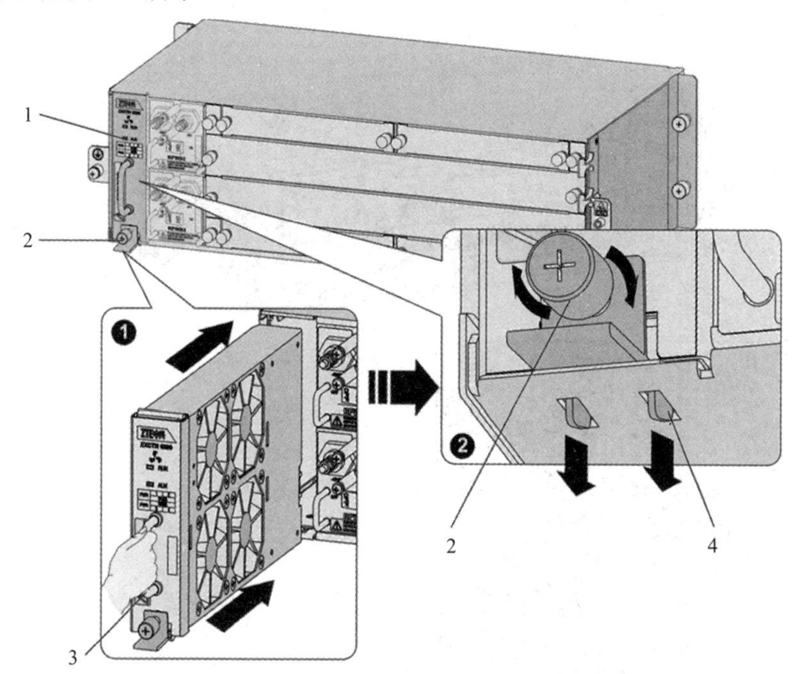

图 3-4　风扇安装示意图

5．防静电手环

将防静电手环的插头插入机架上方的防静电插孔内，挂在侧门内侧的挂钩上，如图 3-5 所示。

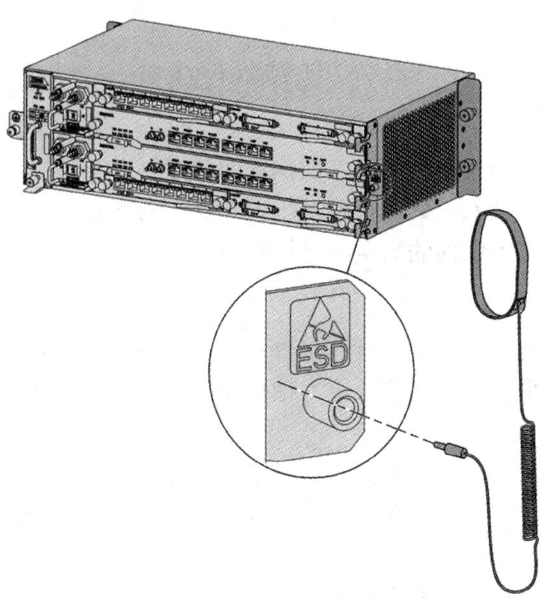

图 3-5　防静电手环安装示意图

6．电源板

(1) 将电源板放入电源板槽位。

(2) 握住电源板面板上的把手，适当用力将电源板水平推入槽位，如图 3-6 所示。

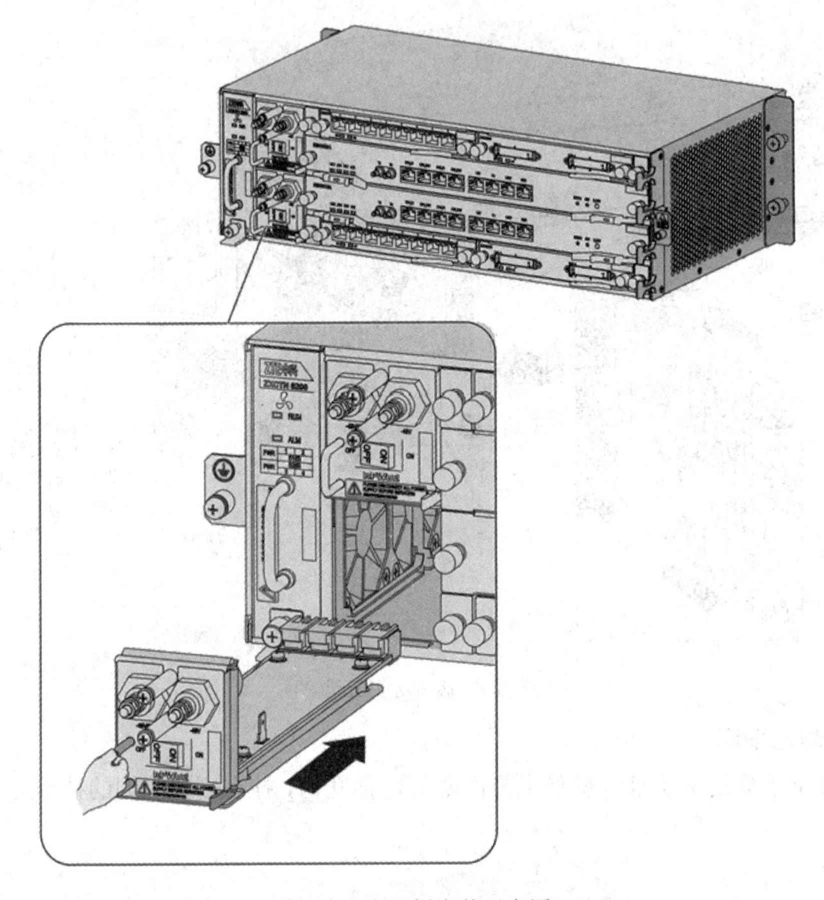

图 3-6　电源板安装示意图

7．防尘单元

(1) 将防尘单元对准子架左侧的待安装位置的导槽。

(2) 将防尘单元完全推入子架，直到发出“咔哒”的锁定声。

(3) 将防尘单元顶部和底部的固定螺钉拧紧。

8．单板

(1) 托住单板面板的两端，将待安装单板对准业务线卡区，如图 3-7(a)所示。

(2) 适当用力，水平推入，当单板进入槽位超过一半时，向外打开单板面板上的扳手，使之完全打开，如图 3-7(b)所示。

(3) 轻推单板面板的中部，直至扳手挂钩扣住槽内的卡槽。

(4) 抓住扳手，用力向内压，直至扳手上的锁扣与槽内挂钩完全卡住，单板完全进入槽内，如图 3-7(c)所示。

(5) 用螺丝刀拧紧单板面板两端的松不脱螺钉。

单板操作注意事项：

➢ 由于单板内有大量 CMOS 元件，需确保待安装设备的接地线已连接，接触单板时必须佩戴防静电手环。

➢ 当把单板从一个温度较低、较干燥的地方拿到温度较高、较潮湿的地方时，必须等待至少 30 分钟以上才能拆封和安装，以免潮气凝聚在单板表面，损伤单板。

➢ 插装单板时应注意保持单板平直，避免折弯插针。在插装带光接口的单板时，不要损伤光纤接口和板内盘纤。

➢ 应避免带电插拔单板。

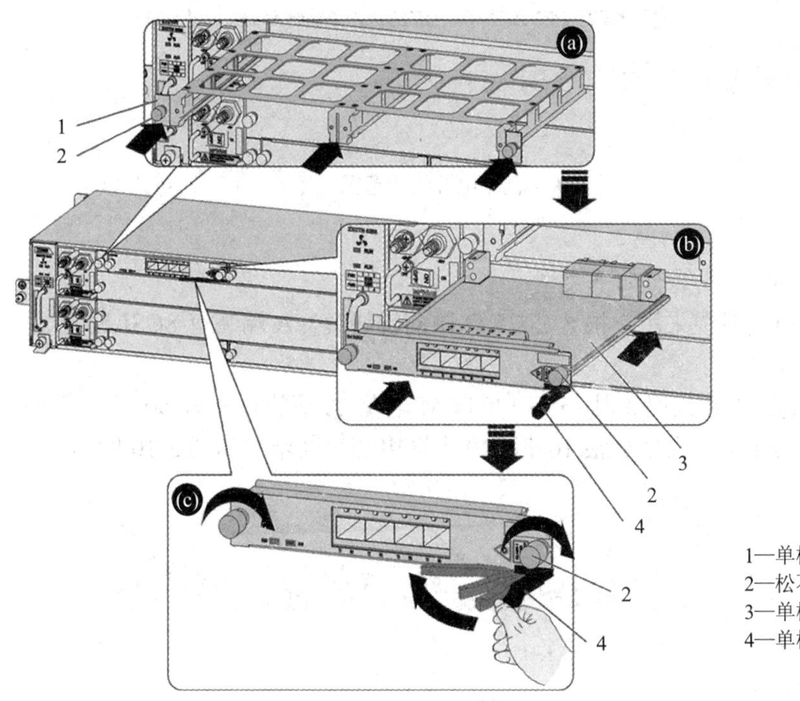

1—单板安装托架；
2—松不脱螺钉；
3—单板；
4—单板扳手

图 3-7　单板安装示意图

3.1.2　分组设备之间线缆的连接

1．子架保护地线

为了保证通信设备的正常工作以及维护人员的人身安全，避免接触电压、跨步电压对人体的危害，均需安装保护地线。子架保护地线为黄绿相间色线缆，电缆结构与子架电源电缆结构相同，如图 3-8 所示。

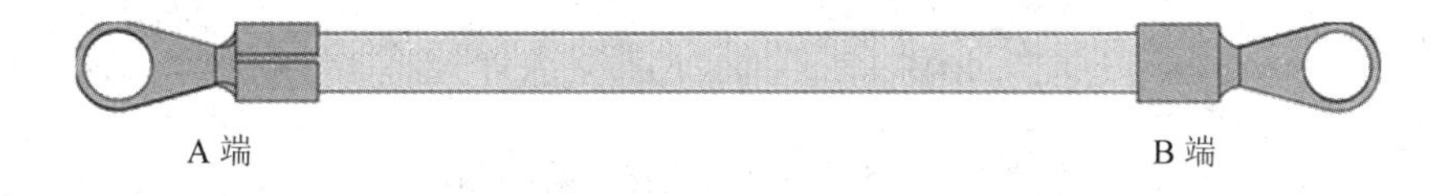

图 3-8　保护地线示意图

ZXCTN 6200的子架保护地电缆采用6 mm^2 黄绿色多股导线。

2．子架直流电源线

ZXCTN 6200的−48 V直流电源线采用2.5 mm^2 蓝色、黑色多股导线，如图3-9所示。

−48 V直流电源线的A端装有D型3芯直式电缆焊接插头(孔−针−孔)，电源线的B端连接端子根据具体接口形式现场加工。

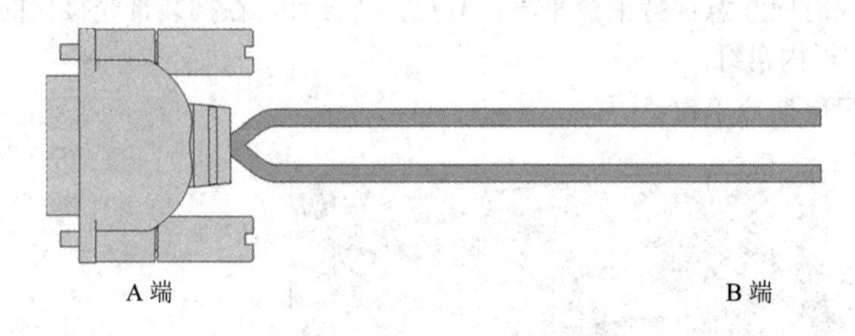

图3-9 直流电源线示意图

3．E1线缆

ZXCTN 6200的E1线缆有如下类型：

(1) 8路75 Ω E1线缆采用2根8芯75 Ω微同轴线缆，A端装有SCSI 50芯弯式注塑插头。

(2) 8路120 Ω E1线缆采用2根16芯120 PCM电缆，A端装有SCSI 50芯弯式注塑插头。

(3) 8路120Ω E1电缆采用2根16芯120中继电缆，其结构如图3-10所示。

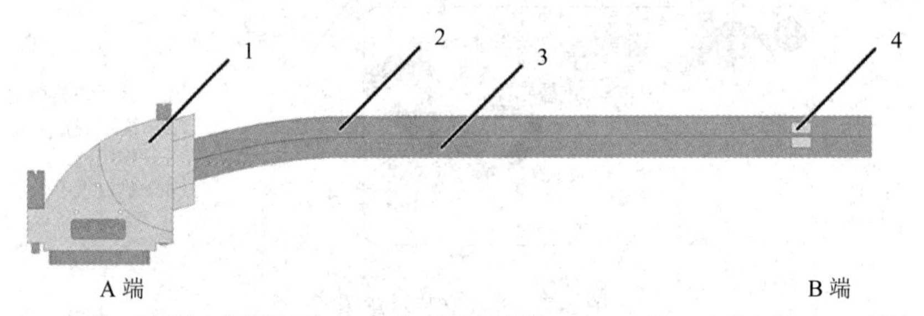

1—D型50芯直式电缆焊接插；2—16芯120中继电缆A；3—16芯120中继电缆B；4—标签

图3-10 120Ω E1电缆示意图

4．网线

网线采用超五类网线，两端都为RJ45插头。网线外形如图3-11所示。

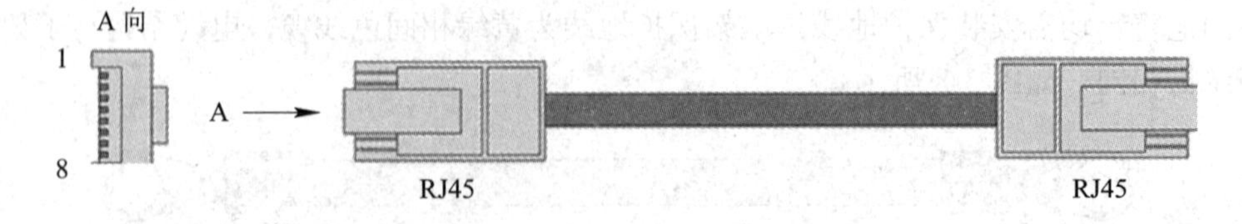

图3-11 5类双绞线连接关系示意图

根据网线制作时色谱连接关系的不同，可将网线分为交叉网线和直通网线。

5．尾纤

尾纤是指连接设备外部光接口或者 ODF 架法兰盘的一段光纤，并且两头带有相应的光纤连接器(即尾纤插头)。

ZXCTN 6200 设备使用的光纤连接器类型为 LC/PC 插头的尾纤。

3.1.3　分组设备加电检测原则

1．加电检查流程

ZXCTN 6200 加电检查流程如图 3-12 所示。

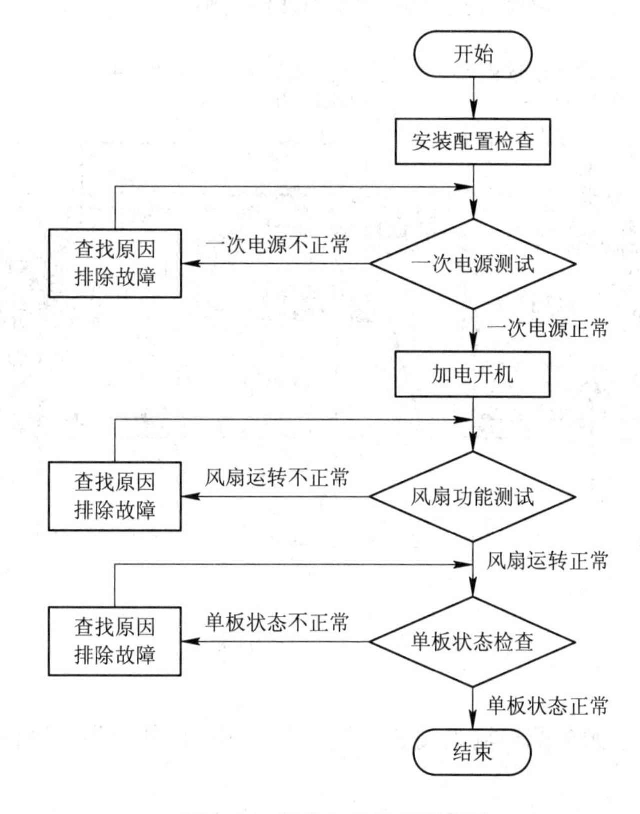

图 3-12　设备加电检查流程图

2．安装配置检查

安装配置检查包括硬件检查、线缆检查以及标识检查，具体如下：

(1) 设备机箱、风扇插箱应安装牢固，机箱内应无异物。

(2) 安装的单板数量和位置应正确，且单板插装到位。

(3) 供电回路开关、电源分配箱空气开关应置于“OFF”。

(4) 尾纤、电缆、电源线、地线的连接应稳固，线缆布放及连接关系应符合要求。

(5) 各类标识应齐全、正确、清晰。

3．测量直流电源分配箱输出端子间的电阻

通过测量直流电源分配箱输出端子间的电阻，可以判断直流电源分配箱是否正常，机

柜电源线、机柜保护地线及直流电源分配箱保护地线是否连接正确。

直流电源分配箱安装在机柜上方，有 2 路−48 V 直流输入，8 路−48 V 直流输出，接线端子位置如图 3-13 所示。

具体测量步骤如下：

(1) 将配电盒上的子架电源开关全部拨到“OFF”侧。用万用表测量电源输出端子之间的电阻，阻值应为∞。

(2) 将配电盒上的子架电源开关全部拨到“ON”侧。用万用表测量每对电源输出端子之间的电阻，阻值应大于 20 kΩ。

(3) 将配电盒上的子架电源开关全部拨到“OFF”侧。

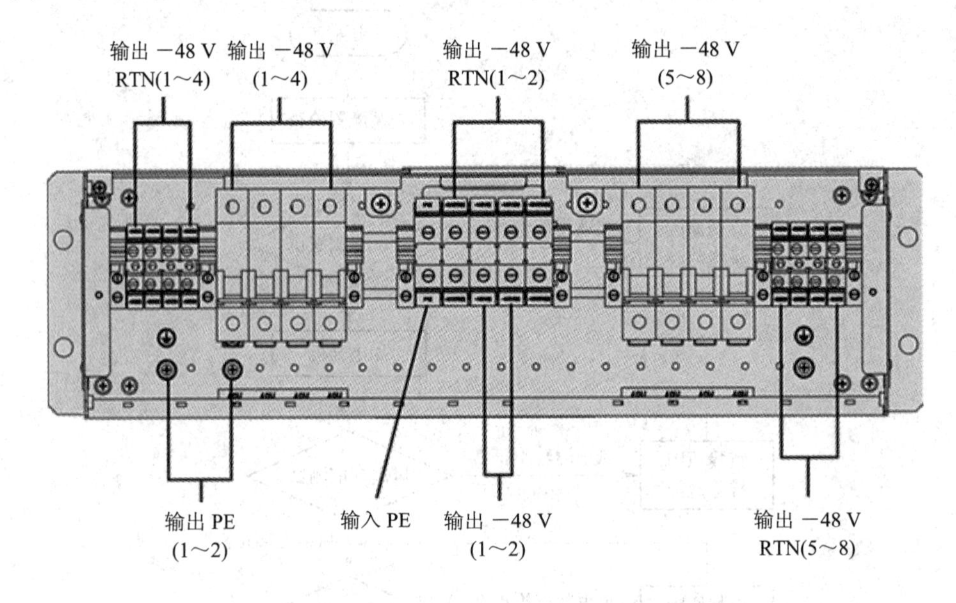

图 3-13 直流电源分配箱

注意：

① 在测量直流电源分配箱输出端子电阻之前，应确保外部供电设备的开关处于断开状态。

② 如果某端子对之间的测量结果不是∞，说明该端子对之间有故障，需要先排除该故障，再继续测试。

③ 如果某端子对之间的测量结果不大于 20 kΩ，说明该端子对之间有故障，需要先排除该故障，再继续本步测试。

4. 一次电源测试

确认机房为设备供电的回路开关及电源分配箱的空气开关处于断开状态。

使用万用表测量设备电源输入端正负极无短路，核查端子标识是否正确无误，系统工作地是否接好，证实无误后接通为设备供电的回路开关。

在 ZXCTN 6200 侧用万用表测量一次电源电压，确认其极性正确，且电压值在−40 V～−59.5 DC 范围内。

使用万用表测量防雷保护地、系统工作地、−48 V GND 三者之间的电压差，应小于 1 V。

5．机柜加电

将子架接口区的所有单板拔出为浮插状态。

接通 ZXCTN 6200 电源分配箱中的空气开关，此时应可看到机柜告警灯板上的绿灯长亮，表明一次电源已经接入设备。

注意：

① 拔出单板操作时应佩戴防静电手环。

② 如果出现绿灯不亮等异常情况，应立即断电处理。

6．接通子架电源

在接通子架电源之前要检查子架电源线的安装，确保子架电源线的安装正确，过程如下：

(1) 检查子架电源线，确保已经正确连接到对应子架的电源板上。

(2) 检查子架电源线两端的连接器，连接器应该连接牢固。如果不牢固，请用十字螺丝刀拧紧电源线连接器的紧固螺母或松不脱螺钉。

(3) 将直流电源分配箱上与电源板对应的子架电源开关拨到“ON”侧。

(4) 观察电源板的指示灯。绿色指示灯长亮，表示电源供电正常；指示灯熄灭，表示电源失效。

(5) 观察机柜顶部的设备电源指示灯。设备电源绿色指示灯长亮，表示设备电源接通；设备电源指示灯熄灭，表示设备电源没有接通。

注意：

① 直接接触或通过潮湿物体间接接触设备电源，会带来致命危险。

② 严禁带电装卸子架电源线连接器和拔插电源板。

7．风扇测试

机柜加电正常后，应检查风扇插箱工作是否正常，同时初步验证设备内部的电源连接是否正常，过程如下：

(1) 接通 ZXCTN 6200 电源分配箱中的空气开关。

(2) 观察风扇运转情况。

注意：

① 风扇正常运转时应只有均匀的嗡嗡声，如有异常应立即停电检查。

② 若风扇不运转，应注意检查风扇电缆是否已正确连接。

3.2　分组设备数据配置

3.2.1　分组设备初始化

1．初始化准备

1) 工具准备

(1) ZTE 自主研发的 ZXDTP 数据综合测试平台(或超级终端)。

(2) 安装有数据综合测试平台的便携笔记本计算机。

(3) 串口线(+USB 接口驱动)，若笔记本计算机没有串口线，需携带 USB 转串口的配线。

(4) 交叉网线。

2) 数据规划

(1) MCC VLAN 规划(管理 VLAN)。

MCC VLAN ID 可以重复使用，但必须遵循以下原则：相邻链路段 VLAN ID 不允许相同，不相邻链路段 VLAN ID 可以相同。

MCC VLAN ID 的范围控制在 3001～4093，U31 网管上会自动屏蔽这些 VLAN ID，防止管理 VLAN 和业务 VLAN 冲突；业务 VLAN ID 的范围控制在 17～3000，建议从 101 开始。

(2) 网元 IP 地址。

网元 IP 地址建议和环回地址相同，以便与物理接口所属 MCC 端口 IP 地址有所区别。

网元 IP 地址(环回地址)都要求全网唯一(这里的全网指的是有业务关联的网络内)。

(3) MCC 端口 IP 地址。

每条链路的两个 MCC 端口 IP 地址(或业务端口 IP 地址)必须属于同一网段，不同链路端口 IP 需在不同网段中。

3) 系统文件准备

ZXCTN 系列设备的软件程序、配置文件及其他数据文件都存储在 flash 卡上，具体文件目录如下：

(1) Flash/img/设备软件及 boot 升级程序。

(2) Flash/cfg/设备配置文件，启动加载的配置文件名为 startrun.dat。

· 原有的配置数据以及后续修改的数据都存在 Flash/cfg/startrun.dat 文件中。

· 设备启动时，系统首先寻找 startrun.dat 加载配置，如果找不到则加载 startrun.old，如果这两个文件都不存在，则以初始无配置启动。

· 设备初始化时需要先删除 startrun.dat 和 startrun.old 文件，然后执行 reload，使设备以无配置状态启动。之后再下发初始化脚本并使用 write 命令重新创建出新的 startrun.dat。

· 在对设备进行开局初始化的时候，建议先将原来的 startrun.dat 改名为 startrun1.dat，将原来的 startrun.old 改名为 startrun1.old，然后再配置脚本。

· 在这里有个问题，既然要重新配置数据，为什么还要保留原来的呢？这是因为 ZXCTN6300 设备在启动加载配置时只认 startrun.dat(.old)，为了防止新配置的数据有错误而导致设备问题，所以建议仍保留原配置以便及时恢复数据。

(3) Flash/data/其他数据。

(4) Flash/dataset/新版本 Agent 启动文件。

如果是新版本的 Agent，在 flash 卡上就会有这个 dataset 文件夹，如果此文件夹下有 InitDataSrcFlag 这个文件，则设备从 ros 启动，即从 flash /cfg/startrun.dat 加载配置，如果没有此文件，则从 Agent 启动。

4) 配置说明

配置 MCC 时，所有 PTN 设备应遵循以下原则：

(1) 每个线路端口都要配置 VLAN，并且 VLAN ID 的范围为 3000～4093，以免管理 VLAN 和业务 VLAN 发生冲突。

(2) 每个 VLAN 都要配置逻辑 IP 地址。

(3) 属于同一个 VLAN 的不同物理接口：IP 地址必须在同一个子网内。

(4) 属于不同 VLAN 的物理接口：IP 地址不能在同一个网段内。

(5) 网络为多子网结构时，要求边界网元的接入端口的 OSPF 协议配置为 passive，这样不同子网内的路由不会互相学习，可减小路由表压力。

(6) 接入环的网元尽量控制在 20 个以内。因为接入环属于同一个管理 VLAN，网元数目过多会导致接入环的 BPDU(Bridge Protocol Data Unit)报文在该 VLAN 域内广播，过度占用环网带宽，影响网络监控甚至业务。

(7) 不同 PTN 设备的特定配置要求如下：

- 6100 V1.0 不支持 OSPF 协议，需要配置静态路由；6200 和 6300 支持 OSPF 协议，无需配置静态。
- 6200 和 6300 需要配置路由通告。
- 6200 和 6300 作为接入网元时，接入的网元尽量物理闭合成环，以实现 MCC 监控保护。
- 6200 和 6300 作为接入网元时，需要使用 GE 接口板的某个端口作为与 T3 网管连接的端口。
- 6000 系列设备混合组网时，6100 的 MCC 监控 IP 一般配置为物理接口所属 VLAN 的逻辑 IP；6200 和 6300 的 MCC 监控 IP 地址配置为 MCC 环回 IP。

2．开局脚本撰写

以三台 6220 设备为例，网元的 Qx 地址、环回地址以及各接口的 IP 地址组网拓扑如图 3-14 所示。

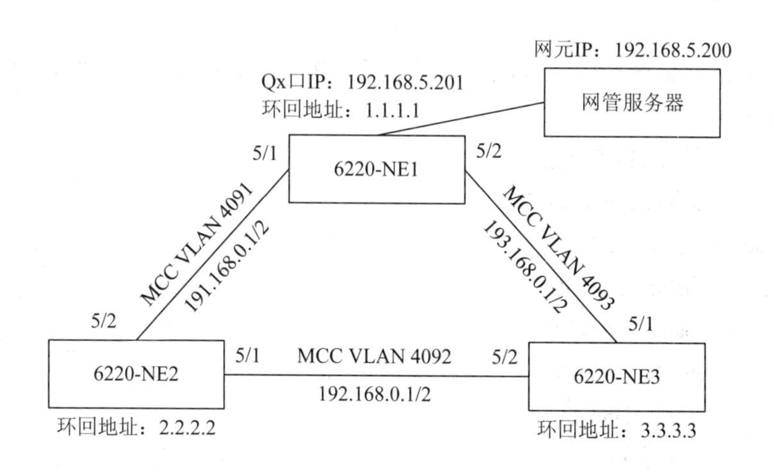

图 3-14　组网拓扑图

1) 远程登录设置

(1) TELNET 登录可以采用 Qx+MCC 通道的远程模式，也可以采用 LCT 本地模式，还可采用普通业务接口。

(2) 为设备命名：6220_NE1。

(3) 配置 telnet 登录设备的用户名、密码及优先级：一般网管使用默认的用户名/口令为 who/who，ptn/ptn 组合一般不用，登录后为全局模式。而用户名/口令 zte/ecc 为最高级别的用户，登录后为特权模式。

```
username who password who privilege 1
username zte password ecc privilege 15
username ptn password ptn privilege 1
```

(4) 显示已创建的用户和权限等级。

```
show username
```

(5) 多用户配置，可允许同时最多 16 个用户登录到某个网元。

```
multi-user configure
```

2) 告警信息上报设置

(1) 配置数据库上下载功能。

```
snmp-server view AllView internet included
snmp-server community public view AllView ro
snmp-server community private view AllView rw
```

(2) 配置网管服务器 IP：162 是 TRAP 发送的默认端口，网管服务器可能有多个网卡多个 ip，这个 ip 一定要和设备网元 ip 在一个网段或者通过路由可以 ping 通。

snmp-server host 192.168.5.200 (网管服务器的 IP 地址)trap version 2c public udp-port 162

(3) 配置设备的网元 IP：PTN 告警的上报采用的是 SNMP 协议中的 TRAP 方式由设备主动上送网管，TRAP 报文中会包含发送端的 ip，网管通过这个 ip 获取对应的网元；如果不设置，TRAP 报文的 ip 可能就不是网元 ip，网管找不到对应网元就会丢弃这条告警，所以必须设置。

snmp-server trap-source 1.1.1.1(1.1.1.1 为网元 IP 地址，通常情况下将其设置为 PTN 设备的 loopback 地址)。

(4) 打开多种网管的告警上报开关。

```
snmp-server enable trap SNMP
snmp-server enable trap VPN
snmp-server enable trap BGP
snmp-server enable trap OSPF
snmp-server enable trap RMON
snmp-server enable trap STALARM
```

(5) 打开系统日志开关。

```
logging on
```

(6) 上报告警等级：设备一共有 8 个告警等级，数字越大，等级越低。1～3 对应网管前 3 个等级(紧急，主要，次要)，4～8 对应提示告警，informational 的告警等级是 7，意思是告警等级为 8 的告警就不上报了。告警级别可用 show logging cur 查看。

```
logging trap-enable informational
```

(7) 设置网管的告警上报时间为北京时间。

```
clock timezone BEIJING 8
```

(8) 在全局模式下启用 OAM 功能。

```
no tmpls oam disable
```

3) 网管接口设置

(1) 网管接口为 Qx 口。

```
interface qx_1(不同版本设备的 Qx 口的逻辑序号不同，需要提前确认)
ip address 192.168.5.201 255.255.255.0
Exit
```

(2) 网管接口为 LCT (Local Craft Terminal)口。

```
nvram mng-ip-address 192.168.5.201 255.255.255.0
```

(3) 网管接口为普通业务电口(例如第 8 号槽位的第 8 号)。

```
interface gei_8/8
switchport mode access
switchport access vlan 4090
Exit
```

(注意：网管接口 IP 必须与网管的局域网 IP 在同一个网段)

4) MCC 监控 IP 地址设置

(1) 设置 MCC 监控 VLAN。

```
vlan 4091
exit
vlan 4093
exit
```

(2) 设置此 VLAN 对应的三层接口 IP 地址(即设备网管监控通道的 IP 地址)。

```
interface vlan 4091
ip address 191.168.0.1 255.255.255.0
exit
interface vlan 4093
ip address 193.168.0.2 255.255.255.0
exit
```

5) 三层端口属性设置

三层端口属性设置用于设置 MCC 通道的工作模式，trunk 模式使得网管通信数据包可以在各设备的 MCC 端口间自由转发。

```
interface gei_5/1
mcc-vlanid 4091   #将业务端口关联到 MCC-VLAN，目前，只有 6100 需要配置
mcc-bandwidth 2   #可选配置：MCC 通道带宽，范围为 1~100，单位为 Mb/s，一般设为 2
mcc-vlanid 4091
```

```
switchport mode trunk
switchport trunk vlan 4091
switchport trunk native vlan 4091
exit
interface gei_5/2
mcc-vlanid 4093   #将业务端口关联到 MCC-VLAN，目前，只有 6100 需要配置
mcc-bandwidth 2   #可选配置：MCC 通道带宽，范围为 1~100，单位为 Mb/s，一般设为 2
mcc-vlanid 4093
switchport mode trunk
switchport trunk vlan 4093
switchport trunk native vlan 4093
exit
```

6) OSPF 协议设置

(1) 查询设备运行的 OSPF 的 ID。

```
show ip ospf
```

(2) 配置 OSPF 路由协议。

```
router ospf 1
network 191.168.0.0 0.0.0.255 area 0
network 193.168.0.0 0.0.0.255 area 0
network 192.168.5.0 0.0.0.255 area 0
network 1.1.1.0 0.0.0.255 area 0
exit
```

3．调测工具连接

1) 设备搭建

(1) 根据组网和业务需要，选取合适型号的设备，在相应的槽位配置正确的单板。

(2) 根据组网图所给的连接关系，做好物理连线工作。

(3) 用串口线一端的串口连接网管计算机，另一端的网口连到设备的 CON 口上(6100 设备则是 OUT 口)。

2) 启动超级终端

(1) PTN 设备进行网元初始化时，需要使用超级终端对设备进行初始化操作。

PTN 初始化配置

① 启动超级终端前，应确认网管计算机的已经通过串口线与设备相连。

② 用来完成初始化的计算机需要安装串口驱动程序。

(2) 启动步骤如下：

① 将 PC 调试串口连接到 PTN 设备的调试接口。

② 不同设备的调试接口位置和名称不相同：6100 的调试接口为主控板的 OUT 接口；6200 和 6300 的调试接口为 RSCCU 板的 CON 接口。

③ 在 PC 上，单击“开始”→“程序”→“附件”→“通讯”→“超级终端”(或使用 SecureCRT 软件)，弹出连接描述对话框。

④ 在文本框中输入新建连接的名称，如 ZXR10，并为该连接选择图标。

⑤ 选择与设备相连的 PC 串行口，如 COM1。

⑥ 如图 3-15 所示，设置所选串行接口的端口属性。

⑦ 单击“确定”按钮，进入超级终端(或 SecureCRT 软件)对话框，如图 3-16 所示。

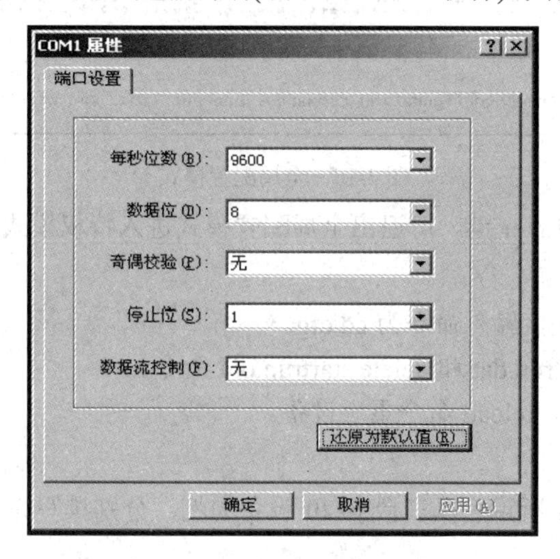

图 3-15　超级终端串口设置

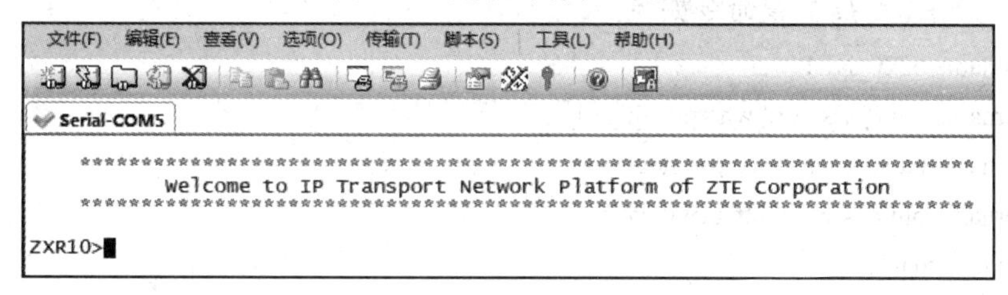

图 3-16　超级终端对话框

3) 登录网元设备

网元初始化操作需要在全局配置模式下进行，具体的进入方法如下：

(1) 进入超级终端对话框，在提示符 ZXR10>后输入 enable(通常在实际操作中使用简写命令 en)，按 Enter 键。

(2) 根据提示输入密码“ZXR10”(出厂默认)，按 Enter 键，进入特权模式，如图 3-17 所示。

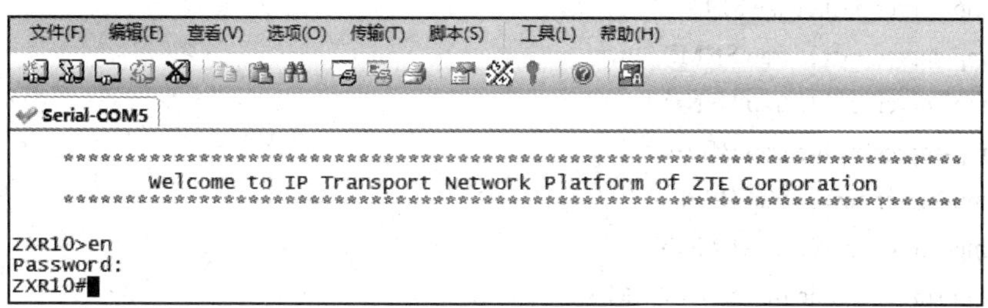

图 3-17　特权配置模式

(3) 在特权模式下，输入 configure tunnel，进行提示符为 ZXR10(config)#的全局配置模式，如图 3-18 所示。

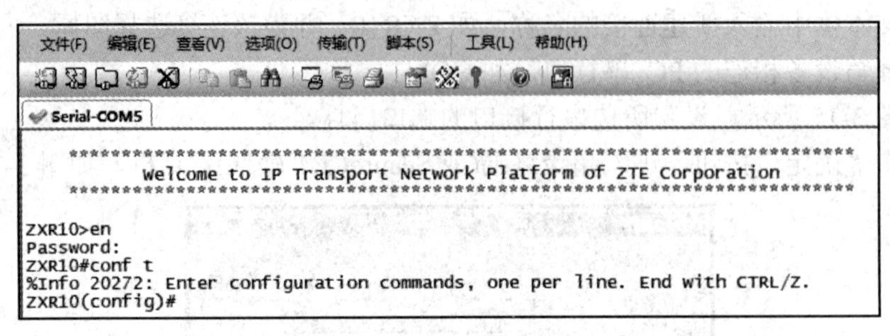

图 3-18 全局配置模式

(4) 输入 exit 并按 Enter 键，可退出全局配置模式进入特权模式。

4) 清空配置数据

(1) 进入 cfg 文件夹，输入命令为 cd cfg。

(2) 输入 delete startrun.dat 和 delete startrun.old 命令。

(3) 清空数据后，用 reload 命令重启设备。

5) 开局脚本配置

组网拓扑按图 3-14 所示，以三台 6220 设备为例。分别撰写完成开局脚本命令，进行网元配置。

(1) 6220-NE1 开局配置命令如下：

```
hostname 6220_NE1
username who password who privilege 1
username zte password ecc privilege 15
username ptn password ptn privilege 1
show username
multi-user configure
snmp-server view Allview internet included
snmp-server community public view AllView ro
snmp-server community private view AllView rw
snmp-server host 192.168.5.200 trap version 2c public udp-port 162
#192.168.5.200 为网管服务器的 IP 地址
snmp-server trap-source 1.1.1.1   #网元的环回地址，可作为网元管理地址
snmp-server packetsize 8192
snmp-server enable trap SNMP
snmp-server enable trap VPN
snmp-server enable trap BGP
snmp-server enable trap OSPF
snmp-server enable trap RMON
snmp-server enable trap STALARM
```

```
logging on
logging trap-enable informational
clock timezone BEIJING 8
line telnet absolute-timeout 0
line telnet idle-timeout 30
spanning-tree disable

interface loopback1    #设置环回地址，环回地址每个设备不同
ip address 1.1.1.1 255.255.255.255
exit

vlan 4091    #创建 MCC VLAN 4091
exit
vlan 4093    #创建 MCC VLAN 4093
exit

interface gei_5/1                        #设置接口 gei-5/1 所属的 MCC VLAN
mcc-vlanid 4091
switchport mode trunk
switchport trunk vlan 4091
switchport trunk native vlan 4091
exit

interface gei_5/2                        #设置接口 gei-5/2 所属的 MCC VLAN#
mcc-vlanid 4093
switchport mode trunk
switchport trunk vlan 4093
switchport trunk native vlan 4093
exit

interface vlan 4091
ip address 191.168.0.1 255.255.255.0    #设置 MCC VLAN 4091 的 IP#
exit

interface vlan 4093                      #设置 MCC VLAN 4093 的 IP#
ip address 193.168.0.1 255.255.255.0
exit

no dcn en
interface qx1
```

```
ip address 192.168.5.201 255.255.255.0        #设置 Qx 接口的 IP#
exit

router ospf 1
network 1.1.1.1 0.0.0.0 area 0
network 191.168.0.0 0.0.0.255 area 0
network 193.168.0.0 0.0.0.255 area 0
network 192.168.5.0 0.0.0.255 area 0

exit
exit
write
```

(2) 按同样的方法继续完成 6220-NE2、6220-NE3 设备配置。

(3) 配置完成后进行验证，确保网管服务器和网元间可以正常通信。

3.2.2 传输网网管系统

1. 传输网管系统组成

1) U31 网管平台

U31 是中兴通讯承载网所有设备的统一管理平台，定位于网元管理层/子网管理层，具备 EMS/NMS 管理功能。U31 可统一管理 CTN、SDH、WDM/OTN、BRAS、Router、Switch 系列设备，支持 LCT 功能，可通过 NBI 接口与 BSS/OSS 进行通信。

U31 在网络中的位置如图 3-19 所示。

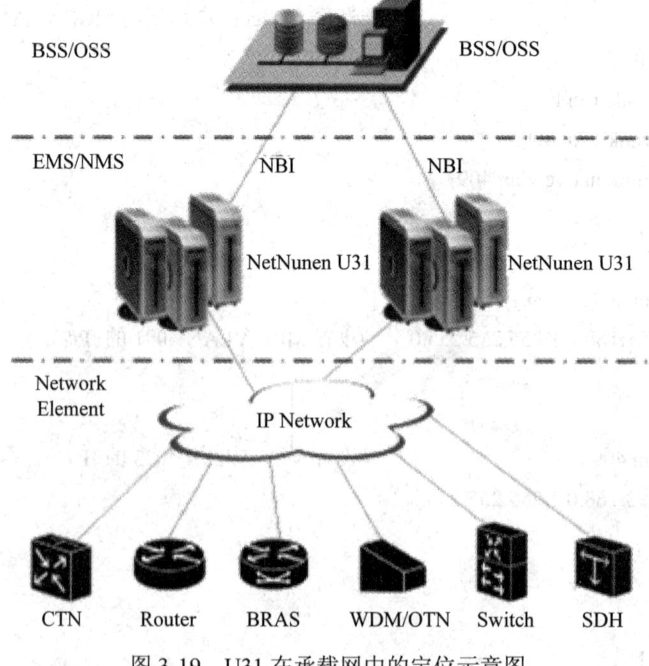

图 3-19 U31 在承载网中的定位示意图

2) 系统结构

U31系统采用客户端/服务器模式。在一个U31系统中，有一套服务器及多个客户端，如图3-20所示。

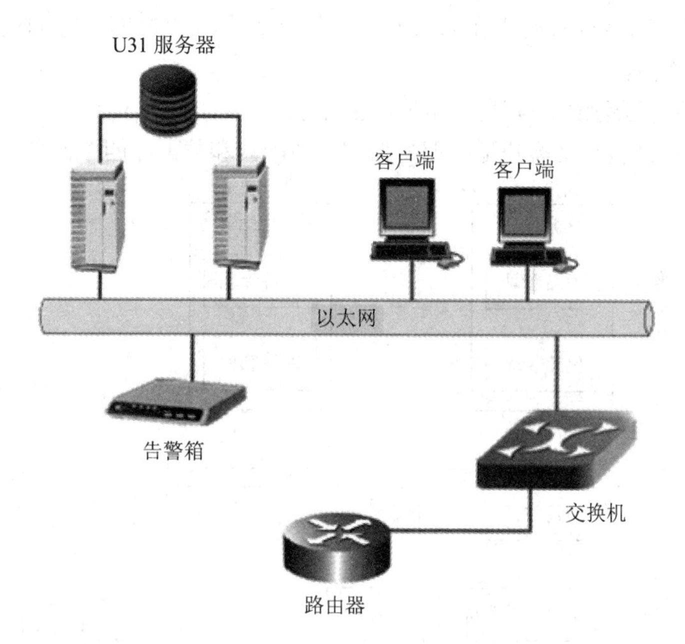

图3-20　U31系统结构图

(1) U31的硬件包括服务器、客户端、告警箱、网络设备，此外还有打印机、音箱、备份设备等可选设备。

① 服务器。服务器是U31 的核心部分。

服务器通过南向接口与网元进行信息交互，完成相应的功能后将结果传回客户端；服务器通过北向接口与上层网管进行信息交互。服务器根据功能可以划分为应用服务器、数据库服务器。

应用服务器与数据库服务器在硬件上一般都是合一设置，也可以独立设置进行负荷分担。根据实际情况，U31 R22可以配置一台服务器，也可以配置两台服务器(主、备用方式)构成高可用性HA系统。

服务器安装Windows、Solaris或Linux操作系统。

② 客户端。客户端运行在Windows平台上，为用户提供图形化界面。

U31支持多客户端，用户通过客户端进行网元的各种管理工作，并监控和管理U31系统自身。

根据与其所连服务器及所管网元的物理位置不同，可将服务器分为三类：

- 本地客户端：客户端与服务器在同一局域网内。
- 远程客户端：网元和服务器在同一局域网内，但客户端与服务器在不同局域网，处于远程局域网内。
- 返迁客户端：远程客户端的另外一种形式。网元和客户端在同一局域网内，但服务器处于远程局域网内。

③ 告警箱。告警箱是一种用来进行信息传递的工具。

告警箱可以用来收集告警、告警恢复、预警信息和日志数据，并通过告警箱将这些信息发送到预警中心，最终由预警中心对信息进行分析处理并通知相关人员。

④ 网络设备。网络设备用于在U31 R22与网元设备或上层网管之间进行网络连接。通常包括交换机、路由器。

⑤ 可选设备。可选设备包括打印机、音箱等。

(2) U31的软件结构包括客户端、服务器端、适配器和数据库四个部分，如图3-21所示。

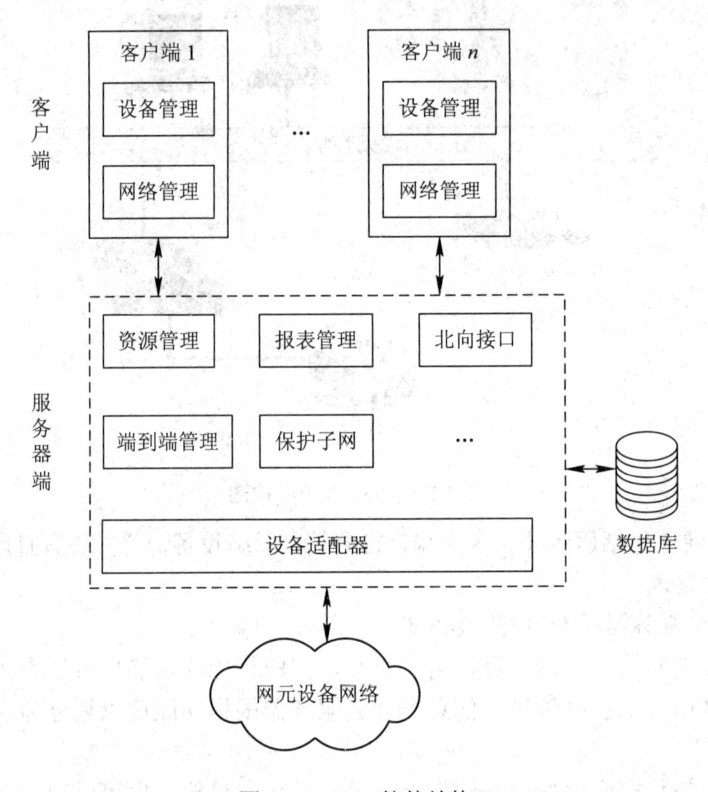

图3-21 U31软件结构

① 服务器端：发送管理命令到Agent，并接收Agent上报的各种通知。

② 数据库：对网管的配置数据进行集中存储和管理。

③ 客户端：网管软件客户端是用户操作界面，不需要保存网管的数据。

2. 传输网管系统功能

1) 拓扑管理

U31网管系统拓扑管理模块提供了网元拓扑关系图，具体实现功能如下：

(1) 导航树。导航树与拓扑结构图中显示的网元一一对应，并提供相关功能，例如修改网元信息、查询告警。

(2) 拓扑图形显示。拓扑图形显示网络设备的拓扑结构，可显示网元的统计信息，例如网元数量、链路数量、告警信息。

(3) 网元和链路。用户可以在拓扑图中创建不同类型的网元，并通过链路标识网元之间的关系。

(4) 拓扑图控制。系统支持平滑移动，缩放拓扑结构图；系统支持操作界面的前进、后退以及定位；系统支持拓扑结构图背景的更换；系统可以设置网元的分布方式，如层次布局、树状布局、放射状布局、爆炸布局和等距布局。

(5) 拓扑图过滤。系统可以通过网元、链路和分组进行过滤。

(6) 按用户权限显示拓扑数据。U31 仅向有权限的用户显示拓扑管理模块和网元设备。

(7) 网元设备、网元链路告警信息。设备网元图标和网元链路图标可以实时地显示告警信息，不同颜色的告警提示不同的告警级别和确认状态，系统还提供告警查询功能。

(8) 分组。用户可以根据网元的类型或者所在的区域创建分组，方便对网元进行管理。

2) 告警管理

告警管理模块可以实时监控当前设备工作状态，其功能如下：

(1) 告警收集存储。该功能可以收集网元告警信息，转换成用户定义的格式，并保存到数据库中。

(2) 告警图形显示和定位。该功能有助于快捷方便地监督网络告警状态，并提供实时的整体网络告警监控。

(3) 告警确认和反确认。该功能可以帮助用户处理解决、未解决、待解决的告警，用户通过这些信息可以了解系统运行状况和最新的告警。

(4) 告警实时监测。该功能可以通过列表显示当前网络告警状态。

(5) 告警清除。该功能可以通过 U31 网管系统进行告警清除。

(6) 告警同步。告警同步功能可以使 U31 R22 网管系统和告警源的信息保持一致。系统提供了自动同步机制，当发生以下情况时系统会自动同步：

- 客户端和服务器之间恢复连接。
- 服务器和网络设备之间恢复连接。
- 服务器重新启动。

(7) 告警数据输出。所有的告警信息可以输出到文件中，输出的文件格式包括 TXT、EXCEL、PDF、HTML 和 CSV。

(8) 告警规则管理。通过告警规则的设置，可以达到用户预期的效果。例如设置告警规则可以压缩相同故障产生的多条同源告警，在网管界面中只显示一条告警。

(9) 告警统计查询。告警统计查询包括历史告警查询、当前告警查询、通知查询、告警次数统计。用户可以通过交互式方式创建统计查询报告，该报告支持 EXCEL、PDF、HTML 和 CSV 格式。

3) 性能管理

性能管理的目的是收集网元设备相关性能统计数据，评估网络和网元的有效性，反映设备状态，监测网络的服务质量。

U31 网管系统性能管理具体包括以下功能：

(1) 数据查询。用户可以查看保存在数据库中的原始性能数据。

(2) 数据同步。系统可以根据定时自动同步，用户可以手动在客户端启动同步，或向网元侧同步性能数据。

(3) 数据报告。数据报告支持 EXCEL、PDF、HTML 和 TXT 格式。系统提供报告模板，用户也可自定义模板。系统可将定期生成的报告按照用户定义的格式通过电子邮件发送给用户。

4) 安全管理

安全管理提供了角色、角色组、部门、用户的概念，只有合法用户才可以访问网络资源。

(1) 角色。角色是指用户可管理的权限。U31 R22 通过操作权限和管理资源为角色定义权限。操作权限定义了对管理系统功能模块可进行哪些操作，管理资源定义了可对哪些子网和网元网络进行操作。

(2) 角色组。角色组包括多种角色。因此，角色组的权限是该小组所有角色的权限。

(3) 部门。部门模拟现实生活中的部门，便于组织和管理用户。

(4) 用户。用户可以登录和维护网络管理系统。当系统管理员设置了新的用户，需要确认其所属角色和角色组，指定其所属部门。

安全管理关系模型如图 3-22 所示。

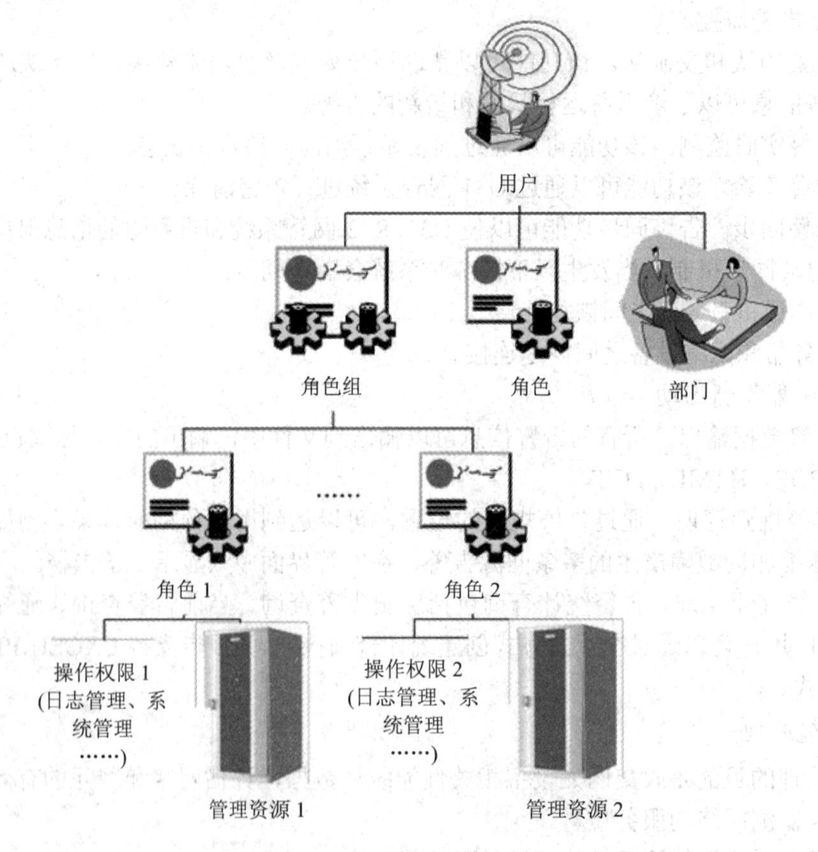

图 3-22　安全管理关系模型图

安全管理模块实现的功能包括：

(1) 安全事件。记录安全事件日志，例如鉴权失败、用户已锁定、禁止用户，帮助系统管理员了解用户账户的使用情况。

(2) 安全告警。当账户被锁定时，会通过告警提醒管理人员。

(3) 登录时间。支持用户设置登录时间，用户只能在设定的时间段登录。

(4) 用户账户管理。用户可以通过安全管理模块查询和自定义密码长度、策略、锁定规则、有效期。如用户输入 3 次错误密码，则该用户将被锁定，可以有效避免非法用户登录。

超级管理员可以强行删减用户，避免非法运作，并确保系统的安全性。

(5) 设定超级管理员 IP 地址。设置超级管理员 IP 地址后，超级管理员只能以此 IP 地址登录。

(6) 修改用户密码。超级管理员可以修改所有用户的密码。

(7) 查询锁定和解锁用户状态。超级管理员可以了解用户锁定或非锁定状态，用户可自动解锁，并可以设置解锁时间。

(8) 接口锁定。如果终端在一段时间内没有操作，终端将被锁定，用户必须重新登录，以避免非法操作。

5) 配置管理

U31 网管系统的配置管理模块提供了所有网元配置功能。不同类型网元支持的配置功能不同。具体配置命令会在后续章节详细介绍。

6) 软件管理

U31 提供单板软件批量升级、设备软件加载和软件版本管理等功能。

(1) 用户可以为承载设备下载新的软件版本及管理多版本承载设备，便于在不同版本间切换。

(2) 支持网管版本的平滑升级，可由 E300、T31 向本版本升级。

(3) 在升级新版本时，如果升级失败，可以回退到旧版本。

(4) 客户端软件可从服务端自动下载更新。

7) 日志管理

日志可以分为以下三类：

(1) 操作日志。操作日志记录了用户名称、级别、操作、命令功能、操作对象、对象分组、对象地址、操作开始时间、操作结果、失败原因、操作结束时间、主机地址和接入方式。

(2) 安全日志。安全日志记录了用户登录信息，包括用户名称、主机地址、日志名称、操作时间、接入方式和详细信息。

(3) 系统日志。系统日志记录了任务完成情况，包括来源、级别、日志名称、详细信息、主机地址、操作开始时间、操作结束时间、关联日志。

日志管理实现了以下功能：

(1) 登录查询。用户可以设置过滤条件进行查询，查询日志内容的结果可以保存和打印。

(2) 日志备份。系统可以以文件的形式，备份指定存储天数或存储容量的日志。

8) 报表管理

为方便用户查询信息，系统提供了丰富的报表资源，包括配置报表、信息报表、状态报表、统计报表等。用户可根据需要，查看、导出或打印各种报表。

9) 数据库管理

数据库管理包括如下功能：

(1) 监控数据库。当数据库的容量使用达到预先设置的门限值后，U31 R22 网管系统将会产生告警提示用户。

(2) 备份数据库。

(3) 脱机恢复数据。

(4) 备份计划。

(5) 手动备份。

10) License 管理

License 管理可以实现对网管和网元管理权限的控制。

(1) 网元 License 管理：实现对网元类型的管理、网元数量的控制。

(2) 网管 License 管理：实现对网管功能的控制，例如异常业务管理、业务割接管理、北向接口等。

3. 传输网管系统安装

1) 安装准备

PTN 网管客户端安装

(1) 硬件环境。

NetNumen U31 网管软件安装要求的硬件环境是：目录硬盘空间大于 10 GB，内存大于 4 GB。

(2) 软件环境。

① 安装 Windows 2003 Server 及以上操作系统，并安装此操作系统的官方补丁。

- 推荐使用 Windows 2003 Server 系统，中英文均可，注意安装操作系统的补丁。
- 对于 Windows XP 系统，不建议安装 U31 服务器软件。
- 对于其他的操作系统，禁止使用。

② 安装必要的防病毒软件以保证计算机安全。

③ 查看系统是否启动可疑或者冲突的应用软件，如果有需要则关掉相应的应用软件。

④ 网管服务器系统时区必须修改为当地时区，否则会造成 PTN 设备产生的告警时间与网管显示的告警时间不一致。

⑤ 安装数据库 MS SQL Server 2005，并查看是否已经正确安装了数据库，服务是否正常启动。

⑥ 计算机是否正确配置了 IP 协议以及 IP 地址。

- 对于网管所运行的计算机，IP 地址应设成固定 IP，避免使用自动获取的 IP。
- 如果在网管安装时使用自动获取的 IP，则 IP 变动后网管会无法启动。

⑦ 记录网管服务器的 IP 地址、网管数据库的 IP 地址以及各个客户端的 IP 地址。

⑧ 插好安装网管系统机器的网线，保证网卡处于已连接状态。

⑨ 安装盘。安装之前，需注意获取正确的安装盘，以及所定制的 License 文件。

Windows 安装盘文件包含一系列的 zip 包、bat 脚本文件、sh 脚本文件等。

2) 安装指导

对于 U31 网管，有两种安装模式，一种是典型安装，即服务器和客户端同时安装的方式；另一种是定制安装，即单独安装客户端，或者单独安装服务器。

对于工程应用，作为服务器 U31 必须同时安装客户端和服务器，客户端机上可以仅安装客户端。

(1) 客户端安装占用空间约 500 MB，运行时需要预留一定的磁盘空间用于存放运行时产生的日志、数据等。

(2) 服务器典型安装时，所需要的空间是 4 GB。但考虑到服务器安装规模不同，并且日志信息、数据备份信息较多，所以，在安装服务器的计算机上，必须预留至少 10 GB 以上的剩余磁盘空间。

(3) 服务器安装时，有规模一到规模五一共五个选择，一般根据机器的内存大小确定安装规模，其主要差别是告警池的容纳量和登录客户端的个数。

3) 典型安装步骤

服务器和客户端程序同时安装，占用约 4 GB 硬盘空间，安装完成大约需要 15 分钟。

根据安装的规模不同，安装目录下出现的文件夹也不同，必然包括的文件夹为 install、ums-client、ums-server、update、jdk。

具体安装步骤如下：

(1) 获取网管安装盘。

(2) 运行 setup.bat 文件，进入语言选择对话框(建议选择简体中文)，单击“下一步”按钮。

(3) 勾选软件许可协议，单击“下一步”按钮。

(4) 如图 3-23 所示，选择安装方式和安装类型，单击“下一步”按钮。

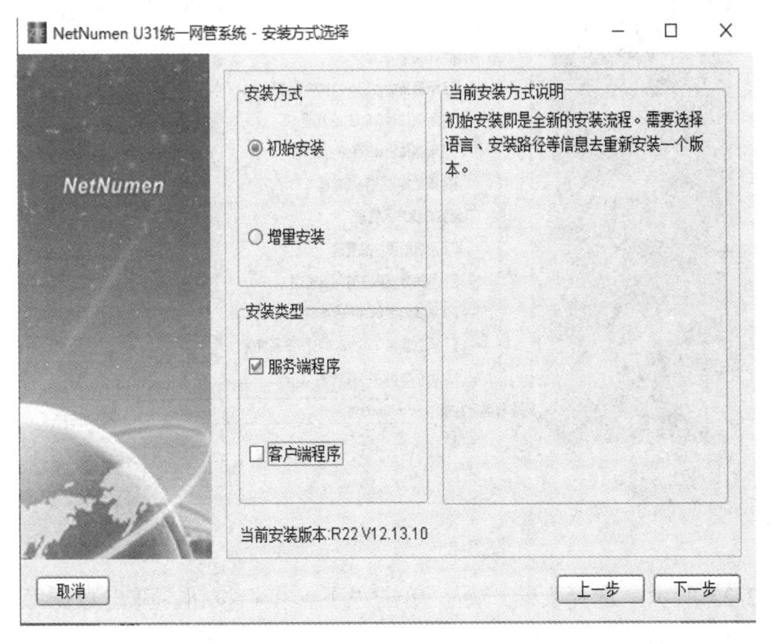

图 3-23　安装方式选择

(5) 弹出规模选择对话框，如图 3-24 所示。此时，根据现场需要以及机器的配置情况选择安装的规模，不同的内容可以选择不同的网络规模，不同的网络规模告警池的数目和支持的客户端个数不同，具体可参考界面提示(建议在实验室环境中，选择规模 1)。

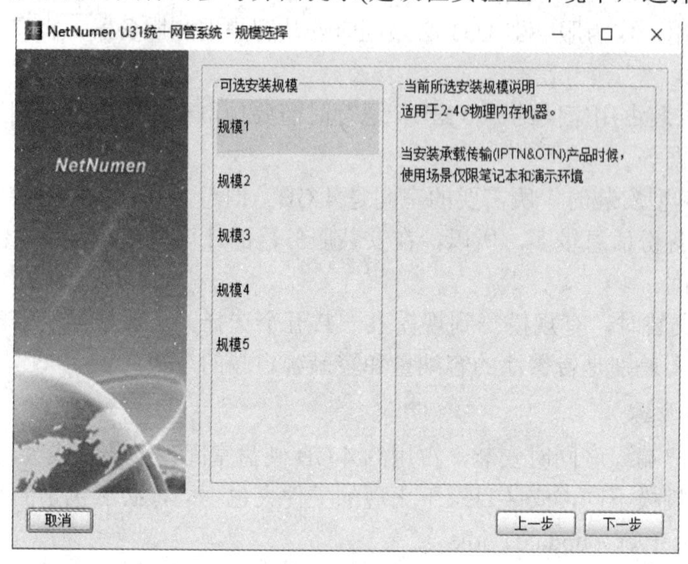

图 3-24　规模选择

(6) 如图 3-24 所示，选择安装组件，选择规模 1，单击“下一步”按钮弹出安装产品选择对话框，如图 3-25 所示，按照需要选择安装的产品(实验室环境建议选择 CTN 网元和端到端两个部分)。产品选择后，确定安装的路径，可以更改为自己需要的路径。

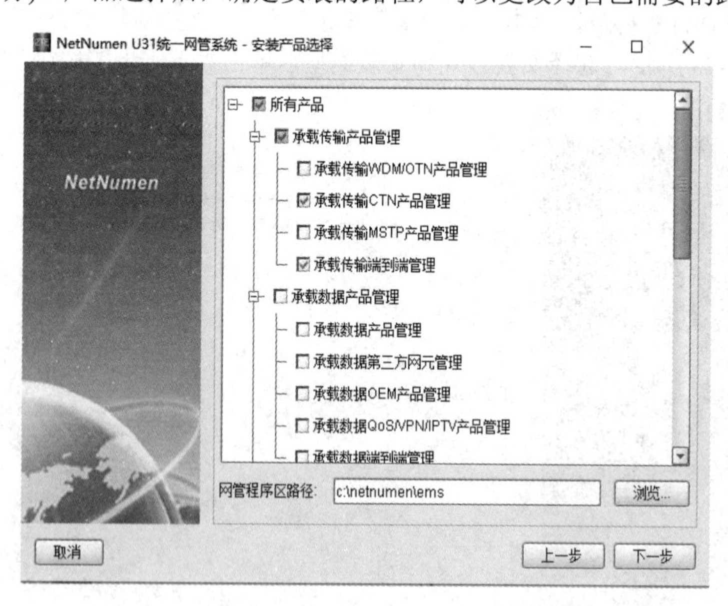

图 3-25　安装产品选择

(7) 如图 3-25 所示，选择安装产品，单击“下一步”按钮，弹出数据库连接配置对话框，如图 3-26 所示，数据库 IP 或主机名输入数据库真实的 IP 地址或者主机名；端口一般固定不变；其他按照要求输入即可。

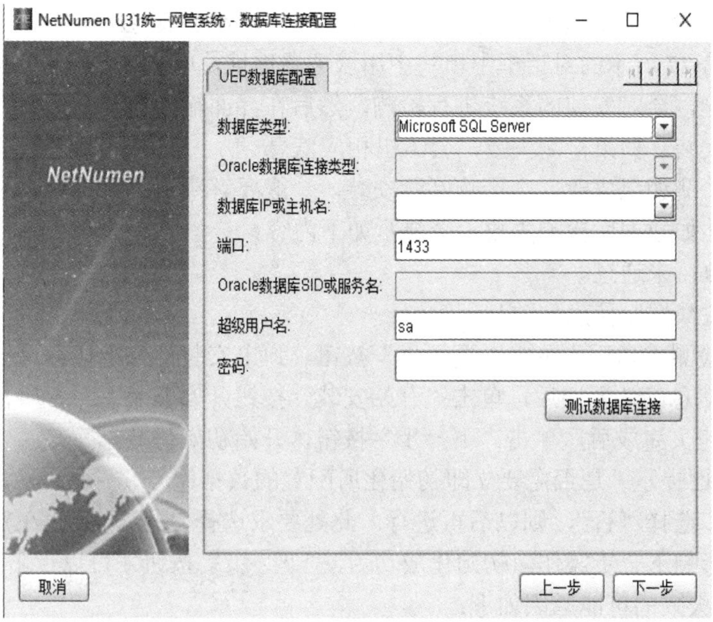

图 3-26　数据库连接配置

在图 3-26 中，单击“测试数据库连接”按钮，可以测试数据库是否可以正常连接，如果测试失败，需要检查填写的 IP 地址或者计算机名是否正确，数据库的用户名和密码是否正确，如果都正确，再检查数据库是否正常启动，必须在数据库可以正常连接的情况下才能进行下一步安装。

(8) 在图 3-26 中，单击“下一步”按钮进入数据库参数设置。

选择好数据库，可以修改数据库相关的路径和参数设置，但是容易出错，推荐不修改数据库参数，使用默认，注意要保证 C 盘的空间。

(9) 在数据库参数设置对话框中，使用默认参数或者修改参数之后，单击“下一步”按钮，弹出主机信息配置对话框，如图 3-27 所示，填写主用服务器地址。

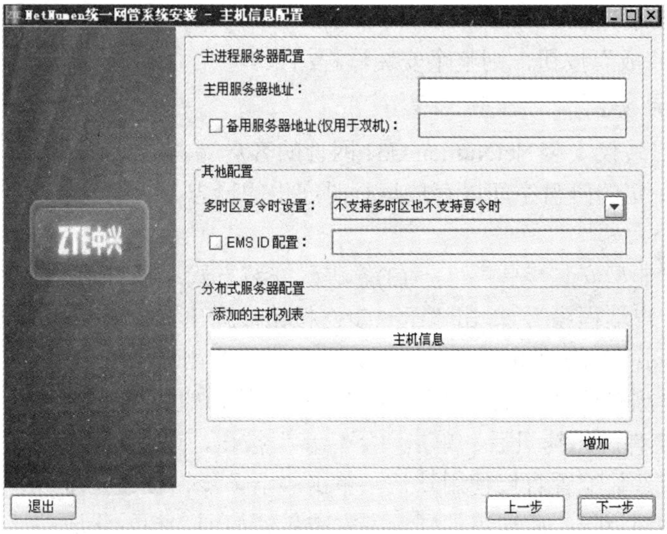

图 3-27　主机信息配置

主机信息配置必须要填写主机服务器地址，其他推荐不填写。

(10) 在图 3-27 所示的对话框中填写主用服务器地址，单击“下一步”按钮，弹出系统检测信息对话框，会对安装的系统进行检测，然后在界面输入检测的结果，满足检测条件后，可以继续安装。如果检测失败，会给出相应信息。

系统信息检测如果失败，会影响网管安装，一般要解决后，再进行安装。如果失败会有提示信息，比如数据库检测失败，会显示如下内容：

数据库检测：未通过。

原因：获取数据库信息失败！

(11) 系统检测成功后，单击“下一步”按钮，弹出安装信息确认对话框。

(12) 安装信息确认无误后，单击“开始安装”按钮开始安装。

(13) 解压拷贝完成后，单击“下一步”按钮，开始初始化数据库。

① 安装界面提示“是否需要立即初始化所配置的数据库”，选择“是”，则开始对数据库进行初始化；选择“否”，则以后再进行。此处要求选择“是”，必须在安装时初始化数据库，否则会影响下一步操作。初始化成功后，“下一步”按钮才可以点击。

② 初始化失败的可能原因如下：

- 有网管在启动并连接了数据库；
- 数据库未正常启动；
- 存在残留的网管进程。

此处列出的原因并不是数据库初始化失败的所有原因，具体原因可根据提示进一步定位。解决后继续，直至初始化成功。

(14) 初始化成功后，单击“下一步”按钮，开始配置服务器和客户端参数。选择使用默认的配置，单击“下一步”按钮，开始系统初始化。

(15) 系统初始化完成后，弹出客户端场景初始化的确认对话框，选择“是”，则对所有场景进行初始化。

(16) 对所有场景进行初始化，单击“退出”按钮退出安装；初始化完成后单击“下一步”按钮，弹出安装完成的界面。

(17) 点击“完成”按钮，则整个安装过程结束。

4) 客户端程序安装

客户端程序安装仅安装 NetNumen U31 网管的客户端。客户端安装占用空间约 500 MB，运行时需要预留一定的磁盘空间以存放运行时产生的日志、数据等。

安装步骤如下：

(1) 请参照“典型安装步骤”(1)～(3)，进入安装方式选择对话框。

(2) 选择“客户端程序”，单击“下一步”按钮，弹出选择安装产品对话框，同“典型安装步骤”(6)相同；单击“下一步”按钮，进入系统检测对话框。

(3) 在系统检测对话框中单击“下一步”按钮，同典型安装的步骤(8)～(9)相同；确认安装信息无误，文件解压拷贝后，单击“下一步”按钮，进入网管安装参数配置。

(4) 网管安装参数配置直接使用默认，单击“下一步”按钮，进入客户端初始化场景，同典型安装步骤(11)相同；后续步骤同典型安装步骤相同，初始化成功后，单击“下一步”

按钮，弹出安装成功信息，安装完成。

(5) 客户端程序单独安装成功。

客户端程序安装与典型安装比较，客户端安装不需要选择网络规模、配置数据库、配置网管参数、初始化数据库；其余安装和典型安装类似，按照安装提示安装就可以了。

5) 配置 License

网管安装成功后，要使网管正常运行，还必须有相应的许可文件进行支持。License 可以根据销售合同、客户所购买设备类型及客户购买的网管功能等信息进行定制。

(1) 需要提醒的是在 License 中，对计算机的 MAC 地址、有效使用时间、管理的各类型网元个数等，都可以进行限制。如果所使用的 License 不符合使用条件，则可能出现业务不可用或网元不可创建等现象，会提示没有 License。

(2) 用户获取 License 之后，需要把 License 放到网管中对应的目录下，在不同的网络规模的情况下，License 文件放置的目录不同，其中不同规模的放置目录如下：

规模 1：\ums-server\works\uep\deploy 目录下。

规模 2、3、4、5：\ums-server\works\main\deploy 目录下。

(3) license 信息可以通过网管查看，启动网管后，通过拓扑管理视图的菜单，选择“帮助”→“许可信息”→“显示许可信息”来查看 license 信息，如图 3-28 所示。

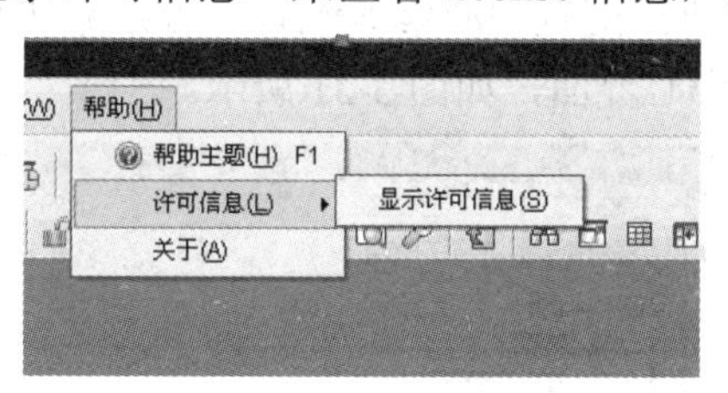

图 3-28　查看 license 信息

(4) 许可信息就是 license 的内容信息，打开之后的内容如图 3-29 所示，根据不同的 license 显示不同的配置内容。

许可信息

许可内容	许可限制
创建日期	2011-03-09 00:00:00
MAC地址绑定	第一次运行时绑定
到期日期	无时间限制
到期前提示(天)	不提示
用户界面终端最大个数	60
Client功能包	YES
Server基本功能包	YES
SDH功能包	YES
WDM功能包	YES
OTN功能包	YES
PTN功能包	YES
SDH ASON功能包	YES
WDM ASON功能包	YES
OTN ASON功能包	YES
SDH端到端管理功能包	YES
WDM端到端管理功能包	YES
以太网端到端管理功能包	YES
PTN端到端管理功能包	YES
OTN端到端管理功能包	YES
告警相关性功能包	YES

图 3-29　U31 网管 license 内容

需要注意的是，在升级或卸载网管时，license文件需要提前备份出来，备份到网管之外的目录；如果升级前后，license所做的约束不变化，则可以直接使用升级前的license；但是如果需要更改license中约束的MAC地址、有效使用时间、管理的网元类型限制、功能限制等任何一项，则必须重新申请license。

6) 配置网管参数

一般情况下不需要配置网管参数，如果作为U31服务器主机或数据主机的IP有变动，需要用配置网管参数修改新的IP。具体配置步骤如下：

(1) 选择"开始"→"所有程序"→"NetNumen统一网管系统"→"NetNumen统一网管系统配置中心"，如图3-30所示。

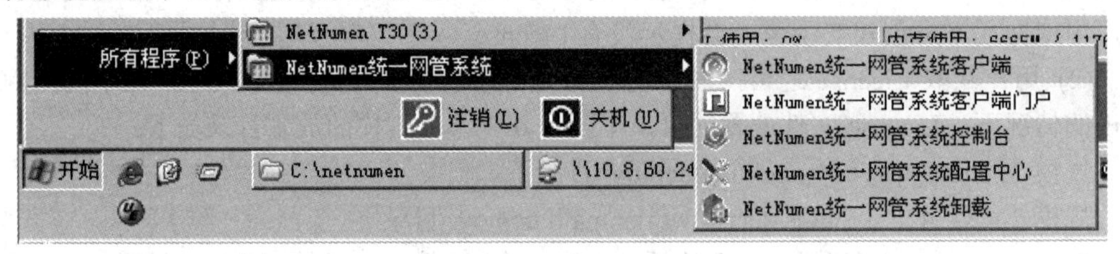

图3-30　网管参数修改途径

必须先关闭网管才可以进入配置中心修改配置，否则无法修改。数据库则不用关闭。

(2) 进入网管系统配置中心界面，如图3-31所示。

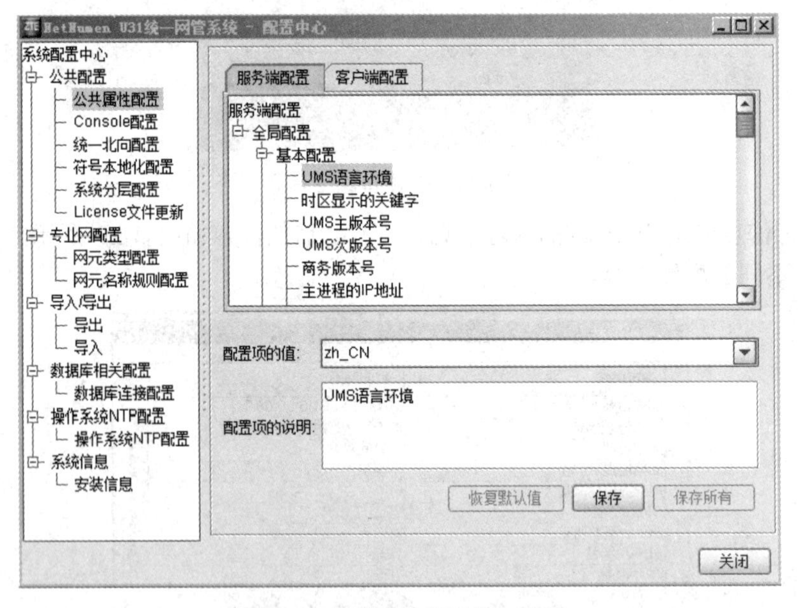

图3-31　网管系统配置中心界面

根据安装方式不同，配置界面的内容会有所差别，图3-31是典型安装之后的配置界面，如果只安装了客户端，就只会有客户端配置部分，同样，如果只安装了服务器就只会有服务器配置的那部分。

(3) 选择"公共配置"→"服务端配置"→"基本配置"→"主进程的IP地址"配置主进程的IP地址，按照需要修改的IP地址进行填写，如图3-32所示。

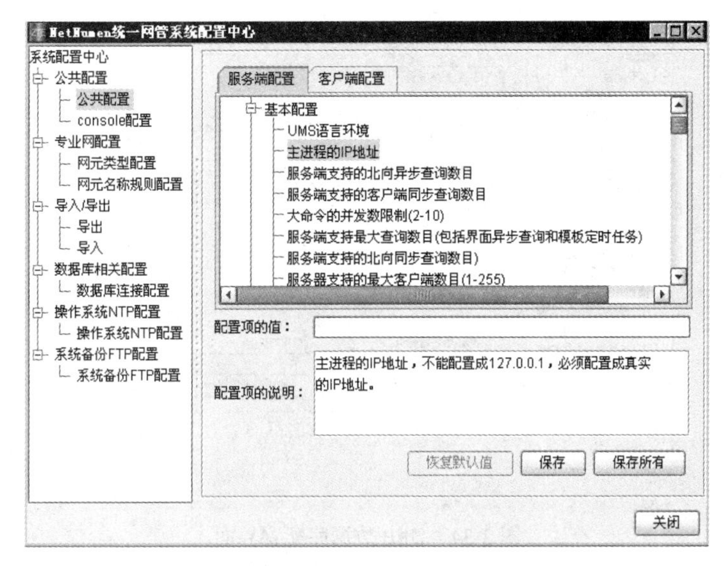

图 3-32　配置主进程的 IP 地址

主进程 IP 地址主要是其他模块用的，与 console 的 IP 地址没有必然联系，但是在安装过程中输入的主进程 IP 地址会作为 console 默认的 IP 地址使用。在配置中心中修改主进程 IP 地址不会修改 console 默认的 IP 地址，是因为 console 默认的 IP 地址表示允许 console 运行的 IP 地址，而且 console 存在多个实例，各个的 IP 都可能不同。所以，在修改主进程 IP 地址之后，不会修改 console 的 IP 地址。如果由于本机的 IP 地址改动导致需要修改主进程 IP 地址，那就需要同时修改 console 的 IP 地址。

(4) 选择“console 配置”→“控制台 1”→“修改 console 实例”，进入实例的修改界面，如图 3-33 所示，输入修改的新地址，单击“确定”按钮确定修改，单击“取消”按钮则取消修改，保持原来的配置。

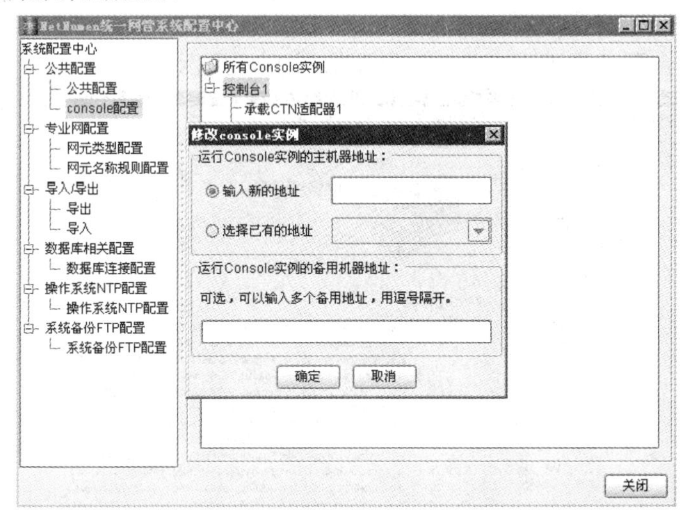

图 3-33　网管服务器端实例修改界面

(5) 修改数据库的 IP 地址，选择“数据库相关配置”→“数据库连接配置”，进入 UEP 数据库配置界面，按照需要修改相关信息，如图 3-34 所示。

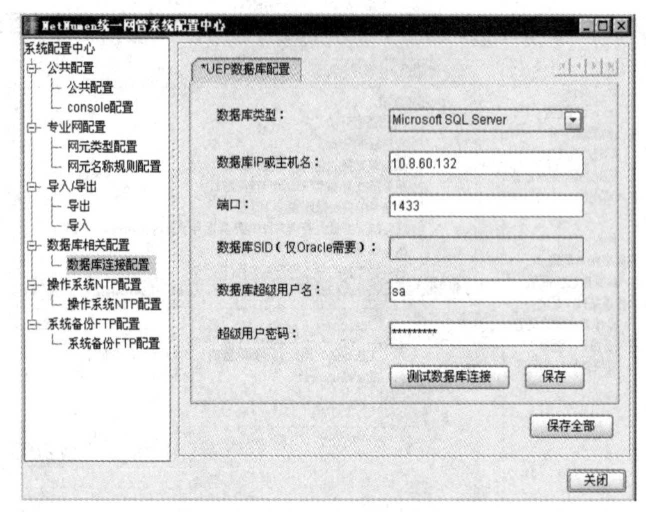

图 3-34 UEP 数据库配置界面

修改上述参数后，必须重启网管服务器的所有进程。

(6) 修改完毕后，点击“保存全部”按钮，退出网管系统配置中心，重新启动网管服务器。

7) *启动服务器*

(1) 在 Windows 操作平台中，数据库正常情况下处于自动启动状态，需注意不要在服务中关闭。

(2) 启动服务器的方法有以下三种：

方法一：进入安装好的网管目录下，进入 ums-server 目录，运行 console.bat，等待所有进程启动。

方法二：直接双击运行桌面生成的快捷方式——NetNumen 统一网管系统控制台。

方式三：选择“所有程序”→“NetNumen 统一网管系统”→“NetNumen 统一网管系统控制台”，控制台服务器进程启动后，界面如图 3-35 所示。

图 3-35 控制台服务器进程启动界面

(3) 网管服务器成功启动后，点击左侧的控制台 1，可以看到各进程是否启动成功，如图 3-36 所示。

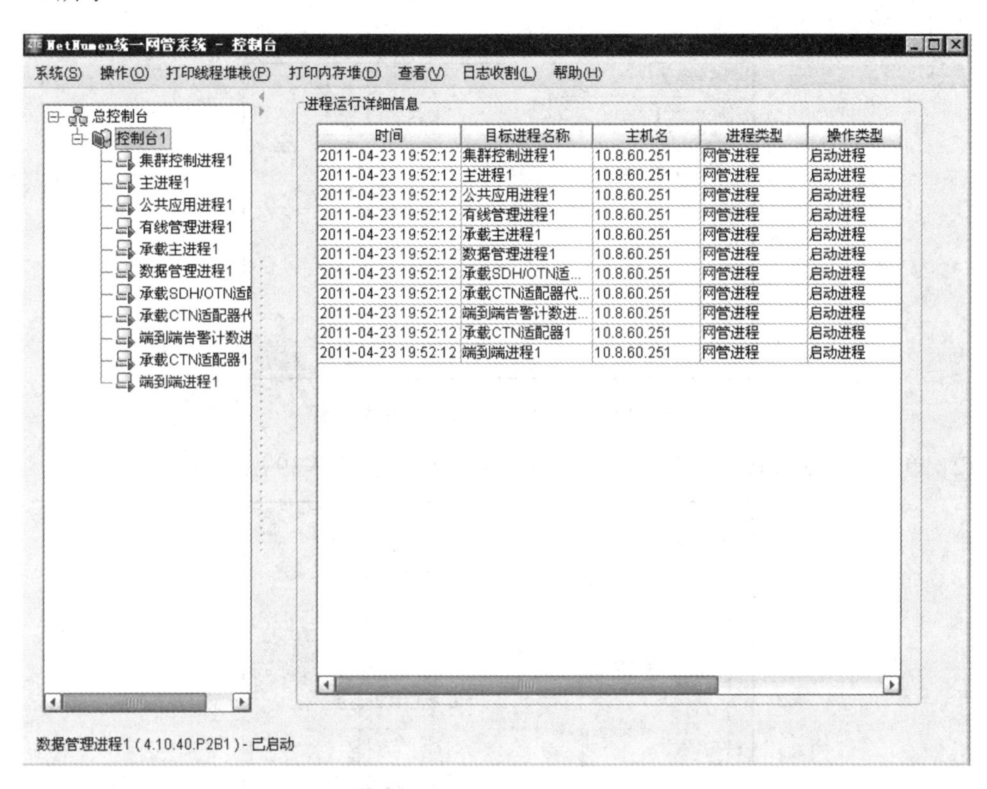

图 3-36　进程启动界面

8) *启动客户端*

启动客户端有以下三种方法：

方法一：进入 ums-client 目录，运行 client.exe，然后登录。

方法二：直接双击运行桌面生成的快捷方式——NetNumen 统一网管系统客户端。

方法三：选择“所有程序”→“NetNumen 统一网管系统”→“NetNumen 统一网管系统客户端”进入客户端登录界面，如图 3-37 所示。

图 3-37　网管客户端登录界面

(1) 输入正确的用户名、密码。单击服务器地址栏后的“...”按钮弹出配置局名称对话框，如图 3-38 所示。如果不配置局名称和服务器地址，则可以在服务器地址中输入正确 IP 后单击“确定”按钮，进入下一步操作。

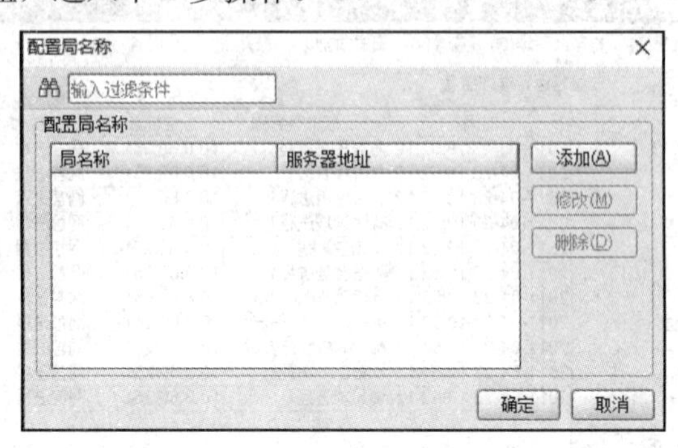

图 3-38　网管客户端服务器选择界面

(2) 单击“添加”按钮，弹出添加局名称对话框，如图 3-39 所示。

图 3-39　添加局名称界面

(3) 输入局名称、服务器地址，再单击“确定”按钮，回到登录对话框，选择或输入服务器地址，如图 3-40 所示。

图 3-40　网管客户端选择服务器登录界面

(4) 这里的服务器地址，是指服务器端安装并启动的主机地址，如果服务器是和客户端同时安装在同一台电脑上，则服务器地址为 127.0.0.1；如果服务器端是安装在专用服务器主机上，则输入该服务器主机的 IP 地址。单击“确定”按钮即可登录进入 U31 的拓扑管理界面，如图 3-41 所示。

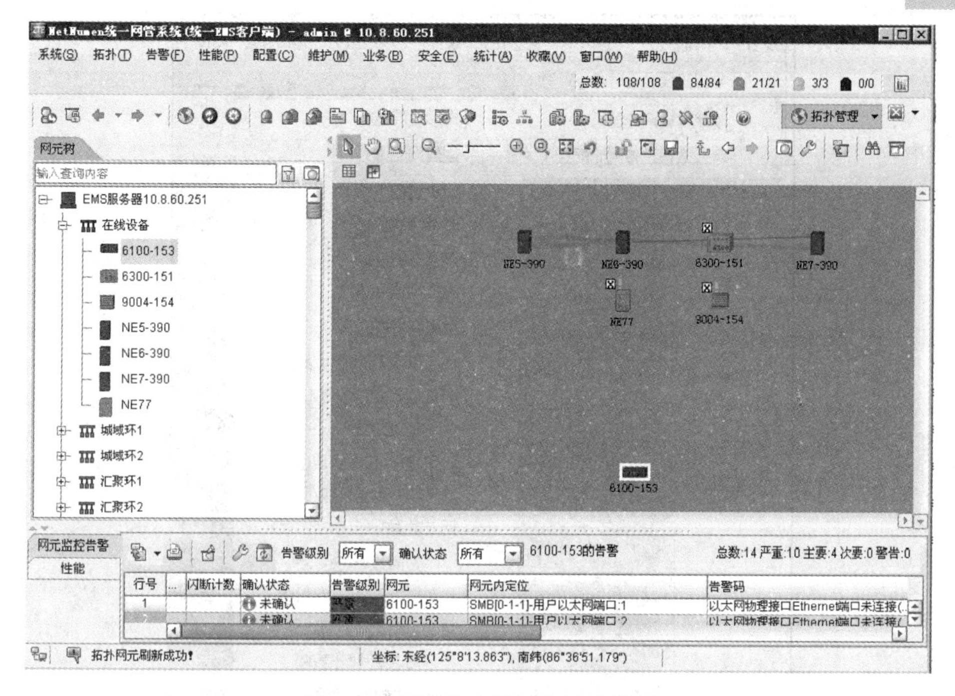

图 3-41　网管客户端拓扑管理界面

3.2.3　网管数据配置

PTN　网元创建

(网管数据配置)

以三台 6220 设备为例，通过 U31 网管完成创建网元、安装单板、拓扑连接等配置，组网拓扑如图 3-42 所示。

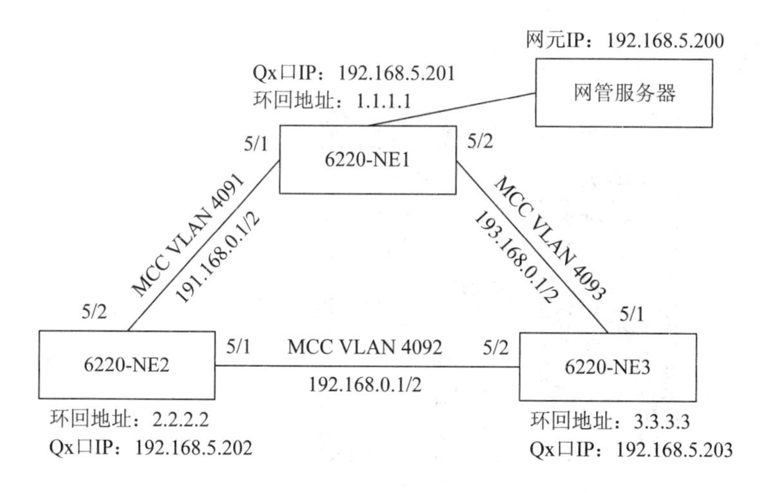

图 3-42　组网拓扑图

1．网元创建

(1) 选择“配置”→“承载传输网元配置”→“创建网元”弹出创建承载传输网元对话框，如图 3-43 所示。

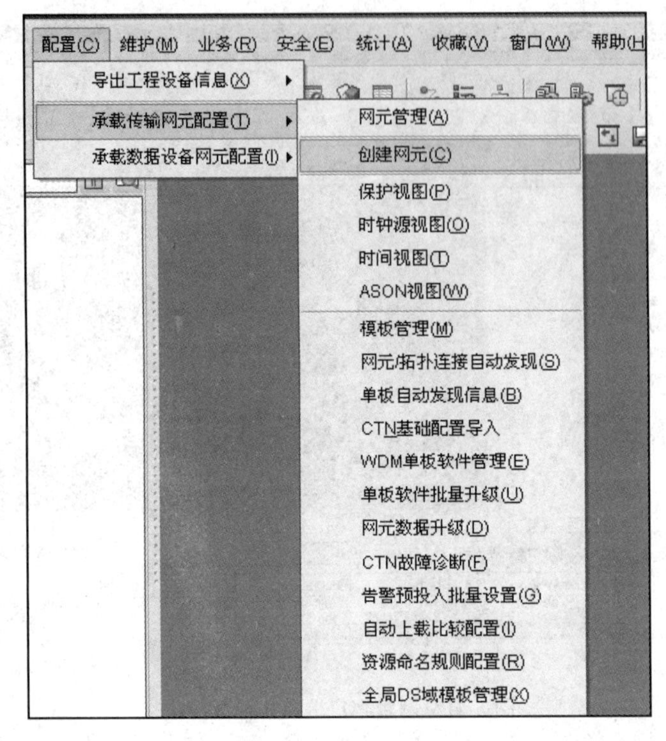

图 3-43　菜单栏创建网元图

(2) 也可以在空白处单击鼠标右键，选择“新建对象”→“创建承载传输网元”，如图 3-44 所示。

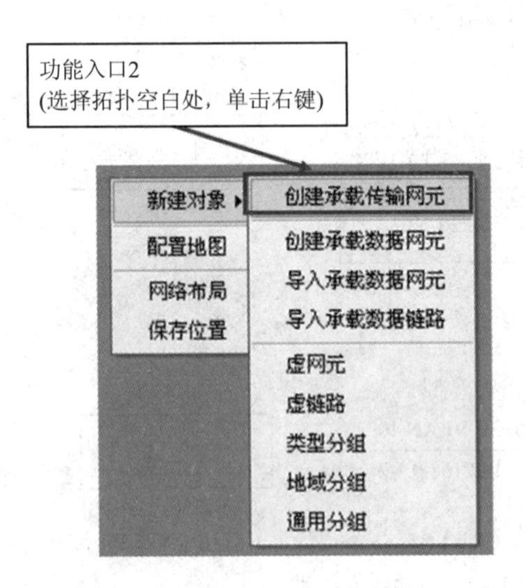

图 3-44　拓扑视图创建网元图

(3) 在创建承载传输网元左侧的网元类型树中，选中一个网元类型。输入网元名称、在线离线、按规划输入网元的 IP 地址(建议以环回地址作为网元的 IP 地址)等信息，点击“应用”按钮，如图 3-45 所示。

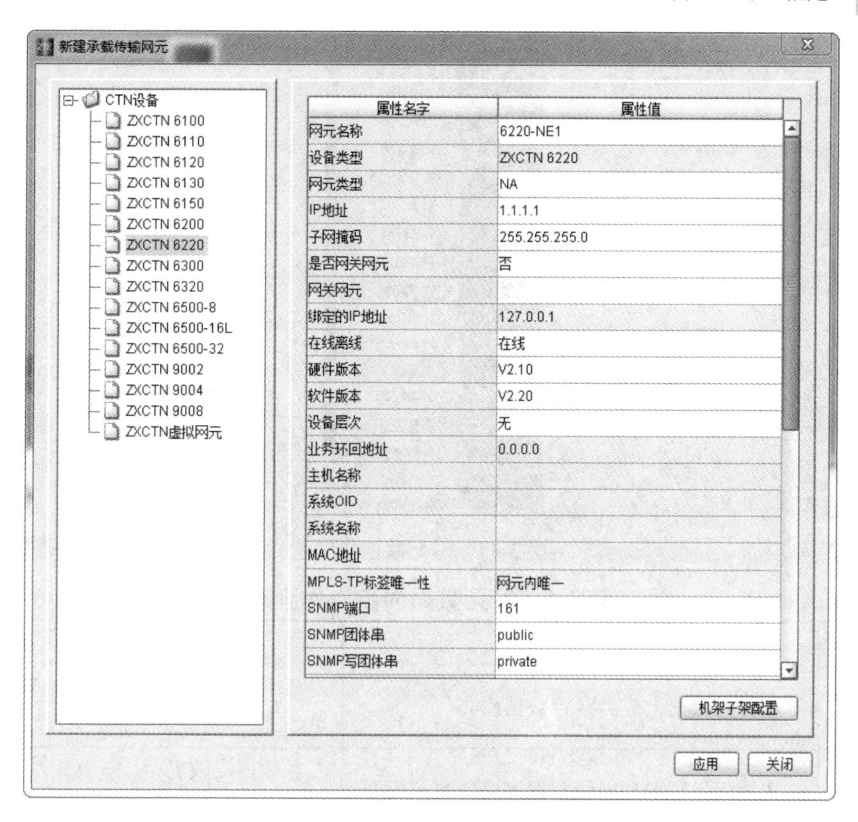

图 3-45　创建网元

(4) 用同样的方法，创建网元 NE2 和 NE3，网元创建成功后，网管图标如图 3-46 所示。

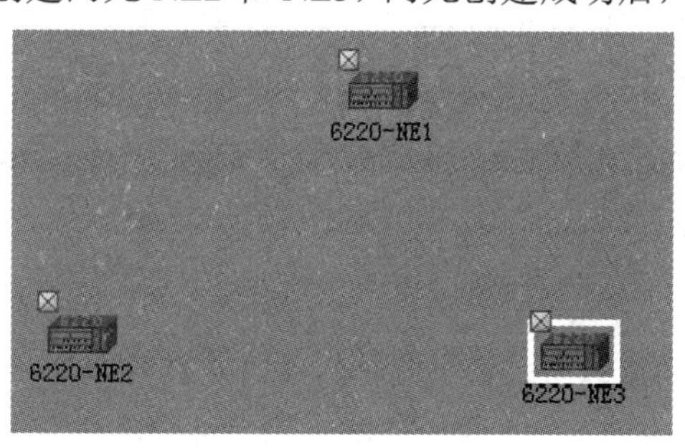

图 3-46　网元创建成功

说明：网元图标灰色表示网管与网元失联，红色表示网元有告警；图标左上角的表示当前网元配置和设备真实配置数据库不同步。

2. 网元数据同步

通过上载数据库的操作，可将初始化后的设备配置数据上载到网管数据库中，保证设备数据与网管数据库中的配置一致。

(1) 在拓扑树或拓扑图中，右击待配置同步的网元，在弹出的对话框中选择“数据同步”，如图 3-47 所示。

(2) 在数据同步界面，可以进行上载入库、数据比较、下载数据等操作，如表 3-1 所示。

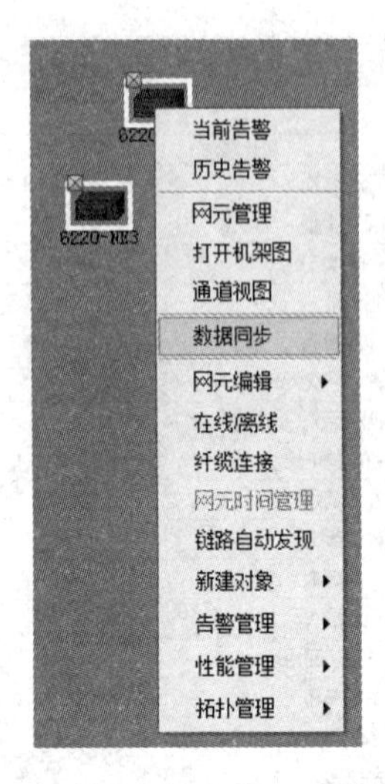

图 3-47 网元数据同步

表 3-1 网元数据同步操作列表

操作	目　　的	说　　明
上载入库	将网元数据上载到网管数据库	在上载入库界面，选择上载数据项后，单击“上载入库”按钮
数据比较	比较网元数据与网管数据库里的网元数据	在数据比较界面，选择比较数据项，单击“数据比较”按钮
下载数据	将网管数据库里的网元数据下载到网元	在下载数据界面，选择下载数据项，单击“下载数据”按钮

(3) 选中待同步网元，单击“上载入库”按钮，弹出同步操作对话框，如图 3-48 所示。

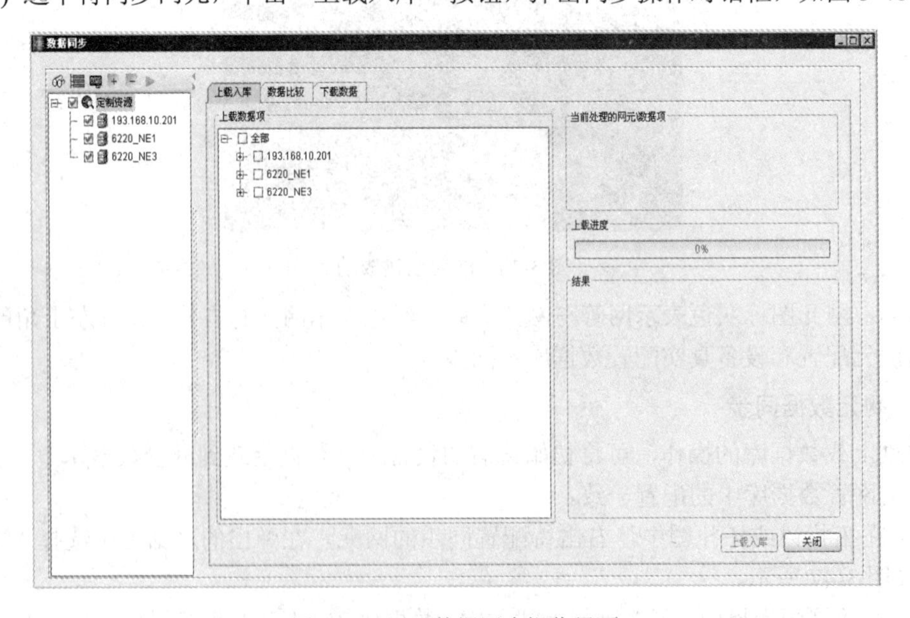

图 3-48 网元数据同步操作界面

(4) 选择全部，单击“上载入库”按钮，再单击“是”按钮，如图 3-49 所示。

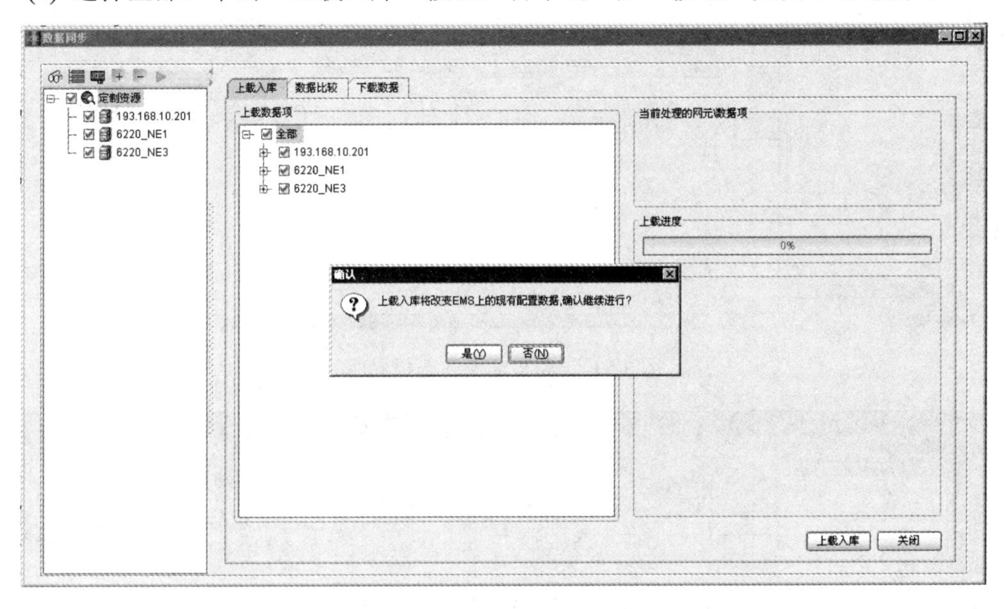

图 3-49　网元数据同步确认界面

3. 网元间线缆连接

(1) 在 U31 网管软件中，对于在线网元之间的连接，可以采用自动链路发现机制实现网元之间的智能化连接。选中三个网元，单击鼠标右键，选择“链路自动发现”，如图 3-50 所示。

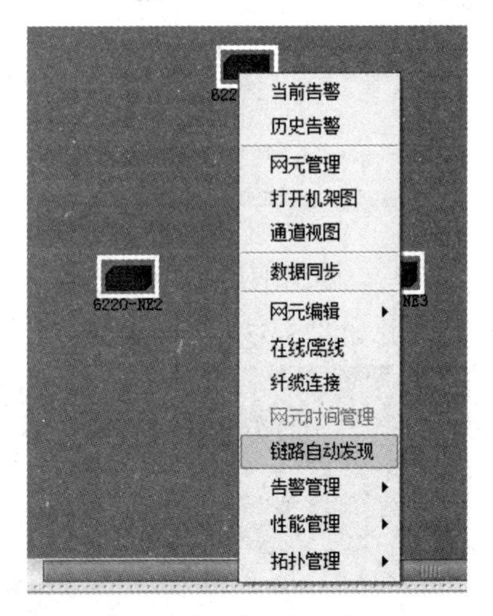

图 3-50　链路自动发现

(2) 弹出“CTN 链路自动发现”对话框后，勾选“自动按策略执行”和三个网元后，点击“手工执行选定网元间链路自动发现”，执行链路自动发现，如图 3-51 所示。

(3) 点击“确定”按钮，完成“手动链路自动发现”，勾选“网络中新发现的链路”，并执行，完成网元间线缆连接，如图 3-52 所示。

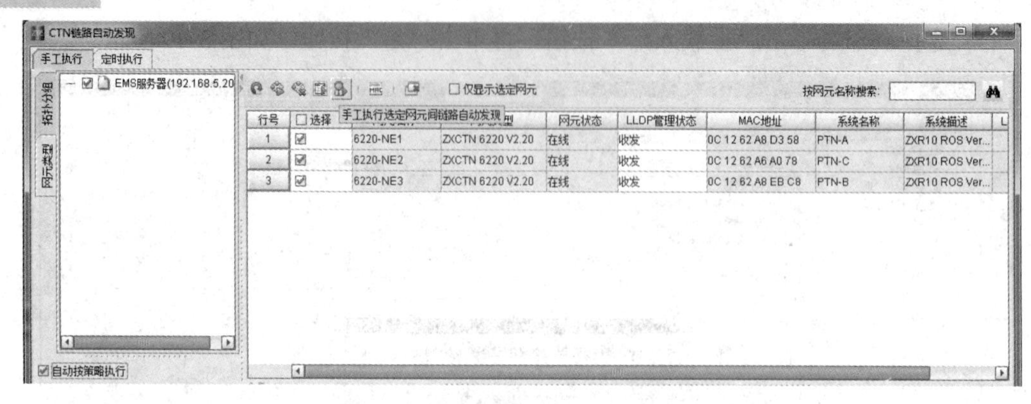

图 3-51 链路自动发现选择界面

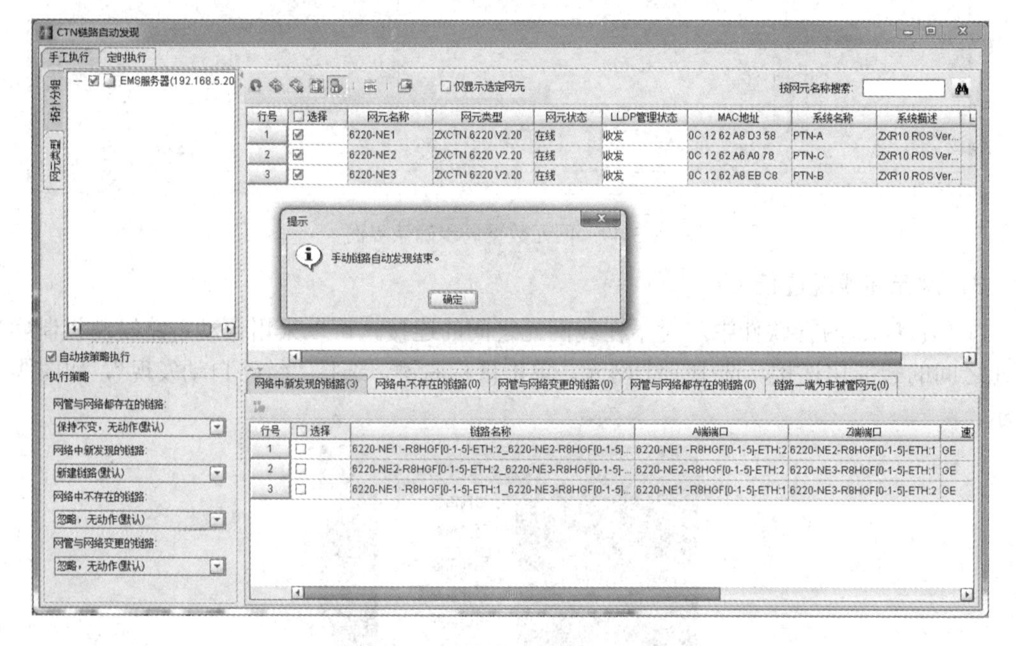

图 3-52 链路自动发现确认界面

(4) 线缆连接完成后，网络拓扑如图 3-53 所示。

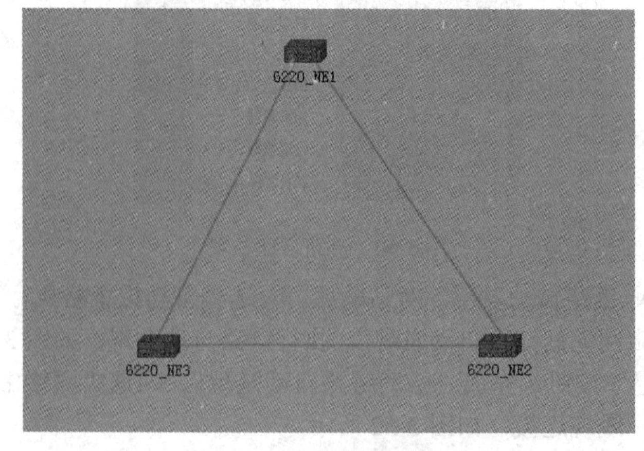

图 3-53 网元链路连接完成

3.3　分组传送网同步技术

3.3.1　同步技术

PTN 分组传送网主要以承载无同步要求的分组业务为主，但现实中依然存在大量的 TDM 业务，在分组传送网中如何保证 TDM 业务的同步特性比较重要，同时很多应用场景需要传送网提供同步功能，典型情况为 LTE 移动通信网基站回传时，必须有确定的定时关系，才能够正确恢复原始数据。为了满足不同的应用场景，PTN 分组传送网需要实现业务同步和网络同步功能，网络同步中要支持时钟同步和时间同步。

1. 主从同步

分组传送网同步方式主要采用主从同步。

1) 主从同步概念

主从同步指网内设一时钟主局，配有高精度时钟，网内各局均受控于该主局 (即跟踪主局时钟，以主局时钟为定时基准)，并且逐级下控，直到网络中的末端网元——终端局。

主从同步方式一般用于一个国家或地区内部的传输网，它的特点是国家或地区只有一个主局时钟，网上其他网元均以此主局时钟为基准来进行本网元的定时。

中国电信采用的同步方式是等级主从同步方式，其中主时钟在北京，副时钟在武汉。在采用主从同步时，上一级网元的定时信号通过一定的路由——同步链路或附在线路信号上从线路传输到下一级网元。该级网元提取此时钟信号，通过本身的锁相振荡器跟踪锁定此时钟，并产生以此时钟为基准的本网元所用的本地时钟信号，同时通过同步链路或通过传输线路(即将时钟信息附在线路信号中传输)向下级网元传输，供其跟踪、锁定。若本站收不到从上一级网元传来的基准时钟，那么本网元可采用本站的外部定时基准，或启动设备的内置晶体振荡器提供本网元使用的本地时钟，并向下一级网元传送时钟信号。

2) 主从同步网中从时钟的工作模式

在主从同步的数字网中，从站(下级站)的时钟通常有三种工作模式。

(1) 正常工作模式——跟踪锁定上级时钟模式。

此时从站跟踪锁定的时钟基准是从上一级站传来的，可能是网中的主时钟，也可能是上一级网元内置时钟源下发的时钟，还有可能是本地区的 GPS 时钟。

与从时钟工作的其他两种模式相比较，此种从时钟的工作模式精度最高。

(2) 保持模式。

当所有定时基准丢失后，从时钟进入保持模式，此时从站时钟源利用定时基准信号丢失前所存储的最后频率信息作为其定时基准而工作。也就是说从时钟有“记忆”功能，通过“记忆”功能提供与原定时基准较相符的定时信号，以保证从时钟频率在长时间内与基准时钟频率只有很小的频率偏差。但是由于振荡器的固有振荡频率会慢慢地漂移，故此种工作方式提供的较高精度时钟不能持续很久。

此种工作模式的时钟精度仅次于正常工作模式的时钟精度。

(3) 自由运行模式——自由振荡模式。

当从时钟丢失所有外部基准定时，也失去了定时基准记忆，或处于保持模式时间太长，从时钟内部振荡器就会工作于自由振荡模式。此种模式的时钟精度最低，实属万不得已而为之。

2. 时间同步

同步技术中涉及几个基本术语：频率同步、相位同步、时间同步，三者之间的关系可用图 3-54 说明。

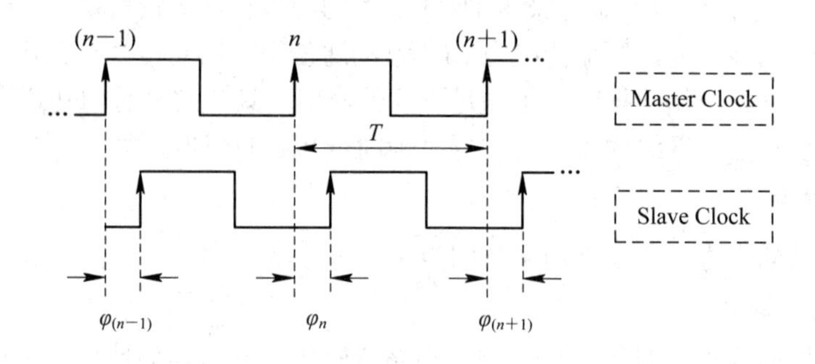

图 3-54 同步技术的基本概念

(1) 频率同步：通常称为时钟同步，Slave Clock(从时钟)与 Master Clock(主时钟)之间的频率差小于某个范围；

(2) 相位同步：任何时刻，Slave Clock 与 Master Clock 之间的相位差 Φ_n 小于某个范围；

(3) 时间同步：任何时刻，Slave Clock 与 Master Clock 所代表的绝对时间差小于某个范围。

如果 Slave Clock 与 Master Clock 之间满足频率同步，但两个时钟间的相位差 φ_n 不确定，φ_n 的范围从零到整个时钟周期 T 之间，如果 φ_n 趋于 0，则表示 Slave Clock 与 Master Clock 之间达到相位同步的要求，但此时 Slave Clock 与 Master Clock 的时间起点可能不同，如果两者的时间起点相同，则满足时间同步要求。因此，一般说来，如果 Slave Clock 与 Master Clock 之间达到相位同步，则两者之间满足频率同步，如果 Slave Clock 与 Master Clock 之间达到时间同步，则两者之间满足相位同步和频率同步。

简单地说，频率同步即时钟同步，是指信号之间的频率或相位上保持某种严格的特定关系，其相对应的有效瞬间以同一平均速率出现，以维持通信网络中所有的设备以相同的速率运行；“时间同步”有两种含义：时刻和时间间隔。前者指连续流逝的时间的某一瞬间，后者是指两个瞬间之间的间隔长。

3.3.2 分组同步网同步方式

基于电路交换的传统网络，由于数据流速率是恒定的，因此可以很容易地从数据流中恢复出所需要的时钟信息，并保持源和宿之间的同步状态。对于分组传送网，多基于存储转发或类似技术，并且突发业务可能会导致网络出现拥塞等情况，影响业务均匀传送，这样业务在经过网络传送时，如果直接从业务流中恢复时钟，则源和宿之间可能会出现缺乏同步、延迟范围大等现象，因此，对于分组传送网络，需要特定技术方法来实现同步。

1．分组同步相关标准

当前，分组网络上同步相关标准如下：

(1) ITU-T G.8261 分组交换网络同步定时问题(Timing and Synchronization Aspects of Packet Networks)；

(2) TU-T G.8262 同步以太网设备时钟 (EEC)定时特性(Timing Characteristics of Synchronous Ethernet Equipment Slave Clock (EEC))；

(3) ITU-T G.8263 分组交换设备时钟(PEC)与分组交换业务时钟(PSC)的定时特性(Timing Characteristics of Packet based Equipment Clocks (PEC) and Packet based Service Clocks (PSC))；

(4) ITU-T G.8264 分组交换网络的定时分配(Timing Distribution through Packet networks)；

(5) ITU-T G.8265 分组交换网络的相位和时间分配(Time and Phase Distribution through Packet Networks)；

(6) IEEE 1588 V2 精确时钟协议(PTP)(Precision Clock Synchronization Protocol for Networked Measurement and Control Systems)。

2．分组同步方案

同步相关标准和建议描述了分组网络上实现同步的多种方案和指标要求，这里重点对同步方案进行介绍。在分组网络上可能的同步方案有：同步以太网、外同步方式、自适应方式、差分方式和 1588 方式。

1) 同步以太网

传统以太网是一个异步系统，各网元之间不处于严格的同步状态也能正常工作，但实际上在物理层，设备都会从以太网端口进入的数据流中提取时钟，然后对业务进行处理，由于网元之间、端口之间无明确的同步要求，导致整个网络也是不同步的。

为了实现网络同步，可以参考 SDH 技术的实现方式实现同步以太网。

(1) 在以太网端口接收侧，从数据流中恢复出时钟信息，将这个时钟信息送给设备统一的锁相环 PLL 作为参考。

(2) 在以太网端口发送侧，统一采用系统时钟发送数据。

同步以太网方式如图 3-55 所示。

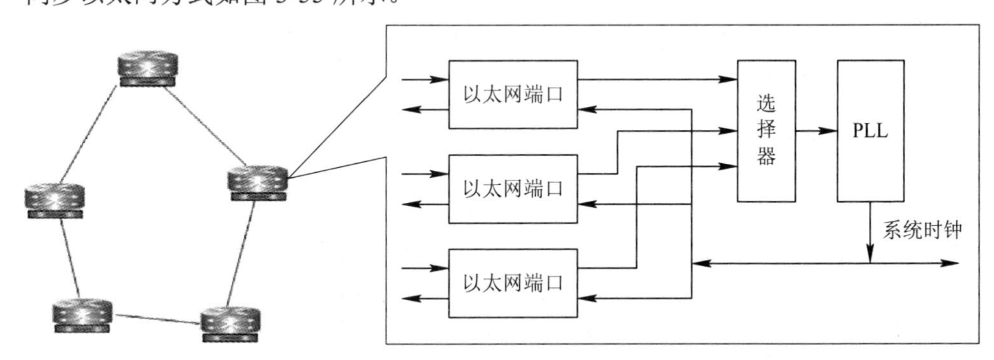

图 3-55　同步以太网方式

2) 自适应方式

自适应方式不需要网络处于同步状态，业务通过网络传送后直接从分组业务流中恢复出时钟信息。

在网络出口处，根据业务流缓存的情况调整输出的频率。

(1) 如果业务缓存逐渐增加，则将输出频率加快。

(2) 如果业务缓存逐步减少，则将输出频率减慢。

自适应同步方式如图3-56所示。

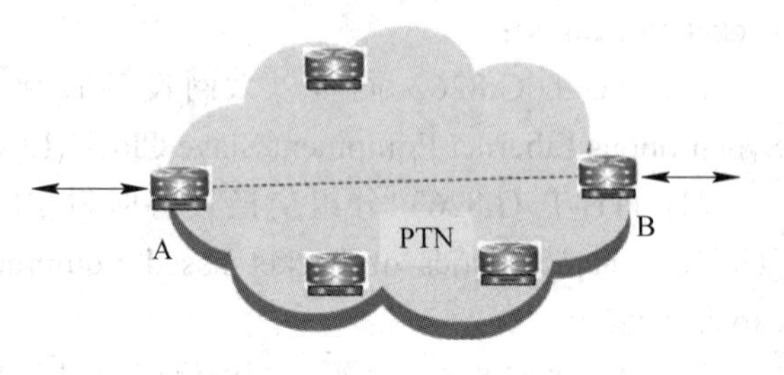

图3-56　自适应同步方式

3) 差分方式

在进入网络时，记录业务时钟与参考时钟PRC之间的差别，形成差分时钟信息，并传递到网络出口处。

(1) 在网络出口的地方，根据参考时钟、差分时钟信息恢复出业务时钟。

(2) 整个 PTN 网络可以不在同步状态，但需要在网络入口和出口位置提供参考时钟PRC。

差分同步方式如图3-57所示。

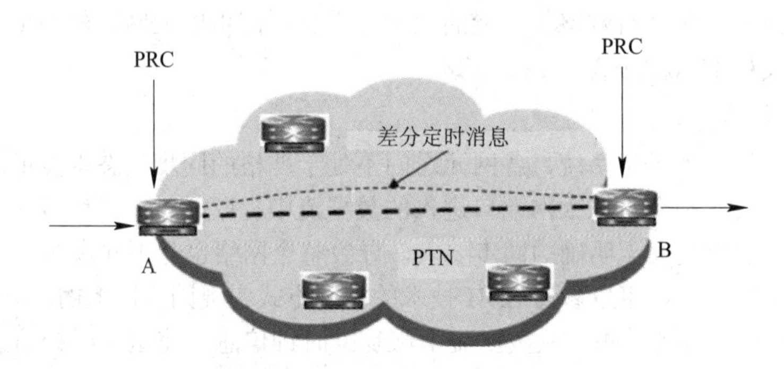

图3-57　差分同步方式

4) 外同步方式

客户侧CE有参考时钟PRC，业务时钟直接从PRC获取，PTN网络只负责业务的传送。外同步方式如图3-58所示。

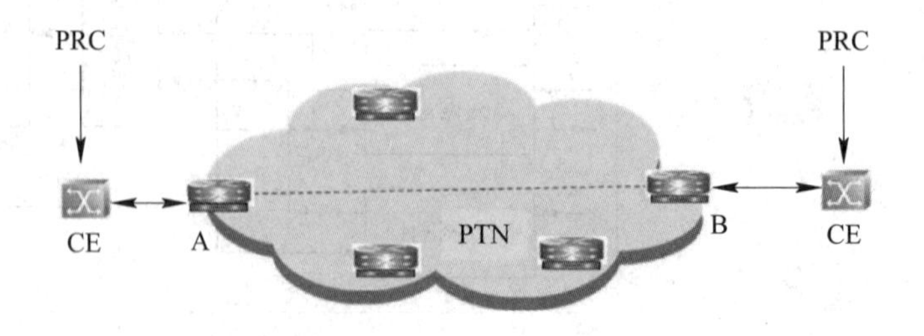

图3-58　外同步方式

5) IEEE 1588 V2 时钟

IEEE 1588 V2 是一种精确时间同步协议，简称 PTP(Precision Time Protocol)协议，精度可达纳秒级，满足 3G 和 LTE(Long Term Evolution，长期演进)的要。它是一种主从同步系统，通过 BMC(Best Master Clock，最优主时钟)算法计算当前最佳时钟源，其核心思想是采用主从时钟方式，对时间信息进行编码，利用网络的对称性和延时测量技术，通过报文消息的双向交互，实现主从时间的同步。

在系统的同步过程中，主时钟周期性发布 PTP 时间同步协议及时间信息，从时钟端口接收主时钟端口发来的时间戳信息，系统据此计算出主从线路时间延迟及主从时间差，并利用该时间差调整本地时间，使从设备时间保持与主设备时间一致的频率与相位。

(1) 时钟类型。

IEEE 1588 V2 协议时钟架构有五种模型：OC(Ordinary Clock，普通时钟)、BC(Boundary Clock，边界时钟)、TC(Transparent Clock，透明时钟)、TC+OC 和管理节点。

① OC(普通时钟)是单端口器件，可以作为主时钟或从时钟。

一个同步域内只能有唯一的主时钟。主时钟的频率准确度和稳定性直接关系到整个同步网络的性能。

一般可考虑 PRC 或同步于全球定位系统(GPS)。

从时钟的性能决定时戳的精度以及 Sync 消息的速率。

② BC(边界时钟)是多端口器件，可连接多个普通时钟或透明时钟。

边界时钟的多个端口中，有一个作为从端口，连接到主时钟或其他边界时钟的主端口，其余端口作为主端口连接从时钟或下一级边界时钟的从端口，或作为备份端口。

③ TC(透明时钟)连接主时钟与从时钟，它对主从时钟之间交互的同步消息进行透明转发，并且计算同步消息(如 Sync、Delay_Req)在本地的缓冲处理时间，并将该时间写入同步消息的 CorrectionField 字节块中。

从时钟根据该字节中的值和同步消息的时戳值 Delay 和 Offset 实现同步。

④ TC+OC：选择时钟源，并传递给系统时钟模块；实现 1588 报文的时间戳修正和透传，同时实现时钟同步。

⑤ 管理节点：在上述模式基础上增加网管接口功能。

从通信关系上又可把时钟分为主时钟和从时钟，理论上任何时钟都能实现主时钟和从时钟的功能，但一个 PTP 通信子网内只能有一个主时钟。整个系统中的最优时钟为最高级时钟(GMC)，有着最好的稳定性、精确性、确定性等。根据各节点上时钟的精度和级别以及 UTC(Universal Time Constant)的可追溯性等特性，由最佳主时钟算法(BMC)来自动选择各子网内的主时钟；在只有一个子网的系统中，主时钟就是最高级时钟 GMC。每个系统只有一个 GMC，且每个子网内只有一个主时钟，从时钟与主时钟保持同步。支持 IEEE 1588 V2 协议，实现时钟和时间同步。

IEEE 1588 V2 时钟工作过程如图 3-59 所示。

(2) 实现原理。

IEEE 1588 的关键在于延时测量。为了测量网络传输延时，1588 定义了一个延迟请求信息 Delay Request Packet (Delay_Req)。从时钟在收到主时钟发出的时间信息后 t3 时刻发延迟请求信息包 Delay_Req，主时钟收到 Delay_Req 后在延迟响应信息包 Delay Response

Packet(Delay_Resp)加时间戳，反映出准确的接收时间 t4，并发送给从时钟，故从时钟就可以非常准确地计算出网络延时。

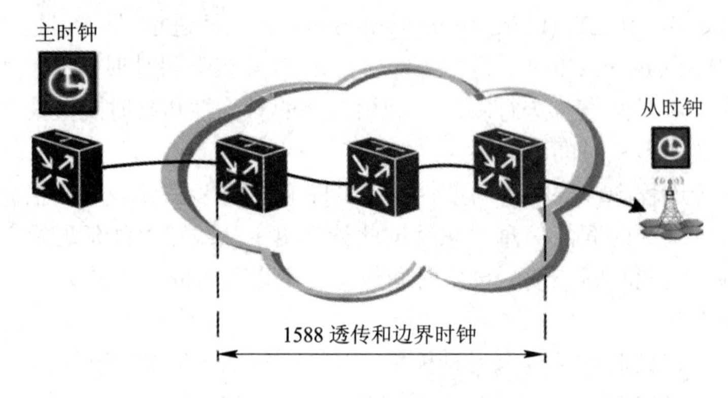

图 3-59 1588 时钟传送示意图

由于：

$$t2 - t1 = Delay + Offset$$
$$t4 - t3 = Delay - Offset$$

故可得：

$$Delay = \frac{t2 - t1 + t4 - t3}{2}$$

$$Offset = \frac{t2 - t1 - t4 + t3}{2}$$

根据 Offset 和 Delay，从节点就可以修正其时间信息，从而实现主从节点的时间同步，如图 3-60 所示。

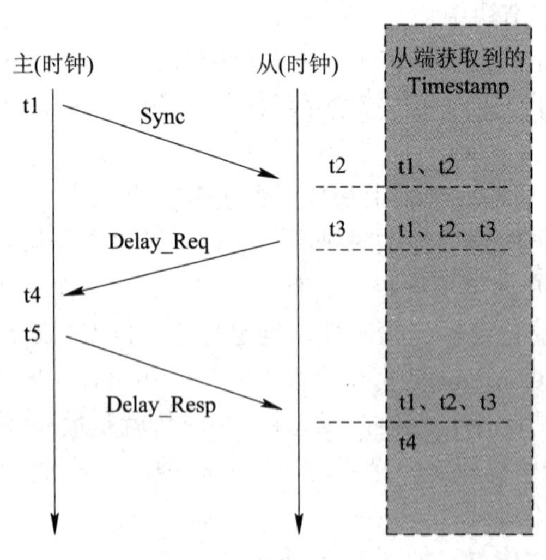

图 3-60 1588 方式下的延时测量

3.3.3 分组设备时钟源配置

稳定的时钟是网元正常工作的基础，在配置业务之前，必须为所有网元配置时钟。而时钟源用来协调网元各部分之间、上游和下游网元之间同步工作，为网元的各功能模块、各芯片提供稳定、精确的工作频率，使业务能正确、有序地传送。这对网络设备同步是非常重要的。

在网络中保持各个网元的时钟尽量同步是极其重要的。各个网元通过一定的时钟同步路径跟踪到同一个基准时钟源，从而实现整个网络的同步。通常一个网元获得基准时钟源的路径并非只有一条。如图 3-61 所示，NE3 既可以跟踪 NE2 方向的时钟，也可以跟踪 NE4 方向的时钟，这两个时钟源都来源于同一个基准时钟源。

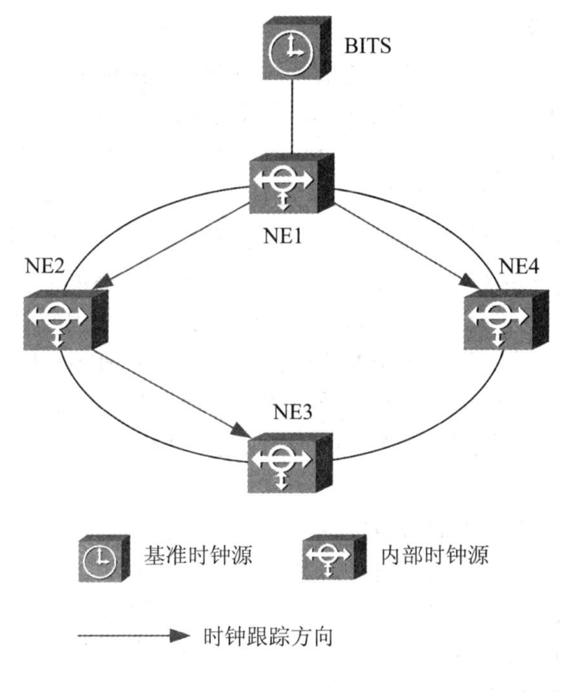

图 3-61　时钟同步

1. 时钟源基础

1) 网元时钟源的种类

时钟源有以下四种定时方式：

(1) 外部时钟源：从网元的外时钟接口提取的 2M 定时信号。

(2) 线路时钟源：从线路板接收到的信号中提取的定时信号。

(3) 支路时钟源：从支路板或以太网板接收到的信号中提取的定时信号。

(4) 内部定时源：设备内部晶振产生的定时源，以便在外部源丢失时可以使用内部自身的定时源。

2) 网元时钟源的优先级

优先级是网元设备在不启动 SSM 协议时，时钟源选择和倒换的主要依据。每一个时钟源都被赋予一个唯一的优先级。网元设备在所有存在的时钟源中选择优先级最高的时钟源作为跟踪源。外部时钟源的优先级最高，内部定时源的优先级最低。时钟源优先级协议如图 3-62 所示。

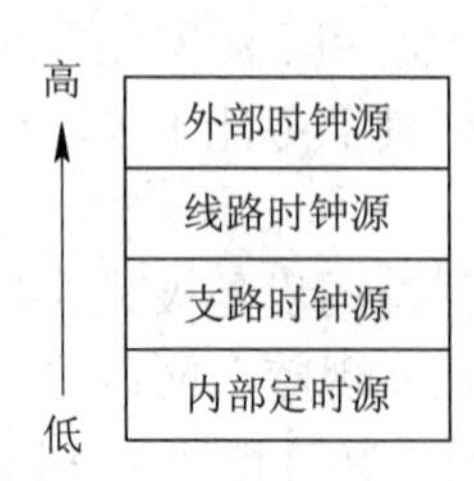

图 3-62 时钟源优先级协议

3) 协议和时钟源 ID

标准 SSM 协议是网络进行同步管理的一种机制，装载 S1 字节的 1～4 位比特中，它允许在节点之间交换时钟源的质量信息。SSM 确保设备自动选择质量最高且优先级最高的时钟源，防止产生时钟互锁。标准 SSM 协议可用于同其他厂家的设备对接。

扩展 SSM 协议是在标准 SSM 的基础上提出了时钟源 ID 的概念，利用 S1 字节的 5～8 位比特，为时钟源定义唯一的 ID，并随 SSM 一起传送。节点接收到 S1 字节后，检验位于高 4 位的时钟源 ID 是否是本站发出的，若是，则认为该源不可用。

时钟 ID 取值为 0x1～0xf。ID 为 0 时表示时钟 ID 无效，因此时钟源不设置 ID 时，时钟 ID 默认值为 0。在网元启动扩展 SSM 协议时，网元不选择 ID 为 0 的时钟源作为当前时钟源。时钟源 ID 的最基本作用是区别本节点的定时信息和其他节点的定时信息，防止跟踪本节点发送的相反方向定时信号而导致全网构成定时环路。

时钟 ID 的设置原则如下：

(1) 外接的 BITS 都需分配时钟 ID。

(2) 有外接 BITS 节点，其内部时钟源都需分配时钟 ID。

(3) 由链或环网进入另一环网的节点，其内部时钟源都需分配时钟 ID。

(4) 由链或环网进入另一环网的节点，时钟跟踪级别有优先级较高的线路时钟源时，此进入另一环的线路时钟源应分配时钟 ID。

2. 时钟源设置

1) 网元时钟源配置

在配置业务之前，必须配置网元的时钟源并指定其优先级别，以保证网络中所有网元能够建立合理的时钟跟踪关系。

(1) 在拓扑视图中选择左侧对象树中需要设置时钟源的网元。

(2) 单击“设备管理”→“时钟源配置”菜单项，弹出时钟源配置对话框。

(3) 在操作树中选择“时钟源配置”，单击“时钟源配置”页签。

(4) 单击“增加”按钮，在时钟源列表中增加一条待配置时钟源。

(5) 单击时钟源类型列表，选择时钟源并设置相关参数，如图 3-63 所示。

优先级	时钟源类型	时钟源资源	SSM类型	质量等级	外时钟模式	外时钟是否成帧
1	外时钟	SMB[0-1-1]-11	☑ 自动SSM	--	--	☑ 自动SSM
2	内时钟	--	--	--	--	--

图 3-63 网元时钟源设置

(6) 选中列表内的时钟源，单击“上移”或“下移”按钮调整其优先级，排在最上方的时钟源作为网元的首选时钟。

(7) 单击“应用”按钮。

(8) 在弹出的确认对话框中单击“是”按钮。

2) 配置 GPS 参数

(1) 在拓扑视图中，选择左侧对象树中需要设置时钟源的网元。

(2) 单击“设备管理”→“时钟源配置”菜单项，弹出时钟源配置对话框。

(3) 单击 GPS 参数配置页签，如图 3-64 所示。

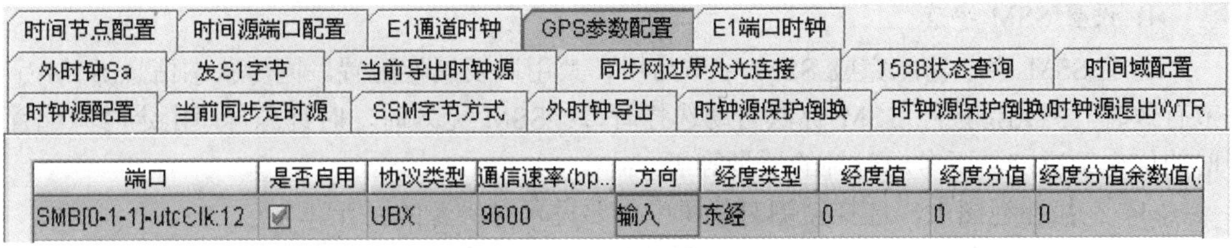

时间节点配置 | 时间源端口配置 | E1通道时钟 | GPS参数配置 | E1端口时钟
外时钟Sa | 发S1字节 | 当前导出时钟源 | 同步网边界处光连接 | 1588状态查询 | 时间域配置
时钟源配置 | 当前同步定时源 | SSM字节方式 | 外时钟导出 | 时钟源保护倒换 | 时钟源保护倒换/时钟源退出WTR

端口	是否启用	协议类型	通信速率(bp...	方向	经度类型	经度值	经度分值	经度分值余数值(.
SMB[0-1-1]-utcClk:12	☑	UBX	9600	输入	东经	0	0	0

图 3-64　GPS 参数配置

(4) 如表 3-2 所示，设置各属性值。

表 3-2　GPS 参数配置列表

属　性	说　　明
端口	列出设备 GPS 端口，各配置属性与端口一一对应
是否启用	配置是否启用 GPS，缺省为不启用
协议类型	配置 GPS 协议类型。 可选 NMEA、UBX、CMTOD。 缺省为 UBX
通信速率	配置 GPS 端口 TOD 通信速率。 可选 4800、9600、19 200、38 400，单位为 b/s
方向	配置 GPS 端口为输出还是输入
输出使能	配置 GPS 端口 1pps 输出使能
输入补偿	配置 GPS 输入延时补偿。 范围为 0～65 535，缺省值为 0，单位为 ns
输出补偿	配置 GPS 输出延时补偿。 范围为 0～65 535，缺省值为 0，单位为 ns
UTC 和 TAI 的时间偏差	配置 TAI 和 UTC 的时间偏差。 范围为 0～255，缺省值为 33
是否发送时间状态信息	配置是否发送 GPS 状态信息
是否支持单星授时	暂时使用，使用默认值
单星授时坐标	暂时使用，使用默认值

(5) 单击“应用”按钮，下发配置。

3) 查询时钟同步状态

若网络中的各网元时钟不同步，网元会产生指针调整、误码甚至业务中断，通过网管查询时钟同步状态，可以了解和监控网元时钟的同步状态。

(1) 在拓扑视图中，选择左侧对象树中需要查询的网元。

(2) 单击“设备管理”→“时钟源配置”菜单项，弹出时钟源配置对话框。

(3) 在操作对象树中，选择“时钟源配置”。

(4) 单击当前同步定时源页签。

(5) 单击“刷新”按钮。

4) 设置SSM字节

通过SSM字节功能完成SSM字节启用、禁用以及属性配置。同步状态信息(SSM)字节有效时，网元将按照SSM算法自动选择时钟；SSM无效时，时钟源排序由定时源配置时的优先级决定，不考虑时钟的质量等级。

(1) 在拓扑视图中，选择左侧对象树中需要设置时钟源的网元。

(2) 单击“设备管理”→“时钟源配置”菜单项，弹出时钟源配置对话框。

(3) 在操作树中选择“时钟源配置”，单击“SSM字节方式”页签。

(4) 设置SSM使用方式、ID保护方式和自振质量等级等相关参数，如图3-65所示。

属性名字	属性值
SSM使用方式	自定义方式一
时钟ID	1
ID保护方式	不保护
自振质量等级	G.811时钟信号PRC（等级最高）
质量等级未知	□ 启用
节点钟网元	□ 是
时钟源质量等级下限	--

图3-65 设置SSM字节

(5) 单击“应用”按钮下发配置即可。

(6) 在弹出的对话框中选择“是”。

5) 配置外时钟导出

介绍查询网管数据库侧的外时钟导出配置，以及网元输出外时钟的创建、删除和修改操作。

(1) 在拓扑视图中，选择左侧对象树中需要设置时钟源的网元。

(2) 单击“设备管理”→“时钟源配置”菜单项，弹出时钟源配置对话框。

(3) 在操作树中选择“时钟源配置”，单击外时钟导出页签。

(4) 使能外时钟导出功能，选择待外时钟导出端口的“是否导出”为“是”。

(5) 单击“增加”按钮，在待导出时钟源列表中新建一条时钟源，如图3-66所示。

(6) 选择时钟源并设置相关参数。

(7) 选中列表中待导出的外时钟源，单击“上移”或“下移”按钮调整其优先级，将排在最上方的时钟源作为网元的首选导出外时钟。

(8) 单击“应用”按钮。

(9) 在弹出的确认对话框中单击“确定”按钮。

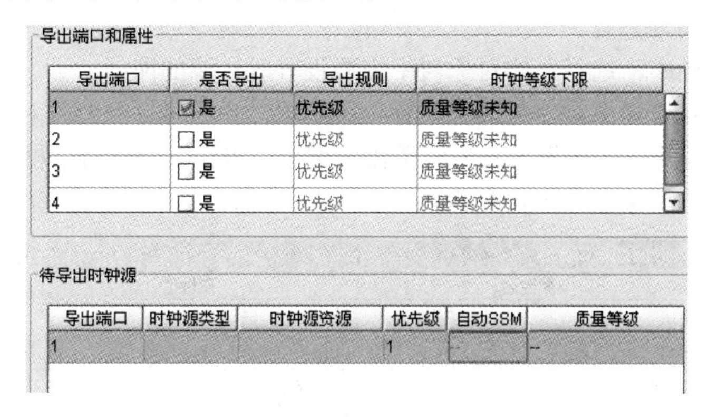

图 3-66　配置外时钟导出

6) 配置 1588 时钟源

(1) 配置时间域。

① 在拓扑视图中，选择左侧对象树中需要设置时钟源的网元。

② 单击“设备管理”→“时钟源配置”菜单项，弹出时钟源配置对话框。

③ 单击“时间域配置”页签，如图 3-67 所示。

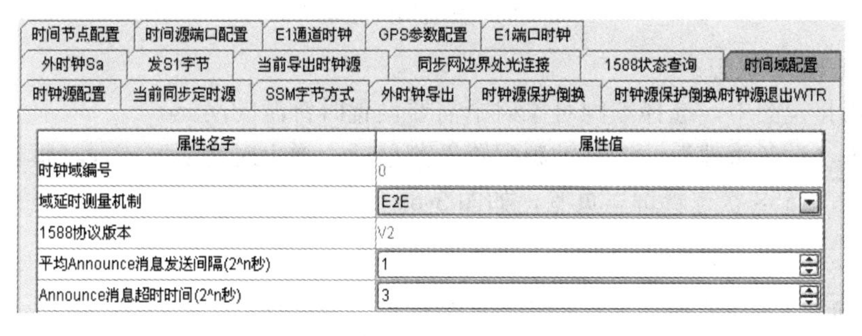

图 3-67　配置 1588 时间域

④ 如表 3-3 所示，设置各属性值。

表 3-3　1588 时间域属性值

属　性	说　　明
域延时测量机制	设置 PTP 域延时机制。 可选： E2E：End-to-End 延时机制 P2P：Peer-to-Peer 延时机制 缺省为 E2E 延时机制
平均 Announce 消息发送间隔	设置 Announce 消息发送频率。 单位为 2^n 秒，范围为−4～4，默认值为 1。例如，输入 1，则实际 Announce 消息发送时间间隔为 2 秒(2^1)
Announce 消息超时倍数	设置 Announce 消息等待超时限制，配置的数值为通告消息间隔的倍数。 范围为 2～10，默认值为 3

⑤ 单击“应用”按钮，下发配置。

(2) 配置时钟源端口。

① 在拓扑视图中，选择左侧对象树中需要设置时钟源的网元。

② 单击“设备管理”→“时钟源配置”菜单项，弹出时钟源配置对话框。

③ 单击“时间源端口配置”页签，单击“增加”按钮，弹出对话框，如图 3-68 所示。

④ 单击“应用”按钮，下发配置。

时间源端口配置

属性名	属性值
启用	☑
端口	ME{10}PTP{/r=0/sh=1/sl=1/p=1_1}
人工强制指定状态	Passive
跨域	☐
Sync发送间隔(2^n秒)	0
pdelay消息发送间隔(2^n秒)	1
平均pdelay消息发送间隔(2^n秒)	0
非对称偏差值	0
1588协议包格式	1588OverETH
源IP地址	

图 3-68　配置时钟元端口

(3) 查询 1588 状态。

① 在拓扑视图中，选择左侧对象树中需要设置时钟源的网元。

② 单击“设备管理”→“时钟源配置”菜单项，弹出时钟源配置对话框。

③ 单击“1588 状态查询”页签，如图 3-69 所示。

④ 单击“刷新”按钮。

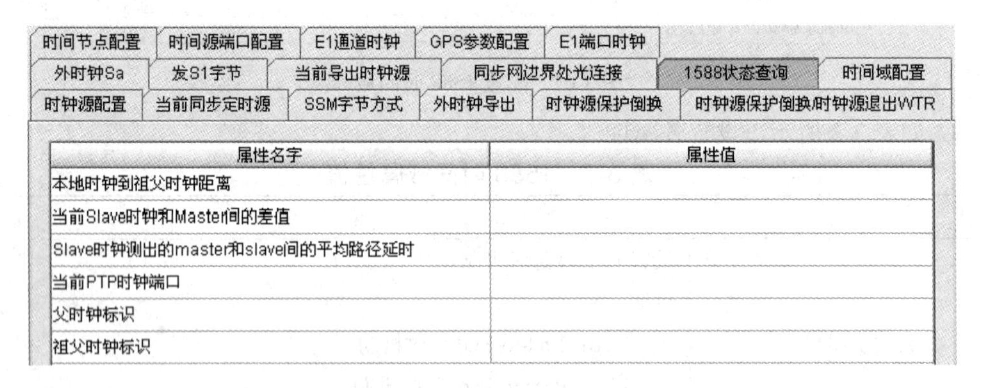

属性名字	属性值
本地时钟到祖父时钟距离	
当前Slave时钟和Master间的差值	
Slave时钟测出的master和slave间的平均路径延时	
当前PTP时钟端口	
父时钟标识	
祖父时钟标识	

图 3-69　时钟源端口状态查询

3.3.4　分组设备时钟源保护配置

1. 时钟保护

1) 时钟保护原理

当网络发生光路中断或节点失效等业务自愈倒换，选择备用路由实现保护时，同步定时也需要选择新的路由以实现全网尽量继续跟踪基准主定时的过程。时钟保护就是当全网其中一个时钟基准源失效时，全网会选择新的路由跟踪另一个时钟基准源的过程。

如图3-70所示，网元NE3跟踪NE2时钟。如果NE2与NE3之间的光纤中断，时钟丢失，NE3能自动倒换，去跟踪NE4的时钟。当时钟业务自愈倒换发生时，所倒换的时钟源可能与网元先前跟踪的时钟源都源于同一个基准时钟源或另一个质量稍差的基准时钟源(例如备用BITS)。

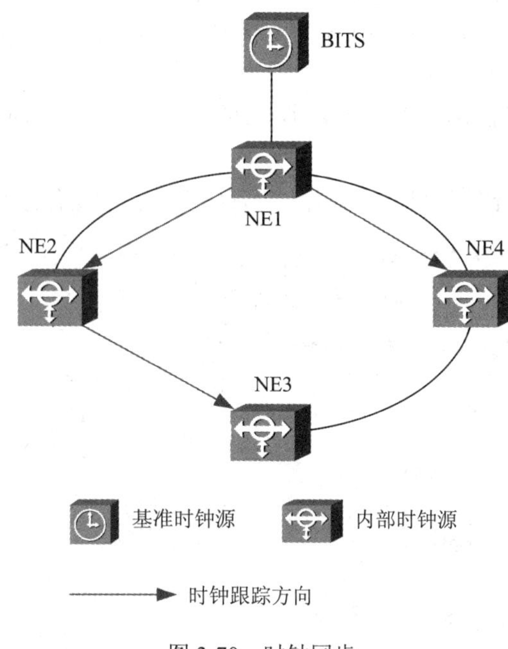

图3-70　时钟同步

2) 时钟保护倒换的基本原则

配置了时钟源优先级别后，网元首先选择质量级别最高的时钟作为同步源，并将此同步源信息(即S1字节)传递给下游网元。

如果存在相同质量级别的多个时钟源，则选择优先级最高的，并将此同步源信息(即S1字节)传递给下游网元。

若网元B当前跟踪的时钟同步源是网元A的时钟，则网元B的时钟对于网元A来说为不可用同步源。

如果启动了时钟ID，那么网元不选择与本网元时钟ID相同的时钟作为同步源，也不选用时钟ID为0的时钟作为同步源。

在设置完网元的时钟源并指定时钟优先级之后，启用SSM协议可以避免网元跟踪错误的时钟源，为时钟提供保护。

3) 倒换状态

倒换状态包括保护闭锁、强制倒换、人工倒换和清除。

(1) 保护闭锁：拒绝保护时钟板的接入。

(2) 强制倒换：除非有一个相等或者更高优先级别的倒换指令生效，否则不论倒换时钟板是否有故障，系统都将倒换到保护时钟板。

(3) 人工倒换：除非有一个相等或者更高优先级别的倒换指令生效，或者倒换时钟板故障，否则根据要求倒换到保护时钟板。

(4) 清除：清除所有外部倒换控制指令。

2. 配置时钟源保护

1) 配置时钟源保护倒换及闭锁

(1) 在拓扑视图中，选择左侧对象树中需要查询的网元。

(2) 单击“设备管理”→“时钟源配置”菜单项，弹出时钟源配置对话框。

(3) 设置时钟源保护倒换状态。

(4) 单击“时钟源保护倒换”及“时钟源闭锁”页签，选择时钟源和倒换方式，如图3-71所示。

(5) 单击“应用”按钮下发配置，弹出提示对话框提示操作成功。

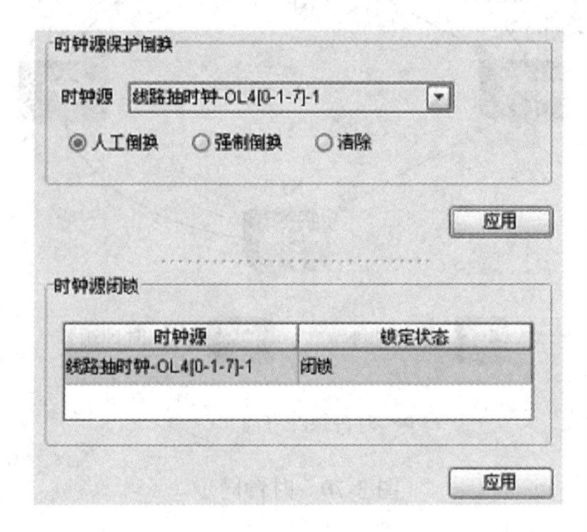

图3-71　设置时钟源保护倒换状态

(6) 设置时钟源闭锁。

选择时钟源闭锁区域中的项，选择锁定状态：闭锁或清除闭锁。

单击“应用”按钮下发配置，弹出提示对话框提示操作成功和设置时钟源保护倒换成功。

(7) 单击“关闭”按钮完成操作。

2) 设置时钟源倒换恢复

查询和设置时钟源的保护倒换的恢复参数。当高优先级时钟源发生故障时，倒换到备用低优先级时钟源，当高优先级时钟源故障排除后，并不马上倒换回高优先级时钟源，而是进入等待恢复状态，在等待恢复时间过后才倒换到高优先级时钟源。

(1) 在拓扑视图中，选择左侧对象树中需要设置时钟源的网元。

(2) 单击“设备管理”→“时钟源配置”菜单项，弹出时钟源配置对话框。

(3) 在操作树中选择“时钟源配置”，单击“时钟源保护倒换恢复设置”页签。

(4) 设置时钟源的倒换恢复时间和清除等待恢复状态的属性，如图3-72所示。

(5) 单击“应用”按钮下发配置。

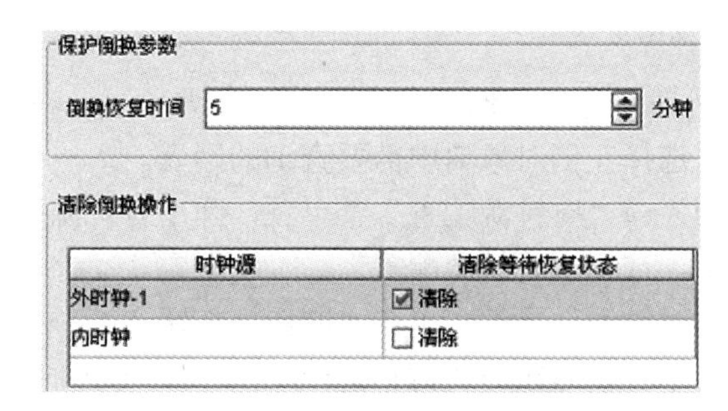

图 3-72 设置时钟源倒换恢复

3) 设置外时钟 Sa

当输入、输出的外时钟为 2 Mb/s 时，外时钟成帧，Sa 字节是 2 Mb/s 时钟信号中的 SSM 状态字节。设置外时钟 Sa 用于配置外时钟 Sa 的收、发字节位置，即设置外时钟 Sa 字节的位置。

(1) 在拓扑视图中，选择左侧对象树中需要设置时钟源的网元。

(2) 单击“设备管理”→“时钟源配置”菜单项，弹出时钟源配置对话框。

(3) 在操作树中选择“时钟源配置”，单击“外时钟 Sa”页签。

(4) 设置收发激发 Sa 字节值，即输入外时钟、输出外时钟的 Sa 字节位置，如图 3-73 所示。

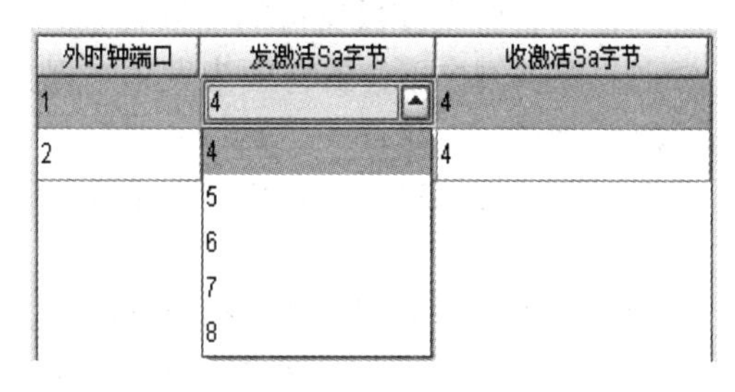

图 3-73 设置外时钟 Sa

(5) 单击“应用”按钮下发配置。

4) 设置 S1 字节发送值

用户对光板的端口设置 S1 开销字节，强制发送一个值，提供给远端时钟源使用。如果不强制，那么从这个端口向网络发送的是 SSM 协议功能自动给出的 S1 值。

(1) 在拓扑视图中，选择左侧对象树中需要设置时钟源的网元。

(2) 单击“设备管理”→“时钟源配置”菜单项，弹出时钟源配置对话框。

(3) 单击“发 S1 字节”页签。

(4) 如表 3-4 所示，设置 S1 字节值。

表 3-4 S1 字节设置属性值

属 性	说 明
发送端口	列出本网元所配光板的所有端口，每个端口的 S1 值可分别设置
SSM 使能	支持：表示该端口支持 SSM 字节功能 不支持：表示该端口不支持 SSM 字节功能
强制设置	勾选：表示强制设置该端口 S1 字节值，此时 S1 字节值可以设置 不勾选：表示不强制设置，此时不能修改 S1 字节值
S1 字节值	范围为 0x00～FF，缺省值为 F

(5) 单击“应用”按钮，下发配置。

5) 查询当前导出时钟源

查询由网元上报的外时钟导出状态。

(1) 在拓扑视图中，选择左侧对象树中需要查询的网元。

(2) 单击“设备管理”→“时钟源配置”菜单项，弹出时钟源配置对话框。

(3) 在操作对象树中，选择“时钟源配置”。

(4) 单击“当前导出时钟源”页签，单击“刷新”按钮。

(5) 结果：页签中显示当前导出时钟源信息(导出端口、导出时钟源、导出状态、质量等级、导出规则)。

习　题

一、填空题

1．网管中主控板支持的倒换有_____、_____、____、保护锁定。

2．保护倒换事件告警因为发生在保护组倒换的一瞬间，不是持续告警，因此告警出现后就转入到_____里面。

3．大部分 3G 标准及 4G 网络都对同步有相当的要求，此同步包括________和_________。

4．对于 U31 网管，有两种安装模式，一种是典型安装，即_________；另一种是定制安装，即___________。要登录 U31 网管软件，首先需要启动________。

二、简答题

1．简述 Netnumen N31 网管由几部分组成及各部分的功能。

2．为什么在启用 PTN 网管之前需要先导入设备开局脚本？

3．为什么传输网络设备需要配置时钟？

4．PTN 设备获取时钟源的方式有哪些？

5．时钟保护倒换的基本原则有哪些？

6．网元工作时，时钟有哪几种工作模式？

第 4 章　分组传送网业务开通

本章以分组传送网多种业务配置为依托，介绍了 MPLS-TP 分组转发技术、PWE3 伪线仿真技术的基本原理，并以 ZXCTN 设备为例，详细介绍分组传送网隧道和伪线的基础配置过程，以及 TDME1 业务、ATM 业务和以太网多种业务的开通配置过程。

4.1　分组传送网 TMP 隧道配置

在 PTN 网络中可以灵活方便快捷地建立基于端到端的隧道，通过隧道，承载 CE 端各种二层、三层业务，隧道通过 MPLS-TP 分组转发技术标签交换来实现。

4.1.1　MPLS-TP 分组转发技术

Internet 的网络规模和用户数量迅猛发展，如何进一步扩展网上运行的业务种类和提高网络的服务质量是人们最关心的问题。由于 IP 协议是无连接协议，Internet 网络中没有服务质量的概念，不能保证有足够的吞吐量和符合要求的传送时延，只是尽最大的努力(Best-effort)来满足用户的需要，所以如果不采取新的方法改善网络环境，就无法大规模发展新业务。

在现有的网络技术中，从支持 QoS 的角度来看，ATM 作为继 IP 之后迅速发展起来的一种快速分组交换技术，其具有得天独厚的技术优势。因此，ATM 曾一度被认为是一种处处适用的技术，人们最终将建立通过网络核心便可到达另一个桌面终端的纯 ATM 网络。但是，实践证明这种想法是错误的。首先，纯 ATM 网络的实现过于复杂，导致应用价格高，难以为大众所接受。其次，在网络发展的同时，相应的业务开发没有跟上，导致目前 ATM 的发展举步维艰。最后，虽然 ATM 交换机作为网络的骨干节点已经被广泛使用，但 ATM 信元到桌面的业务发展却十分缓慢。

传统 IP 转发的特点是：IP 通信是基于逐跳的方式，转发报文时依照最长匹配原则，网络设备需要知道全网路由，没有则无法转发该网段报文，QoS 无法得到有力保障。

ATM 转发的特点是：链路层选路，使用 VPI/VCI 便于硬件交换，面向连接，提供 QoS 保证，具有流量控制措施，支持多种业务类型，如实时业务。

由于 IP 技术和 ATM 技术在各自的发展领域中都遇到了实际困难，彼此都需要借助对方以求得进一步发展，所以这两种技术的结合有着必然性。MPLS 多协议标签交换技术就是为了综合利用网络核心的交换技术和网络边缘的 IP 路由技术各自的优点而产生的。

1. MPLS 多协议标签交换

1) MPLS 的概念

MPLS(Multi-Protocol Label Switching，多协议标签交换)是一种可提供高性价比和多业务能力的交换技术，它解决了传统 IP 分组交换的局限性。采用 MPLS 技术可以提供灵活的流量工程、虚拟专网等业务。同时，MPLS 也是能够完成涉及多层网络集成控制与管理的技术。

MPLS 为每个 IP 数据包提供一个标签，并由此决定数据包的路径以及优先级。其核心是标签的语义、基于标签的转发方法和标签的分配方法。

MPLS 协议的特点就是使用标签交换(Label Switching)，网络路由器只需要判别标签后即可进行转送处理，并且 MPLS 支持任意的网络层协议及数据链路层协议。

MPLS 技术具有如下特点：

(1) MPLS 为 IP 网络提供面向连接的服务。

(2) 通过集成链路层(ATM、帧中继)与网络层路由技术，解决了 Internet 扩展、保证 IP QoS 传输的问题，提供了高服务质量的 Internet 服务。

(3) 通过短小固定的标签，采用精确匹配寻径方式取代传统路由器的最长匹配寻径方式，提供高速率的 IP 转发。

(4) 在提供 IP 业务的同时，提供高可靠性和 QoS 保证。

(5) 利用显式路由功能，同时通过带有 QoS 参数的信令协议建立受限标签交换路径(CR-LSP)，因而能够有效地实施流量工程。

(6) 利用标签嵌套技术 MPLS 能很好地支持 VPN。

2) MPLS 的转发机制

下面比较一下 IP 与 MPLS 转发的区别。传统的 IP 转发是这样的：假如你有一天突发奇想要开车去远方的城市，需要一张高速公路网，虽然你并不清楚具体路线应该怎么走，但你还是勇敢地上路了。你把车开到了离你最近的一个收费站，收费站工作人员问：“你要去哪里?”你告诉他后，他拿出一张地图看了看，说：“往左边第一条高速公路走最快。”然后你按他说的路线走到下一个收费站，下一个收费站工作人员同样询问你要去的地方并指示方向，这样一路下去最终你就能够到达想去的地方。

MPLS 转发的机制有点不一样：同样的，假如你要开车去远方，到了第一个收费站，工作人员问：“你要去哪里?”你告诉他后，他通过系统确认了整条线路，然后给你发了一张交通卡，以后你经过每个收费站时，只需要刷卡换卡就会自动指示你要去的方向，一路上的其他收费站不需要询问你去哪里，也不需要查地图，直到最后一个收费站会将你的卡回收。

IP 的逐跳转发，在经过的每一跳处，必须进行路由表的最长匹配查找(可能多次)，速度缓慢。MPLS 的标签转发，通过事先分配好的标签，为报文建立了一条标签转发路径(LSP)，在通道经过的每一台设备处，只需要进行快速的标签交换即可(一次查找)。可以看出，这种方式比传统的工作方式更加有效，这是 MPLS 的第一个优点。事实上，发明 MPLS 的初衷就是为了提高路由器的转发速度，但随着 IP 应用的发展，人们发现和挖掘了 MPLS 的其他优点，使 MPLS 技术成为各种 IP 承载网和传送网络不可或缺的核心技术之一。随着网络技术的迅速发展，MPLS 也逐步转向了 MPLS-TP。

3) MPLS 的相关术语

在 MPLS 的世界中有几个关键词：LER(Label Switching Edge Router，标签交换边缘路由器)，LER 包括“Ingress LER”(入口 LER)和“Egress LER”(出口 LER)两种，还有 LSR(Label Switching Router，标签交换路由器)、Label(标签)、LSP(Label Switching Path，标签交换路

径)、FEC(Forwarding Equivalence Class，转发等价类)。图 4-1 为 MPLS 拓扑图。

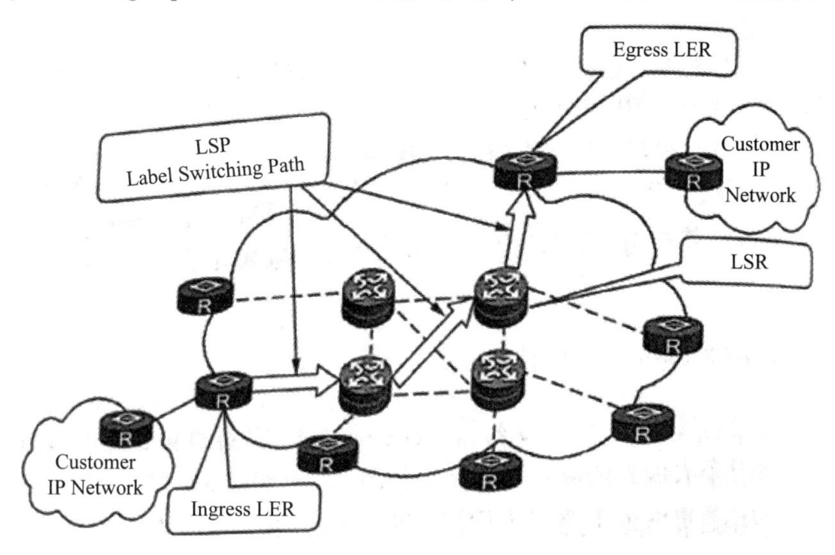

图 4-1　MPLS 拓扑结构

根据前文所述，LER 相当于入口的收费站和出口收费站，LSR 相当于中间刷卡换卡的收费站，标签相当于在入口收费站处发的交通卡，LSP 相当于事先查好的行车路线，而 FEC 则相当于针对每个收费站而言需要发同样交通卡的一大群驾驶人。

(1) Label(标签)。

MPLS 标签是一个比较短的，具有 20 比特长度，范围在 0～1 048 575 之间的整数，是通常只具有局部意义的标识，这些标签通常位于数据链路层的二层封装头和三层数据包之间，因此也常认为 MPLS 是 2.5 层。标签通过绑定过程同 FEC(转发等价类)相映射。

MPLS 标签封装于数据链路层分组头之后，所有网络层分组头之前。每个 MPLS 报文头部结构如图 4-2 所示。

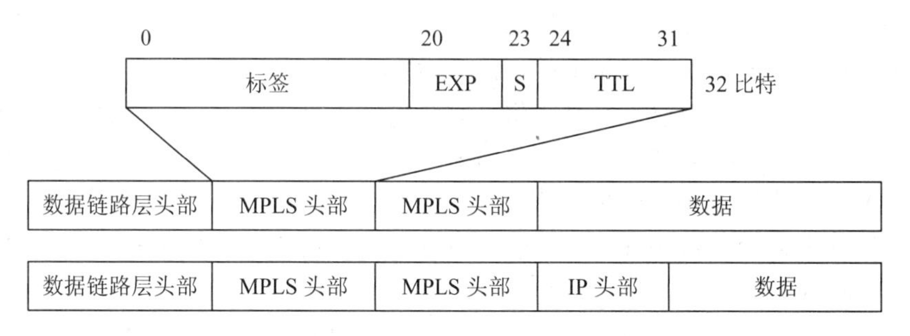

图 4-2　MPLS 报文头结构

① 标签(Label Value)：该字段为 20 bit，包含标记的实际值。

② 试验使用(EXP)：该字段为 3 bit，协议中没有明确规定，通常作 CoS(Class of Service，服务等级)使用。

③ 栈底标志(S)：该位置为“1”，表示相应的标记是标记栈中的最后一个条目(栈底)；置“0”表示除栈底标记之外的所有其他标记栈条目。表明 MPLS 支持标签的分层结构，即多重标签可以实现嵌套。

④ 生存期(TTL)：该字段为 8 bit，用于生存时间值的编码，和 IP 分组中的 TTL 意义相同，可以用来防止环路。

MPLS 支持多种数据链路层协议，标记栈都封装在数据链路层信息之后，三层数据之前，只是每种协议对 MPLS 协议定义的协议号不同。

二层若依然为以太网封装，那么类型号将变为 0x8847(单播)和 0x8848(组播)，来标识承载的是 MPLS 报文。

MPLS 网络可以对报文嵌套多个标签。从理论上讲支持无限制的标签嵌套，从而提供无限的业务支持能力。

(2) 标签嵌套。

分组在超过一层的 LSP 隧道中传送，就会有标签嵌套的情况。在每一层隧道的入口和出口，进行标签的压栈和出栈操作，标签按后进先出的原则进行，每次处理顶层标签。如图 4-3 所示，一条 LSP 的路径为 R1—R2—R3—R4，R2 和 R3 在物理拓扑上存在 R21、R22，但是 R2 和 R3 在逻辑上是“邻居”关系，则可以建立在 LSP(R2—R21—R22—R3)为 R2 到 R3 的隧道上，当分组报文从 R2 到 R3 时，先进行标签交换，然后进行标签压栈(将 LSP 隧道的标签添加进去)，在 R21、R22 只根据隧道标签进行交换，在 R3 则先弹出隧道标签再进行内层标签的交换。

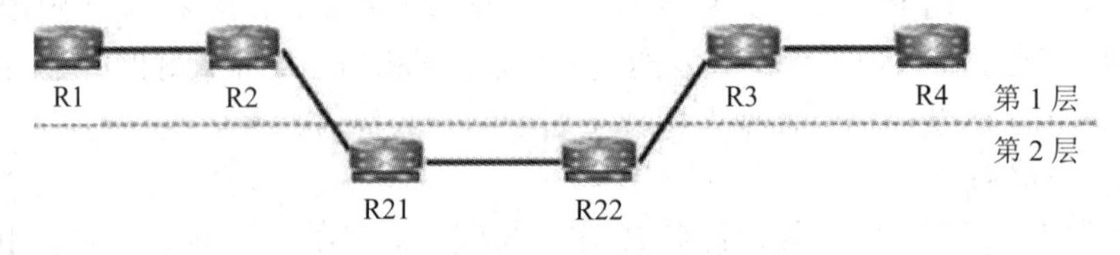

图 4-3 标签嵌套

当报文被打上多个标签时，LSR 对其进行后进先出的操作，即 LSR 仅根据最顶部的标签进行转发判断，而不查看内部标签。

正因为 MPLS 提供了标签嵌套技术，因此可应用于各种业务当中。如 MPLS VPN、流量工程等都是基于多层标签嵌套实现的。

(3) FEC(Forwarding Equivalence Class，转发等价类)。

MPLS 实际是一种分类转发技术，将具有相同转发处理方式(目的地相同、转发路径相同、服务等级相同等)的分组归为一类，就是转发等价类。例如，在传统的最长匹配算法的 IP 转发中，到同一个目的地址的所有报文是一个转发等价类。

属于相同转发等价类的分组在 MPLS 网络中将获得完全相同的处理。在 LDP(Label Distribution Protocol，标签分发协议)的标签绑定(Label binding)过程中，各种转发等价类将对应于不同的标签，在 MPLS 网络中，各个节点将通过分组的标签来识别分组所属的转发等价类。

如图 4-4 所示，当源地址相同、目的地址不同的两个分组进入 MPLS 网络时，MPLS 网络根据 FEC 对这两个分组进行判断，发现是不同的 FEC 则使用不同的处理方式(包括路径、资源预留等)时，则在入口节点处将其分归为不同类，打上不同的标签，送入 MPLS 网络。MPLS 网络内部的节点将只依据标签对分组进行转发。当这两个分组离开网络时，出口节点负责去掉标签，此后，两个分组将按照所进入的网络的要求进行转发。

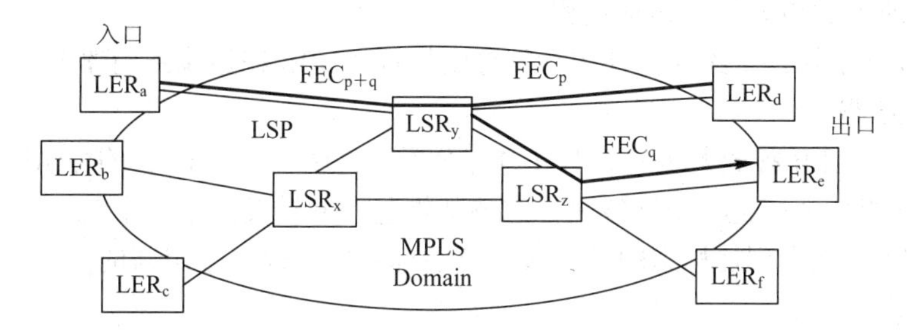

图 4-4　转发等价类 FEC

(4) LSP(Label Switching Path，标签交换路径)。

LSP 是 MPLS 网络为具有一些共同特性的分组通过网络而选定的一条通路，由入口的边界 LER、一系列的主干 LSR 和出口的 LER 以及它们之间由标记所标识的逻辑信道组成。

(5) LDP(Label Distribution Protocol，标记分发协议)。

LDP 是 MPLS 的控制协议，用于分配标签，完成 LSP 的建立、维护和拆除等功能。

(6) LSR(Label Switching Router，标签交换路由器)。

LSR 是 MPLS 的网络的核心路由器，它提供标签交换和标签分发功能。

(7) LER(Label Switching Edge Router，标签交换边缘路由器)。

对于入口的 IP 分组，LER 要进行分类，确定相应的服务类型，形成不同的转发等价类 FEC；发起 LSP 的建立请求，并为 IP 分组加上相应的标记。对于出口的标记分组，LER 负责删除标记，恢复成 IP 分组，并转发至相应的目的 IP 子网。

4) MPLS 的工作过程

MPLS 把路由选择和数据转发分开，由标签来规定一个分组通过网络的路径。

MPLS 的工作原理如图 4-5 所示，即在 MPLS 域外采用传统的 IP 转发方式，在 MPLS 域内按照标签交换方式转发，无需查找 IP 信息。在运营 MPLS 的网络内(即 MPLS 域内)，路由器之间运行 MPLS 标签分发协议， MPLS 域内的各设备都分配到相应的标签。

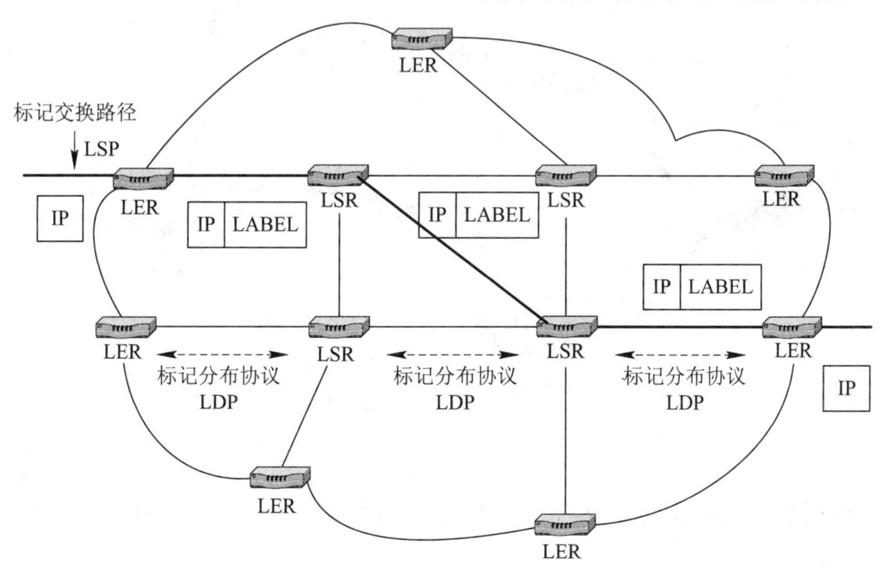

图 4-5　MPLS 的工作原理

IP数据包通过MPLS域的传播过程如下：

(1) MPLS域中的各个路由器使用标记分配协议(LDP)，在边缘路由器LER之间建立标记交换路径(虚通路)。

(2) 入口边界LER接收数据包，对其进行分类，将属于不同FEC的分组映射成不同的LSP。然后为分组加上标记，用标签来标志该数据包，并转发到下一个LSR。

(3) 主干LSR接收到被标志的数据包，查找标签转发表，使用新的出站标签代替输入数据包中的标签。

(4) 出口边界LER接收到该标签数据包，它删除标签，对IP数据包执行传统的第三层查找。

5) MPLS基本交换原理

MPLS交换采用面向连接的工作方式，信息传送要经过以下三个阶段：

(1) 建立连接。对于MPLS来说，建立连接就是形成标记交换路径LSP的过程。

(2) 数据传输。数据传输就是数据分组沿LSP进行转发的过程。

(3) 拆除连接。拆除连接就是通信结束或发生故障异常时释放LSP的过程。

6) 标签交换路径LSP的建立

(1) LSP的建立过程。

在MPLS网络中标签交换路径LSP的形成分为三个过程：

第一个过程：网络启动之后在路由协议(如BGP、OSPF、IS-IS等)的作用下，各个节点建立自己的路由表，如图4-6所示，RA、RB、RC三台路由器上都学习到边缘网络的路由信息47.1.0.0/16、47.2.0.0/16和47.3.0.0/16。

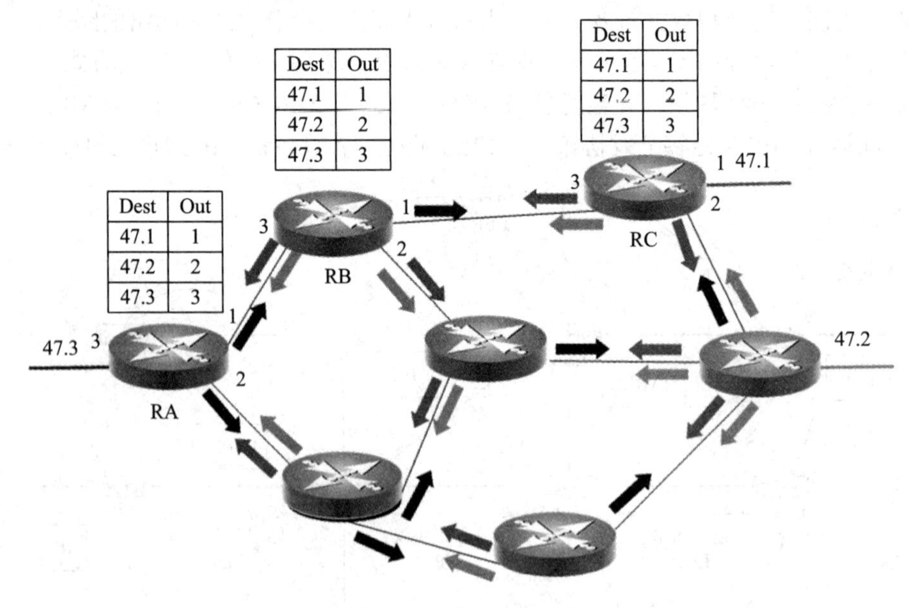

图 4-6 路由表的形成

第二个过程：根据路由表，各个节点在LDP的控制下建立标签交换转发信息库LIB，如图4-7所示。

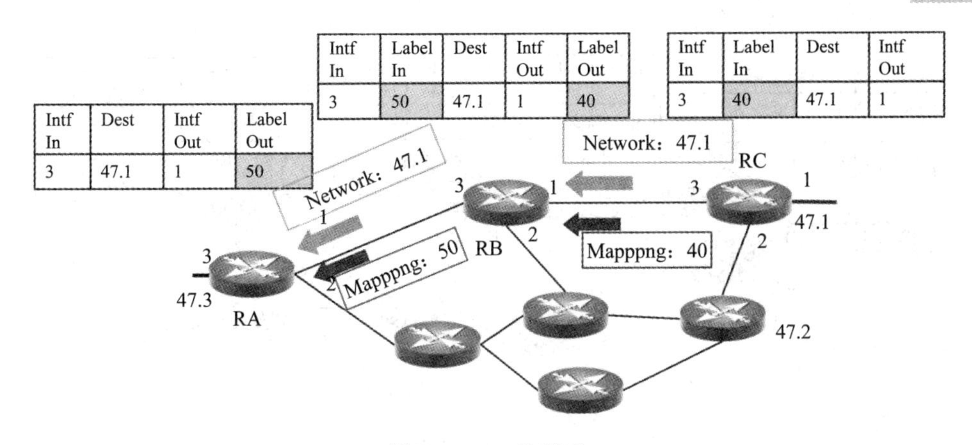

图 4-7　LIB 的形成

为便于说明，称相对于一个报文转发过程的发送方的路由器是上游 LSR，接收方是下游 LSR。在 MPLS 体系中，将特定的标签分配给特定的 FEC(即标签绑定)的决定由下游 LSR 做出，下游 LSR 随后通知上游 LSR。即标签由下游制定，分配的标签按照从下游到上游的方向分发。这里要注意，分配标签的方向和数据转发的方向是相反的，先从下游往上游分发标签，标签分配好，再将数据包打上分配好的标签从上游往下游发。

如图 4-7 所示，路由器 RC 为 47.1.0.0/16 网段的出口 LSR 随机分配标签“40”，发送给上游邻居 RB，并记录在标签交换转发数据库 LIB 中。当路由器 RC 收到标记“40”的报文时就知道这是发送给 47.1.0.0/16 网段的信息。

当路由器 RB 收到 RC 发送的关于 47.1.0.0/16 网段及标签“40”的绑定信息后，将标签信息及接收端口记录在自己的 LIB 中，并为 47.1.0.0/16 网段随机分配标签发送给除接收端口外相应的邻居。假设 RB 为 47.1.0.0/16 网段分配标签“50”发送给接口 intf in3 的邻居 RA。在 RB 的 LIB 中就产生这样的一条信息：

IntfIn(入端口)	LabelIn(入标签)	Dest(目的 IP 地址)	IntfOut(出端口)	Labelout(出标签)
3	50	47.1.0.0	1	40

该信息表示，当路由器 RB 从接口 int3 收到标记为“50”的报文时，将标记改为“40”并从接口 int1 转发，不需要经过路由查找。

同理，RA 收到 RB 的绑定信息后将该信息记录，并为该网段分配标签。

这样就在 RA、RB、RC 之间形成了关于 47.1.0.0/16 网段的标签交换路径 LSP，如图 4-8 所示。

第三个过程：随着标签的交互过程的完成，将入口 LSR、中间 LSR 和出口 LSR 的输入输出标签互相映射拼接起来后，就构成了一条 LSP。当进行报文转发时只需按照标签进行交换，而不需要路由查找。

如图 4-8 所示，当路由器 RA 收到一个目的地址为 47.1.1.1 的报文后，先查找路由表，再查找标签转发表，找到 FEC 47.1.0.0/16 的对应标签“50”后，加入报文头部，从 IntfOut 端口 int1 发送；路由器 RB 从接口 int3 收到标记为“50”的报文后直接查找标签转发表，改变标签为“40”，从接口 int1 发送；路由器 RC 从接口 int3 收到标记为“40”的报文后查找标签转发表，发现是属于本机的直连网段，删除标签头部信息，发送 IP 报文。

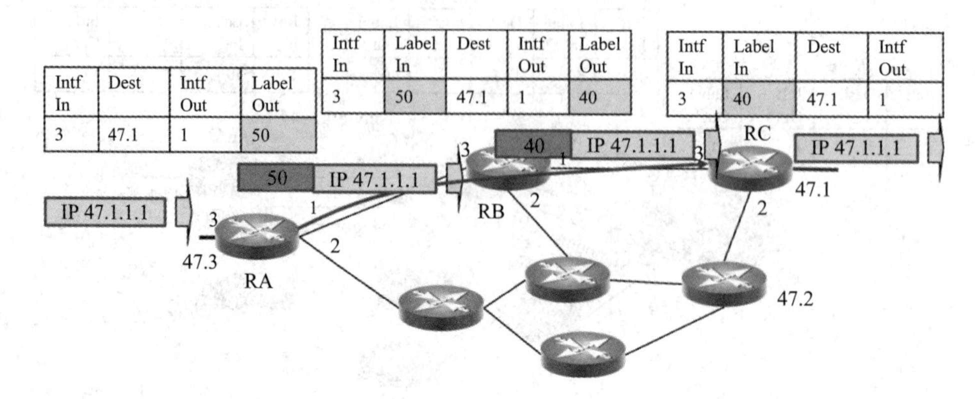

图 4-8　LSP 的形成

(2) 倒数第二跳弹出机制 PHP(Penultimate Hop Popping)。

在到达路由出口 LSR 的前一跳，即倒数第二跳时，对标记分组不进行标记调换的操作，只作旧标记的弹出，然后传送没有标记的分组。因为 Egress(出口)已是目的地址的输出端口，不再需要对标记分组按标记转发，而是直接读出 IP 分组组头，将 IP 分组传送到最终目的地址。这种处理方式，可以保证 MPLS 全程所有 LSR 对需处理的分组只作一次查表处理，也便于转发功能的分级处理，如图 4-9 所示。

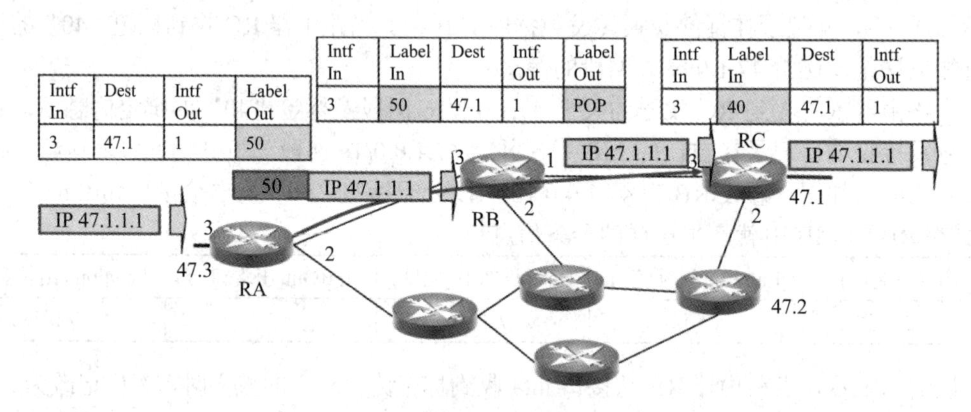

图 4-9　倒数第二跳弹出机制

倒数第一跳分配标签时采用特殊标签 3。如图 4-9 所示，RC 是 47.1.0.0/16 网段的出口 LSR，因此 RC 给 47.1.0.0/16 网段分配标签时使用特殊标签 3。当 RB 收到 RC 分配的标签 3 时，就知道自己是倒数第二跳 LSR。

RB 从 RA 处收到标签为“50”的报文时，因其对应的发送标签 Label Out 是 3(POP)，因此，RB 将标签去除，直接从接口 int1 发送 IP 报文。RC 收到报文后因未携带标签，直接按照目的地址进行路由查找转发，无需再通过标签转发表查找。

需要指出的是：倒数第二跳弹出机制(PHP)有两种标签：一种是 implicit null(隐式空)，这是目前主要采用的方式，在 LDP 中标签值为 3；另一种是 explicit null(显式空)，在 LDP 中标签值为 0。

如果收到 LDP 邻居发送来的关于某条路由分配的标签值为 3，则发送前往该目标网段的数据给该邻居时，会将该标签弹出，再将内层数据转给邻居。如果邻居关于某条路由分配的标签值为 0，那么本地在转数据给邻居时，会带上标签头(标签值为 0)，一并发给邻居。这是为了在某种情况下保持网络规划的统一性，例如部署了 MPLS 的 QoS，则需使用标签包中的 EXP 字段，那么就需要有标签。在实施 QoS 时，最后一跳必须携带 EXP 位，因此，标签不能被弹出。

7) 标签分发和管理

MPLS 中对标签的分发和管理有着不同的模式，其中标签分下游按需标签分发(Downstream-on-Demand，DoD)和下游自主标签分发(Downstream Unsolicited，DU)。标签控制模式分为有序的标签分发控制模式和独立的标签分发控制模式。标签保持方式分为保守模式和自由模式。

(1) 标签分配模式。

MPLS 中使用的标记分配方式有两种：下游自主标签分发和下游按需标签分发。具有标签分发邻接关系的上游 LSR 和下游 LSR 之间必须对采用哪种标签分发方式达成一致。

对于一个特定的 FEC，LSR 获得标签请求消息之后才进行标签分配与分发的方式，称为下游按需标签分配，对于一个特定的 FEC，LSR 无须从上游获得标签请求消息即进行标签分配与分发的方式，称为下游自主标签分配。

(2) 标签控制模式。

MPLS 中使用的标签控制模式有有序分发和独立分发两种。

有序分发：LSR 只有在它是一个 FEC 的出口 LSR 时或者收到其下游路由器返回的标签映射消息后才为该 FEC 绑定标签，向其上游发送标签映射消息。

独立分发：任何一个 LSR，在接收到一个 FEC 时，不管有没有收到它的下游返回的标签映射消息，都可以独立决定为其绑定一个标签，并立即向其上游发送标签映射消息。这类似于传统路由器中数据分组转发过程，每个路由器依据自己的路由表独立地转发数据分组，依靠路由协议来保证数据分组被正确传送。使用这种独立分发的方式在标签信息的交换上，延迟时间会很小。

(3) 标签保留方式。

标签的保留方式有两种：自由标签保留方式和保守标签保留方式。

对于特定的一个 FEC，LSR1 收到了来自 LSR2、LSR3、LSR4 的标签绑定消息，当 LSR2、LSR3 不是 LSR1 的下一跳时，如果 LSR1 保存该绑定，则称 LSR1 使用的是自由标签保留方式；如果 LSR1 丢弃该绑定，则称 LSR1 使用的是保守标签保留方式。

采用自由标签保留方式便于快速地适应网络拓扑变化，但是会占用更多的内存空间；而采用保守标签保留方式可以减少对内存的需求，但也使 LSR 适应网络拓扑变化的能力变差。

因此，当要求 LSR 能够迅速适应路由变化时可采用自由标签保持方式；当要求 LSR 中保存较少的标记数量时可采用保守标签保持方式。

(4) 标签转发表。

标签转发表即标签转发信息库，如表 4-1 所示，是 LSR 存储 FEC 与 Label 绑定关系的数据库，通过标签分发协议动态维护该表项，在转发报文时根据此表做出转发判断。

表 4-1 标签转发表

InLabel	OutLabel	Dest	Pfxlen	Interface	NextHop
18	POP tag	10.10.1.0	24	Fei_1/1	10.10.12.2
17	16	10.10.3.0	24	Fei_1/1	10.10.12.2
16	POP tag	10.10.23.0	24	Fei_1/1	10.10.12.2

在标签转发表中主要包含以下几项：

(1) InLabel：入标签，即由本机分配给上游 LSR 使用的、与该 FEC 对应的标签。

(2) OutLabel：出标签，即由下游 LSR 分配给本机使用的、与该 FEC 对应的标签。

(3) Dest：目的网段或目的主机地址，即绑定的 FEC。

(4) Pfxlen：前缀的长度，即该 FEC 的子网掩码。

(5) Interface：出接口。

(6) NextHop：下一跳。

当 LSR 收到报文时，查找此表，按照报文所带标签在 InLabel 项中索引，找到后用 OutLabel 中的标签值替换报文原有标签，从 Interface 指示接口发送。

8) 标签分发协议

MPLS 体系(RFC3031)规定了标记分发协议工作规程，标记是自动分配的，标记分发协议用于标记交换路由器节点之间相互通告 FEC(网络前缀)与标记映射关系。

完成标记分发功能的协议有多种：

LDP(Label Distribution Protocol)，标签分发协议：常用的标签分配协议。

CR-LDP(Constrained Route LDP)，基于约束路由的标签分发协议。

RSVP-TE(Resource Reservation Protocol-Traffic Extension)，资源预留协议：通常用于流量工程中的标签分配。

MP-BGP(Multiprotocol BGP)多协议 BGP，常在 BGP/MPLS VPN 中使用，分配内层标签。

LDP(Label Distribution Protocol)，标记分发协议，是一个动态生成标签的协议。LDP 建立在 UDP/TCP 协议基础之上，协议消息根据路由表逐跳传输。LDP 在标记交换路由器节点之间相互通告 FEC(网络前缀)与标记映射关系，最终生成标记交换路径。LDP 将 FEC 与标记交换路径相关联，映射网络前缀流量到该标记交换路径上。

LDP 会话的建立和维护：

LSR 根据标签与 FEC 之间的绑定信息建立和维护 LIB。两个使用标签分发协议交换 FEC/标签绑定的 LSR 就称为“LDP Peer”。LDP 的主要功能是让 LSR 实现 FEC 与标签的绑定，并将这种绑定通知给相邻的 LSR，以使各 LSR 间对收到的标签绑定达成共识。

ZXR10 支持 RFC3036 规定，包括：邻居发现、标记请求、标记映射、标记撤销、标记释放、错误处理等机制。

LDP 会话建立与维护包括以下几个阶段：

发现阶段：通过周期性地向相邻 LSR 发送“Hello”消息，自动发现 LDP 对等体；

会话建立和维护：主要完成 LSR 之间的 TCP 连接和会话初始化(各种参数的协商)；

标签交换路径建立与维护：LSR 之间为有待传输的 FEC 进行标签分配并建立 LSP；

会话的撤销：会话保持时间到，则中断会话。

2. MPLS-TP 分组转发技术

为了更好地利用 MPLS 技术实现电信级的分组传输，ITU-T 于 2006 年 2 月提出了 T-MPLS 技术。T-MPLS 对 MPLS 中的三层技术进行简化处理，并增加了 OAM 和故障恢复能力，后面经过不断完善，在网络架构、物理层接口分类、业务处理流程、适配方式、环网保护等方面进行了深化。2007 年 9 月，ITU-T 与因特网任务组(IETF)成立联合工作组(JWT)，一起开发 T-MPLS 和 MPLS-TP 标准，随后 JWT 决定将 T-MPLS 和 MPLS 技术相融合，吸收 T-MPLS 中的 OAM、保护和管理等传送技术，并将技术名称更改为 MPLS-TP(MPLS Transport Profile，多协议标签交换传送应用)，其是一种面向连接的分组交换网络技术。利用 MPLS 标签交换路径，省去 MPLS 信令和 IP 复杂功能，支持多业务承载，独立于客户层和控制面，并可运行于各种物理层技术，具有强大的传送能力(QoS、OAM 和可靠性等)。其中传送多协议标记交换(MPLS-TP)技术是目前业内关注和应用的 PTN 主流实现技术。

1) 常见术语

CE(Custom Edge，用户边缘设备)，指直接与服务提供商相连的用户设备。CE 可以是路由器或交换机，也可以是一台主机，用于接入用户网络或业务，并与 PE 连接。

PE(Provider Edge Router，运营商网络边缘设备)，指运营商网络上的边缘路由器，与 CE 相连，用于连接 CE 和运营商承载网。

PR(Provider Router，运营商网络主干路由器)，指运营商网络上的核心路由器，主要完成路由和快速转发功能。

MPLS-TP 网络组成如图 4-10 所示。

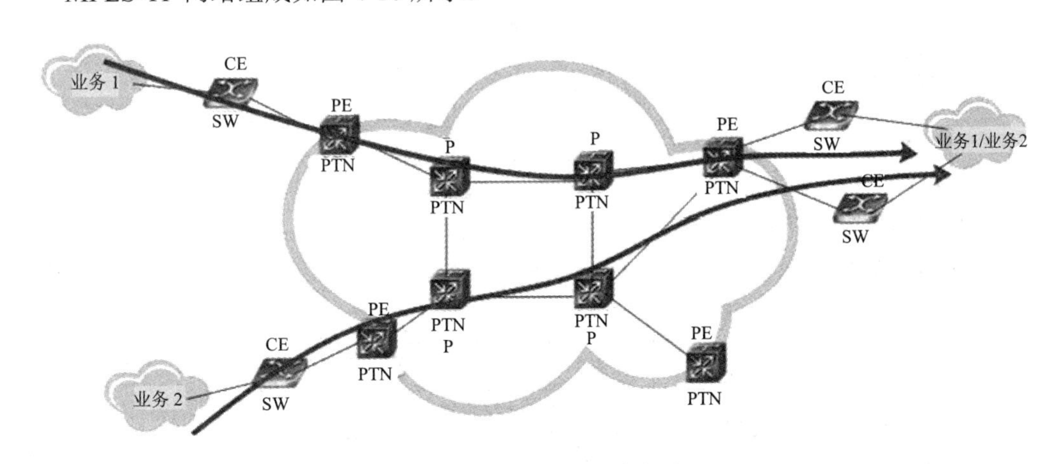

图 4-10　MPLS-TP 网络组成

2) MPLS-TP 网络结构

MPLS-TP 分组传送网是建立端到端，面向连接的分组的传送管道，将面向无连接的数据网改造成面向连接的网络。该管道可以通过网络管理系统或智能的控制面建立，该分组的传送通道具有良好的操作维护性和保护恢复能力。

MPLS-TP 虽然是面向连接的传送网技术，同时也满足 ITU-T G.805 定义的分层结构，MPLS-TP 网络可以分为传输媒质层、段层(TMS)、通路层(TMP)(隧道层)、通道层(TMC)(电路层)。

(1) 通道层(TMC)为客户提供端到端的传送网络业务，即提供客户信号端到端的传送。TMC 等效于 PWE3 的伪线层(或虚电路层)。

(2) 通路层(TMP)表示端到端的逻辑连接的特性，提供传送网络隧道，将一个或多个客户业务封装到一个更大的隧道中，以便于传送网络实现更经济有效的传递、交换、OAM、保护和恢复。TMP 等效于 MPLS 中的隧道层。

(3) 段层(TMS)表示相邻节点间的物理连接，保证通路层在两个节点之间信息传递的完整性，比如 SDH、OTH(Optical Transport Hierarchy)、以太网或者波长通道。

(4) 传输媒介层支持段层网络的传输媒质，比如光纤、无线等。

MPLS-TP 的分层结构如图 4-11 所示。

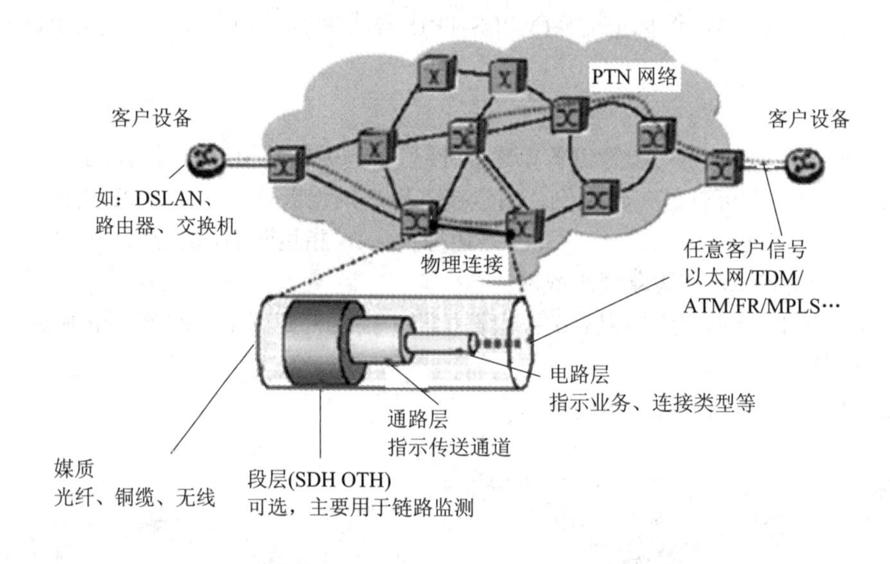

图 4-11　MPLS-TP 的分层结构

3) MPLS-TP 网络的三个平面

MPLS-TP 网络分为传送平面、管理平面和控制平面三个层面。传送平面又叫数据转发面，如图 4-12 所示。

图 4-12　MPLS-TP 的三个平面功能示意图

(1) MPLS-TP 数据转发面：提供从一个端点到另一个端点的双向或单向信息传送，监测连接状态(如故障和信号质量)，并提供给控制平面。数据转发面还可以提供控制信息和网络管理信息的传送。

MPLS-TP 数据转发面的主要功能是根据 MPLS-TP 标签进行分组的转发，还包括操作维护管理(OAM)和保护。

(2) MPLS-TP 管理平面：执行传送平面、控制平面以及整个系统的管理功能，它同时提供这些平面之间的协同操作。管理平面执行的功能包括：性能管理、故障管理、配置管理、计费管理和安全管理。

(3) MPLS-TP 控制平面：由提供路由和信令等特定功能的一组控制元件组成，并由一个信令网络支撑。控制平面元件之间的互操作性以及元件之间通信需要的信息流可通过接口获得。控制平面的主要功能包括通过信令支持建立、拆除维护端到端连接的能力；网络发生故障时，执行保护和恢复功能；自动发现邻接关系和链路信息，发布链路状态信息。

4) MPLS-TP 中数据的转发

MPLS-TP LSP 利用网络管理系统或者动态的控制平面(ASON/GMPLS)，建立从 PE1 经过 P 节点到 PE2 的 MPLS-TP 双层标签转发路径(LSP)，包括通道层和通路层，通道层仿真客户信号的特征，并指示连接特征，通路层指示分组转发的隧道。MPLS-TP LSP 可以承载在以太网物理层中，也可以在 SDH VCG(Virtual Channel Group，虚通道组)中，还可以承载在 DWDM/OTN 的波长通道上。

MPLS-TP 面向连接的特性是通过伪线(PW)技术实现的。在传送过程中，客户边缘设备 CE1 与服务提供商边缘设备 PE1 相连。PE1 对要传输的原始业务进行打包封装处理，再通过伪线进行传输。在接收端，PE2 对接收到的业务进行帧校验、重新排序等处理，还原成原始业务，交给 CE2。

下面以图 4-13 为例，说明分组业务在 MPLS-TP 网络中的转发。

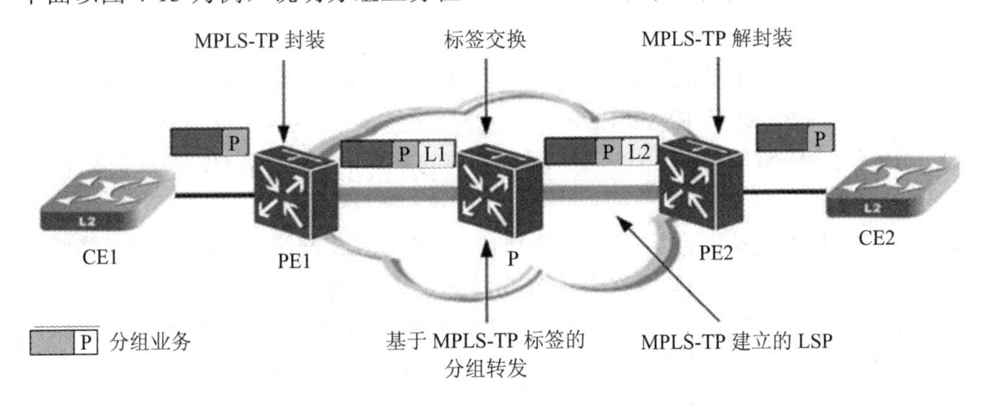

图 4-13　分组在 MPLS-TP 网络中的转发

客户 CE1 的分组业务(以太网、IP/MPLS、ATM、FR 等)在 PE1 边缘设备加上 MPLS-TP 标签 L1(双层标签)，经过中间设备 P 将标签交换成 L2(双层标签，内层标签可以不换)，边缘设备 PE2 去掉标签，将分组业务送给客户 CE2。

5) MPLS-TP 网络接口

CE 和 NT(网络终端)之间的接口为 UNI 接口，NT 和 NT 之间的接口为 NNI 接口。

UNI 接口即用户网络接口，它是用户设备与网络之间的接口，直接面向用户。NNI 接口即网络节点接口或网络或网络之间的接口。

MPLS-TP 网络接口的定义如图 4-14 所示。CE 和 PE 之间的接口为 UNI 接口，其中 CE 设备的 UNI 接口可表示为 UNI-C，PE 设备的 UNI 接口可表示为 UNI-N。MPLS-TP 网络内部 PE 和 PE 之间的接口为 NNI 接口。

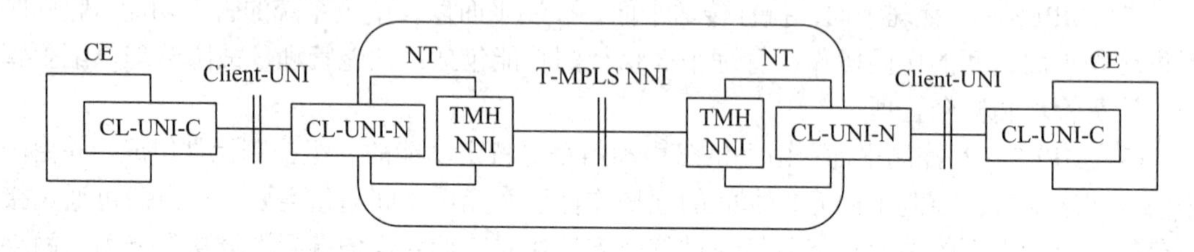

图 4-14 MPLS-TP 网络接口定义

(1) MPLS-TP UNI 接口。

MPLS-TP 网络中的客户层用户网络接口可以用来配置客户层设备(CE)到诸如 IP 路由器、ASON 交换设备等业务节点(SN)的接入链路。

UNI-C 终结在用户边缘设备(CE)。UNI-C 接口主要有以太网、ATM、TDM、帧中继等。UNI-N 终结在 NT 设备。

(2) MPLS-TP NNI 接口。

MPLS-TP NNI 接口，可用作单个管理域内的域内接口，也可用作两个管理域之间的域间接口，包括 MoS、MoE、MoO、MoP 和 MoR。

6) MPLS-TP 和 MPLS 的差别

MPLS-TP 作为 MPLS 的一个子集，为了支持面向连接的端到端的 OAM 模型，排除了 MPLS 很多无连接的特性。

MPLS-TP 和 MPLS 相比，它们的差别主要有：

(1) MPLS-TP 采用集中的网络管理配置或 ASON/GMPLS 控制面，MPLS 采用 IETF 定义的 MPLS 控制信令，包括 RSVP/LDP 和 OSPF 等。

(2) MPLS-TP 使用双向的 LSP，其将两个方向的单向的 LSP 绑定作为一个双向的 LSP，提供双向的连接。

(3) MPLS-TP 不支持倒数第二跳弹出(PHP)，在 MPLS 网络中，PHP 可以降低边缘设备的复杂度，但是在 MPLS-TP 网络中，PHP 破坏了端到端的特性。

(4) MPLS-TP 不支持 LSP 的聚合，LSP 的聚合意味着相同目的地址的流量可以使用相同的标签，虽然其增加了网络的可扩展性，但是同时也增加了 OAM 和性能监测的复杂度，LSP 聚合不是面向连接的概念。

(5) MPLS-TP 支持端到端的 OAM 机制，其参考 ITU-T 定义的 MPLS-TP OAM(G.8114 和 G.8113)标准，而 MPLS 的 OAM 为 IETF 定义的 VCCV 和 Ping 等。

(6) MPLS-TP 支持端到端的保护倒换，支持线性保护倒换和环网保护，MPLS 支持本地保护技术 FRR。

MPLS-TP 和 MPLS 的差别总结见表 4-2。

表 4-2　MPLS-TP 与 MPLS 的比较

功能项	MPLS-TP	MPLS
控制信令	采用集中的网络管理配置或 ASON/GMPLS 控制面	采用 IETF 定义的 MPLS 控制信令，包括 RSVP/LDP 和 OSP 等
LSP	使用双向的 LSP，提供双向的连接	使用单向 LSP
PHP	不支持倒数第二跳弹出(PHP)	支持倒数第二跳弹出(PHP)
LSP 聚合	不支持 LSP 的聚合	支持 LSP 的聚合
OAM	支持端到端的 OAM 机制	OAM 机制为 IETF 定义的 VCCV 和 Ping 等
保护	支持端到端的保护倒换，支持线性保护倒换和环网保护	支持本地保护技术 FRR

7) MPLS-TP 网络的应用

MPLS-TP 作为分组传送技术，可以承载以太网业务，提供 Carrier Ethernet 业务，也可以承载 IP/MPLS 业务，作为 IP/MPLS 路由器的核心承载网。同时 MPLS-TP 可以承载在 T-DM 网络(SDH/OTH)、光网络(波长)和以太网物理层上，设备形态非常灵活，应用广泛，可以应用于电信级以太网和电信级全分组承载网。

4.1.2　分组传送网 TMS 段层配置

PTN 段层配置

TMS 段层表示相邻接口之间的虚连接，提供两个相邻节点之间的通道。配置业务的基础是完成网元间段层的建立，当所有基础数据完成并获取到相邻网元的物理地址后，段层就建立完成。下面主要介绍网元基础数据的配置。

首先进行基础数据的规划，包括：

(1) 每个网元使用的接口(此项内容应根据设备实际所连接的物理端口进行选择)。

(2) 所使用接口的所属 VLAN(业务 VLAN ID 范围应在 17～3000，建议从 100 开始)。

(3) 该接口的 IP 地址(VLAN 子接口地址)。

说明：点到点链路的物理接口的 IP 地址需配置在同一个网段，且应属于同一个 VLAN。

根据业务 VLAN 和 IP 规划，以三台 ZXCTN 6220 组建环网，组网规划如图 4-15 所示。

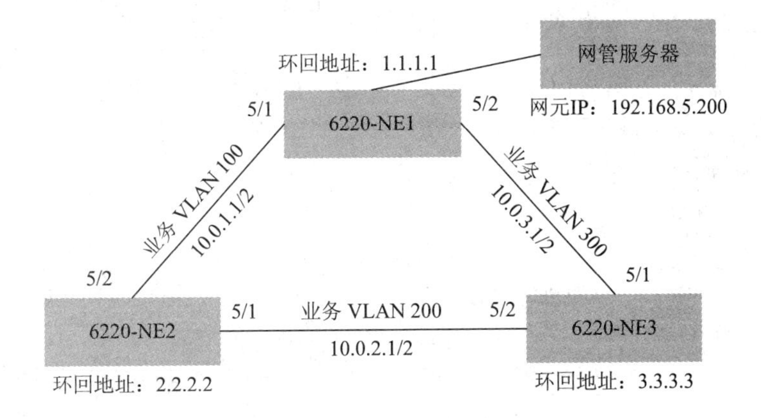

图 4-15　组网规划图

配置包括 VLAN 配置、IP 配置、ARP 配置(离线网元不需配置)、静态 MAC 地址配置(离线网元不需配置)，完成后，在业务视图中可以查询段层的配置。

1. VLAN 配置

选中所有网元，单击鼠标右键，选择“网元管理”，如图 4-16 所示。

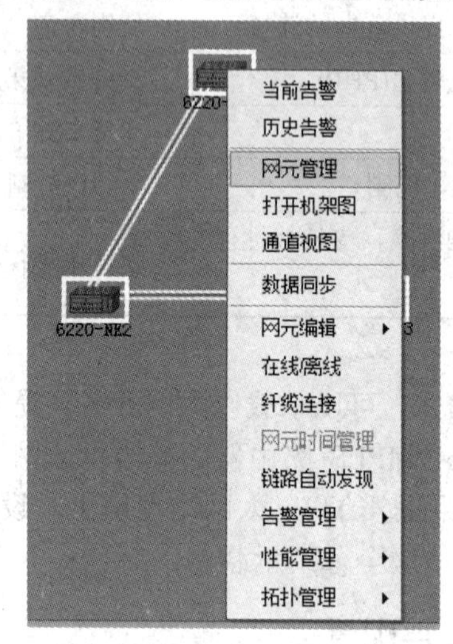

图 4-16　网元管理选项

在弹出的页面中，选中网元 6220-NE1，在页面左下区域，单击“接口配置”→“VLAN 接口配置”，在弹出的页面下方，单击“增加”按钮，如图 4-17 所示。

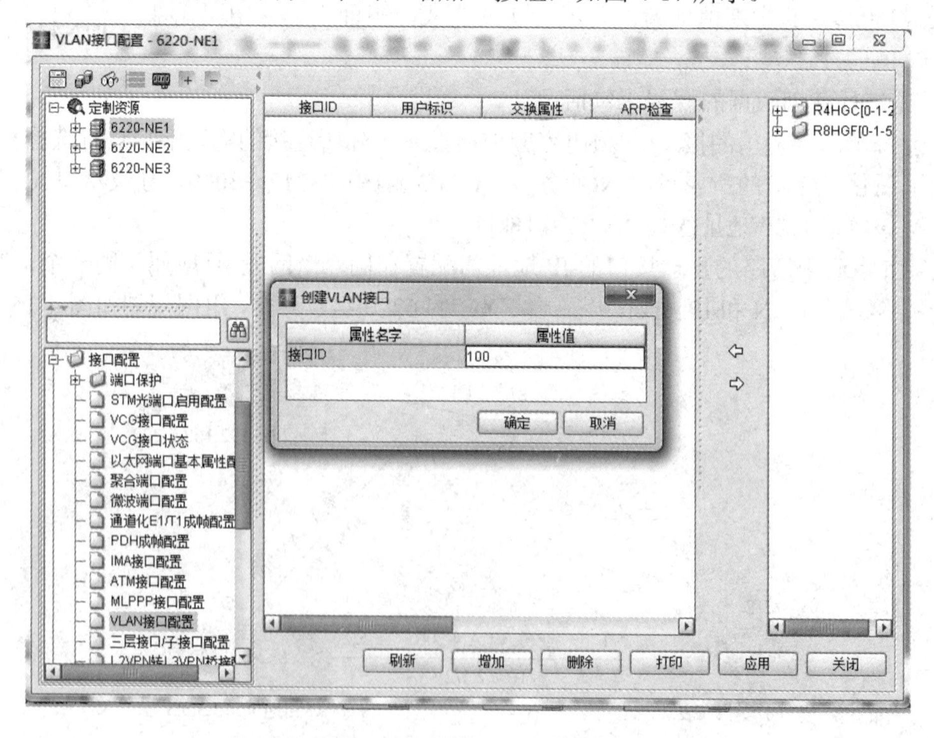

图 4-17　创建 VLAN 接口

在图 4-17 所示的对话框中，输入 100，单击“确定”按钮，再输入 300，为 6220-NE1 分别创建两个业务：VLAN 100 和 VLAN300，如图 4-18 所示。

图 4-18　网元 1 完成 VLAN 创建界面

接下来，将网元所使用的物理端口拉进刚才创建的 VLAN 中，如图 4-19 所示。

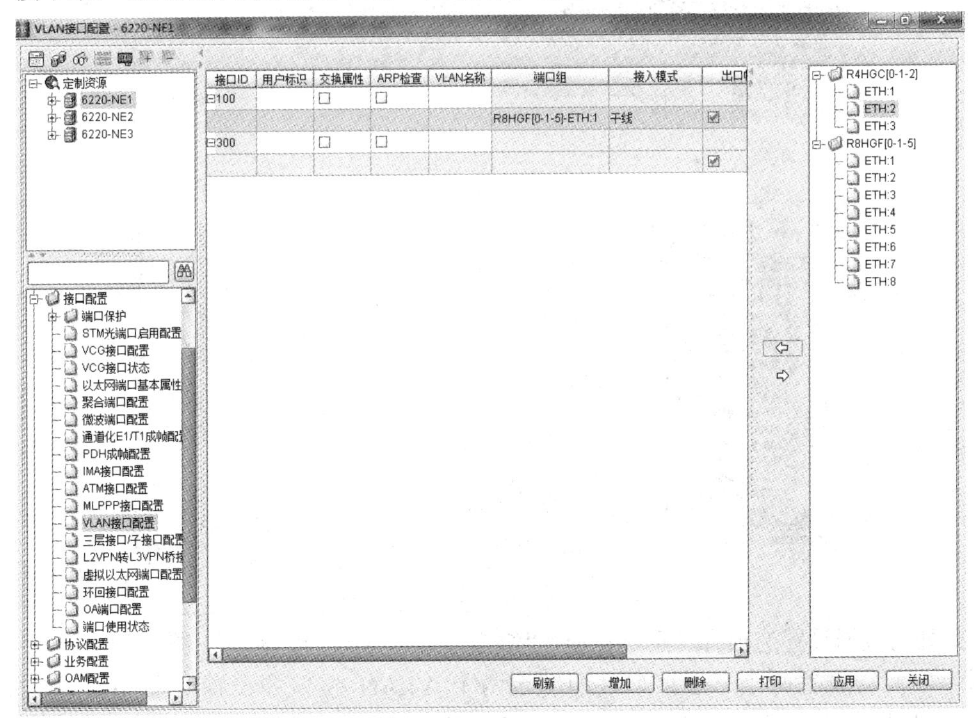

图 4-19　将物理接口加入所创建 VLAN

点击“应用”按钮，下发配置到设备上，如图 4-20 所示。

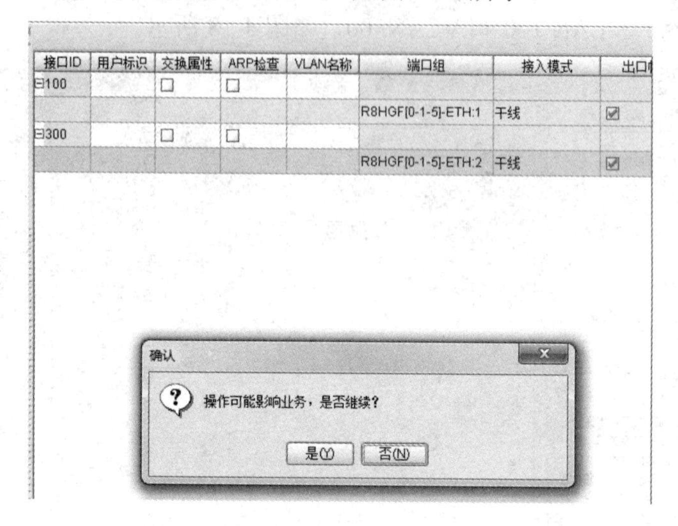

图 4-20　VLAN 配置下发到设备

用同样的操作方法，参考数据规划，为 6220-NE2、6220-NE3 创建 VLAN，并加入对应的端口。

2. IP 配置

在网元管理中，继续选择“三层接口/子接口配置”，为对应的 VLAN 端口绑定 IP 地址，在页面下方单击“增加”按钮，如图 4-21 所示。

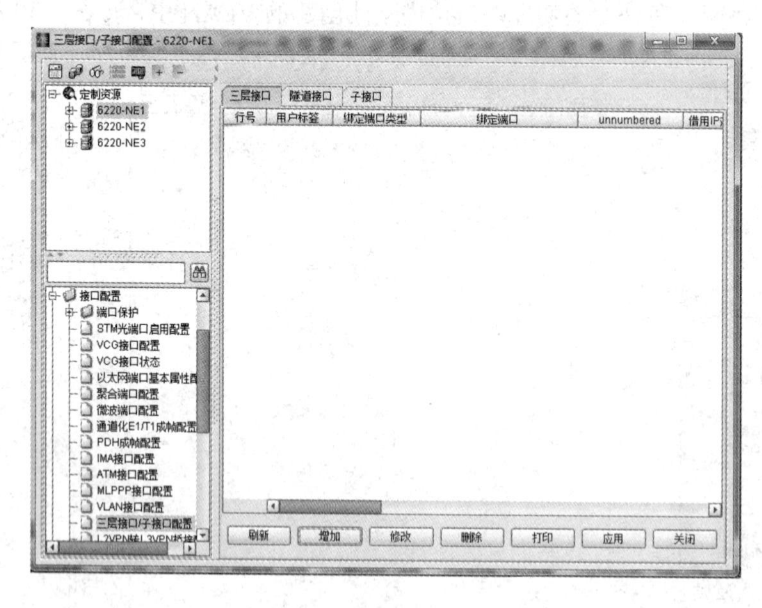

图 4-21　三层子接口配置界面

此处的数据设置选项有“用户标签”“绑定端口”“指定 IP 地址”和“子网掩码”等，且每个网元需设置两个三层接口，即绑定两个 VLAN 接口并设置对应 IP，比如网元 6220-NE1 需要绑定 VLAN 端口 100 和 VLAN 端口 300，如图 4-22 所示。

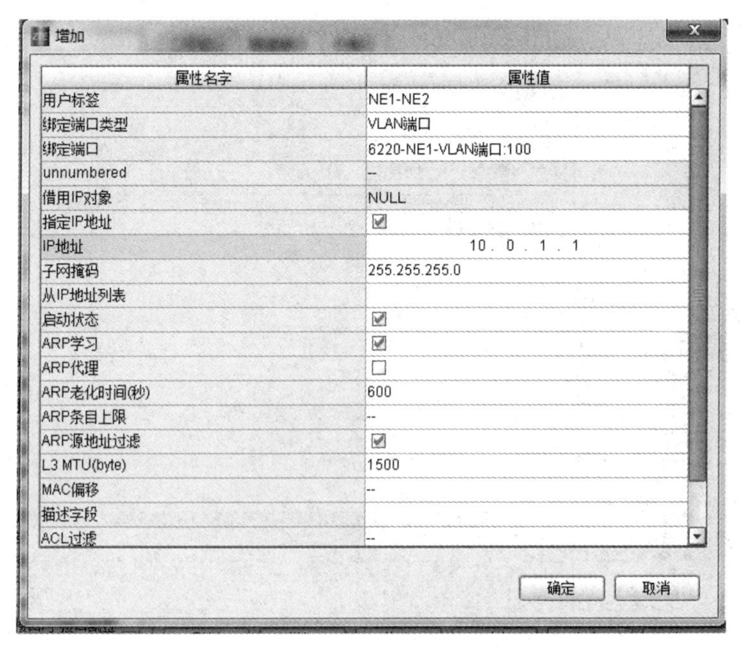

图 4-22　三层接口参数配置

单击“确定”→“应用”，完成网元 6200-NE1 的三层接口设置，如图 4-23 所示。

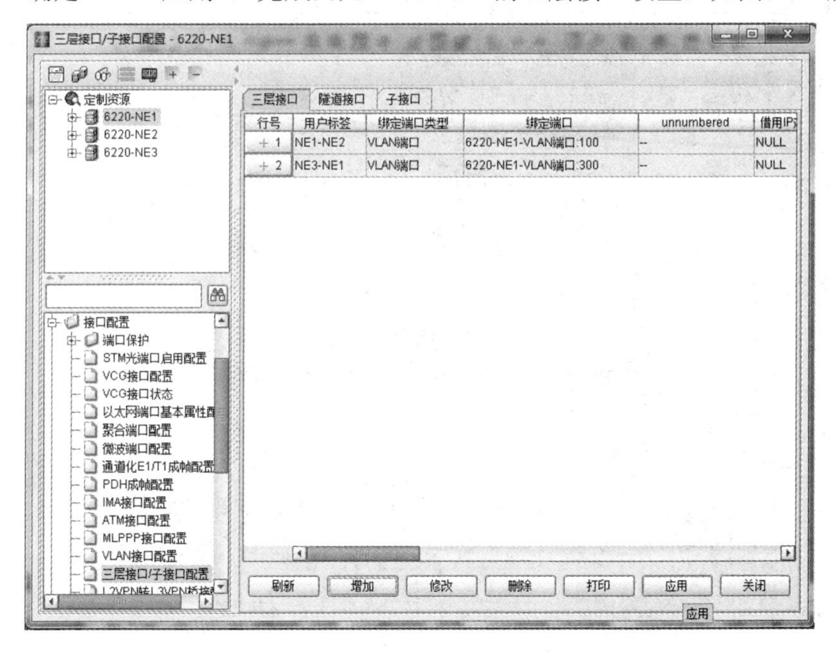

图 4-23　网元 6200-NE1 完成三层接口参数配置的界面

用同样的方法，为网元 6220-NE2、6220-NE3 绑定对应的 VLAN 接口和对应参数。

3．ARP 配置

在网元管理中，选择“协议配置”→“ARP 配置”，为网元的端口获取 ARP 条目，单击“自动”按钮进行获取，如图 4-24 所示，并单击“应用”按钮，如图 4-25 所示。

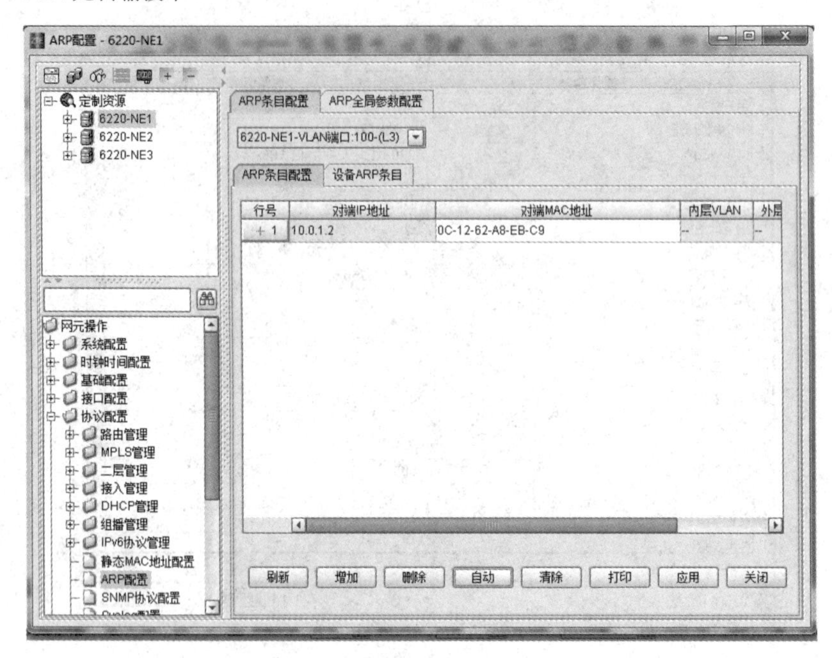

图 4-24 网元获取 ARP 条目操作界面

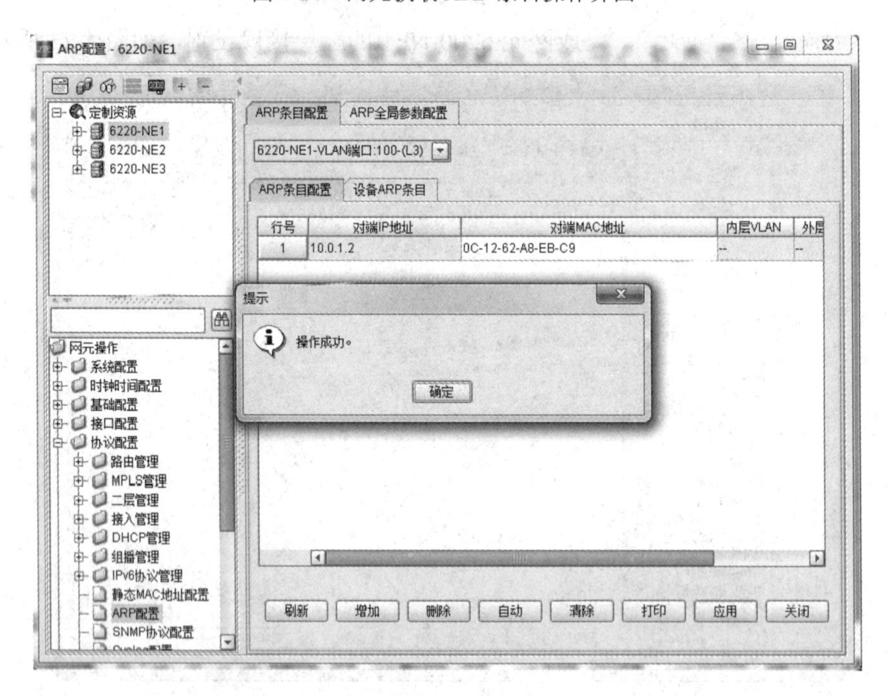

图 4-25 接口获得 ARP 条目后的界面

用同样的方法，为网元 6220-NE2、6220-NE3 获取对应的 ARP 条目。

4．静态 MAC 地址配置

在网元管理中，选择接口配置中的静态 MAC 地址配置，在弹出的页面中，选中 6220-NE2 网元，单击顶端的“MAC 地址条目”选项，并单击“自动”按钮，为网元获取 MAC 地址条目，如图 4-26 所示。

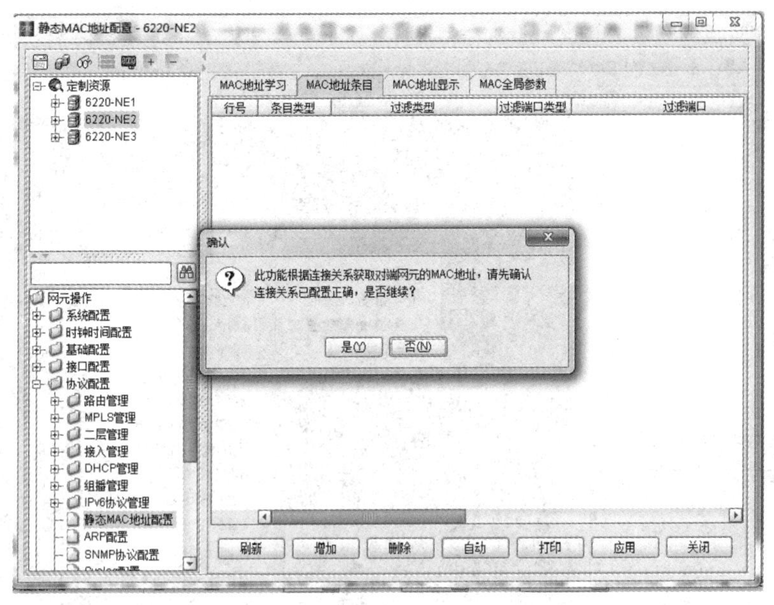

图 4-26　网元获取 MAC 地址

这里每个网元均可获得两条对应的 MAC 地址，用同样的方法，为网元 6220-NE1、6220-NE3 设置静态 MAC 地址配置。

5. 查询 TMS 配置结果

TMS 配置完成后，进入业务视图，在左侧选择视图导航中的全网业务，可查看各个网元间的 TMS 配置，如图 4-27 所示。

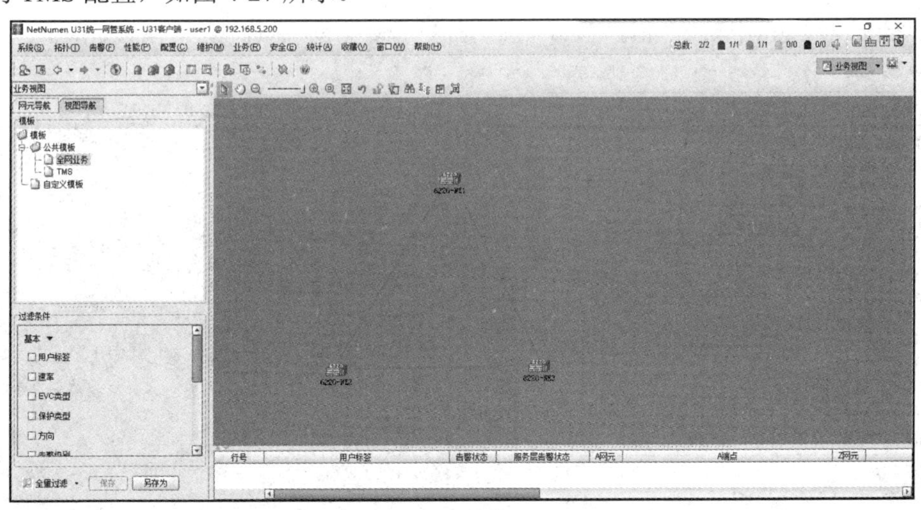

图 4-27　业务管理器菜单

4.1.3　分组传送网 TMP 隧道配置

PTN 隧道配置

创建 TMP 隧道，准备承载各类业务。

在业务视图中，单击鼠标右键，选择“新建”→“新建静态隧道”菜单项，如图 4-28 所示。

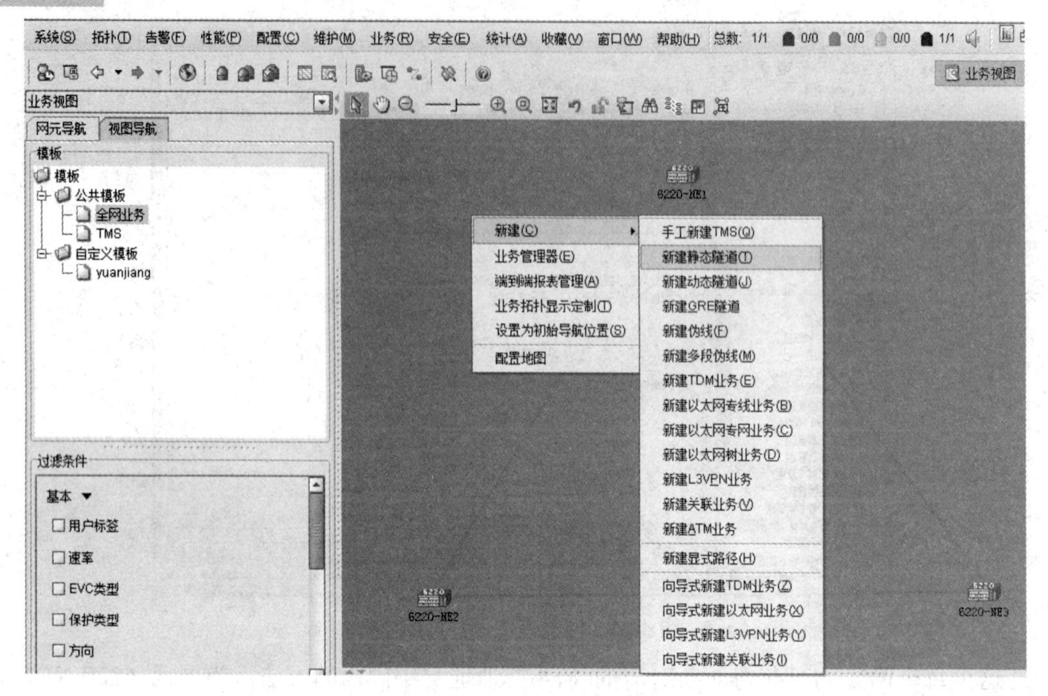

图 4-28　业务管理器菜单

在出现的页面左侧的新建静态隧道界面，配置静态隧道的端到端隧道属性，包括组网类型、保护类型、终结属性等；选择隧道起点(A 节点)和终点(Z 节点)；在路由计算选项中，勾选“自动计算”，如图 4-29 所示。

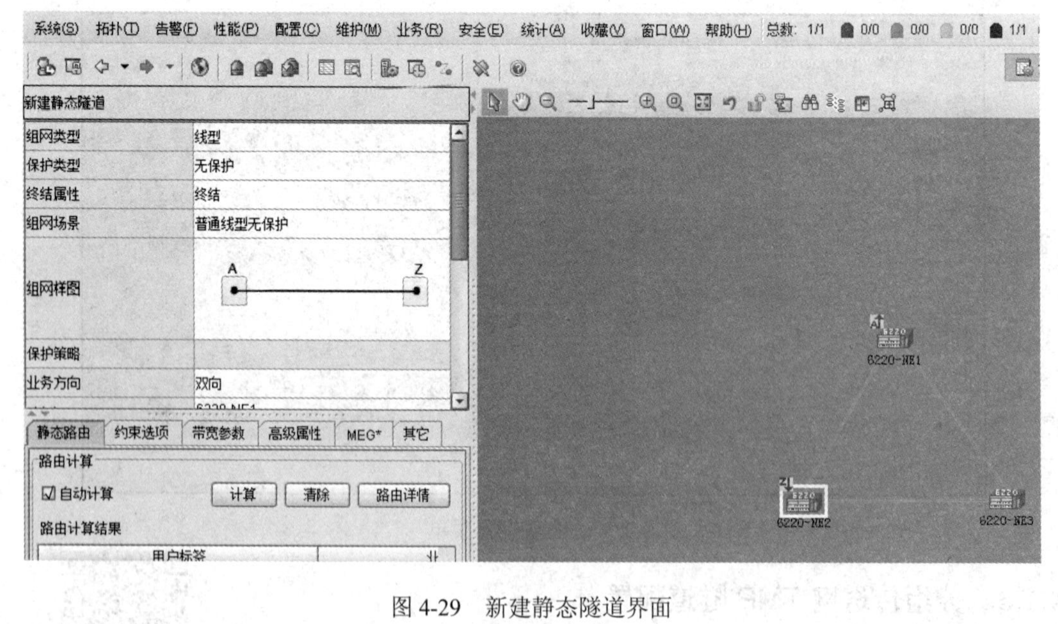

图 4-29　新建静态隧道界面

在路由计算结果区域框中会显示用户标签、业务 A/Z 端点和正/反向标签的相关信息，如图 4-30 所示。

单击“应用”按钮，弹出确认对话框，如图 4-31 所示，单击“否”，完成隧道创建。

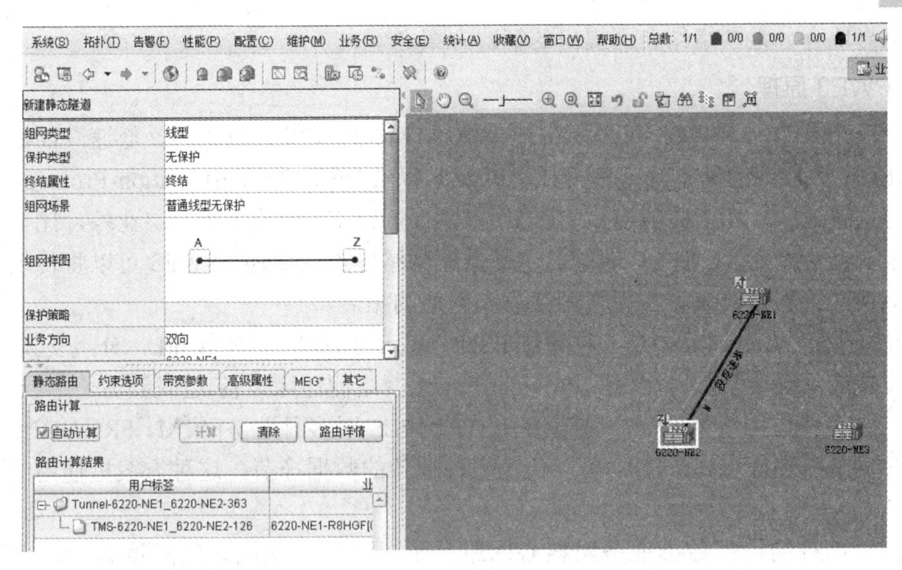

图 4-30　静态隧道配置界面

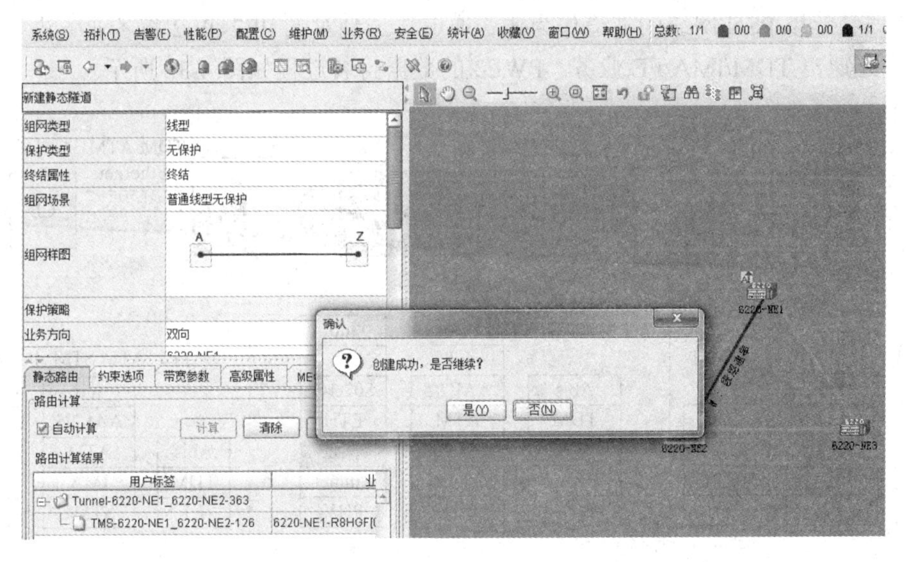

图 4-31　隧道创建成功界面

4.2　分组传送网 TMC 伪线配置

4.2.1　PWE3 伪线仿真技术

随着 IP 数据网的发展，IP 网络本身的可扩展性、可升级属性以及兼容互通能力越来越强。传统的通信网络的升级、扩展、互通的灵活性相对较差，受限于传输的方式和业务的类型，并且新建的网络公用性也较差，不利于互通管理，因此，在传统通信网的升级和拓展过程中，应考虑是建立重复的网络还是充分利用现有或公共网络资源。PWE3(Pseudo Wire Edge to Edge Emulation，端到端的伪线仿真)是一种端到端的二层业务承载技术，是将传统通信网络与现有分组网络结合而提出的解决方案之一。

1. PWE3原理

在PTN网络中，PWE3可以真实地模仿ATM、帧中继、以太网、低速TDM电路和SONET/SDH等业务的基本行为和特征。PWE3以LDP(Label Distribution Protocol)为信令协议，通过隧道(如MPLS隧道)模拟CE端(Customer Edge)的各种二层业务，比如各种二层数据报文、比特流等，使CE端的二层数据在网络中透明传递。PWE3可以将传统的网络与分组交换网络连接起来，实现资源共享和网络的拓展。

PW(Pseudo Wire，伪线)是一种通过PSN(Packet Switching Network，分组交换网)把一个承载业务的关键要素从一个PE (Provider Edge，网络侧边缘设备)运载到另一个或多个PE的机制。通过PSN网络上的一个隧道(IP/L2TP/MPLS)对多种业务(ATM、FR、HDLC、PPP、TDM、Ethernet)进行仿真，PSN可以传输多种业务的数据净荷，这种方案里使用的隧道定义为PW。

PW所承载的内部数据业务对核心网络是不可见的。从用户的角度来看，可以认为PWE3模拟的虚拟线是一种专用的链路或电路。PE1接入TDM/IMA/FE业务，将各业务进行PWE3封装，以PSN网络的隧道作为传送通道传送到对端PE2，PE2将各业务进行PWE3解封装，还原出TDM/IMA/FE业务。PWE3的数据封装过程如图4-32所示。

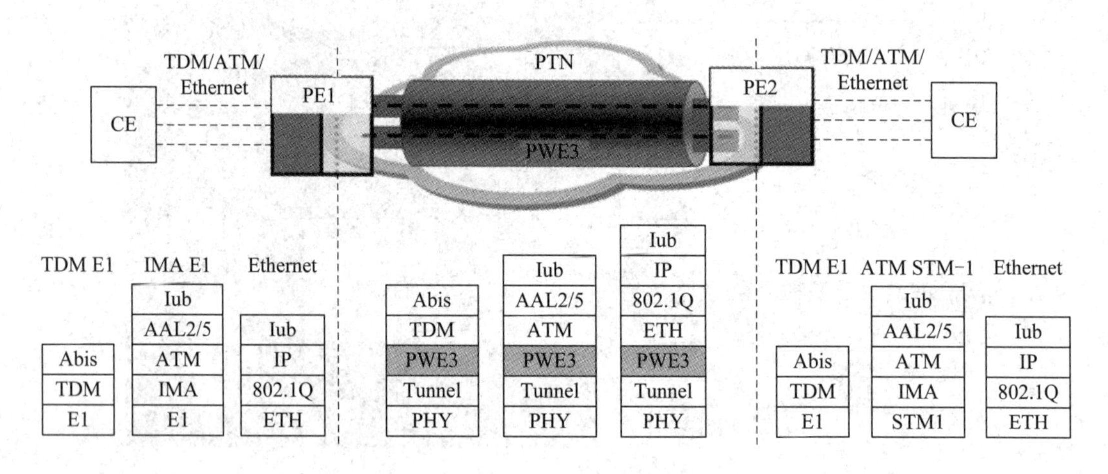

图4-32 PWE3的数据封装过程

2. PWE3业务要素

PWE3业务网络的基本传输构件包括：接入链路(Attachment Circuit，AC)、伪线、转发器(Forwarders)、隧道(Tunnels)、封装(Encapsulation)、PW信令(Pseudo Wire Signaling)协议、服务质量(Quality of Service)。下面详细解释PWE3业务网络基本传输构件的含义及作用。

(1) 接入链路。接入链路是指终端设备到承载接入设备之间的链路，或CE到PE之间的链路。在AC上的用户数据可根据需要透传到对端AC(透传模式)，也可根据需要在PE上进行解封装处理，将payload解出并进行封装后传输(终结模式)。

(2) 伪线。伪线也可以称为虚连接。简单地说，就是VC加隧道，隧道可以是LSP、L2TP隧道、GRE或者TE。虚连接是有方向的，PWE3中虚连接的建立需要通过信令(LDP或者RSVP)来传递VC信息，将VC信息和隧道管理，形成一个PW。PW对于PWE3系统来说，就像是一条本地 AC 到对端 AC 之间的一条直连通道，完成用户的二层数据透传。

(3) 转发器。PE 收到 AC 上传送的用户数据，由转发器选定转发报文使用的 PW，转发器事实上就是 PWE3 的转发表。

(4) 隧道。隧道用于承载 PW，一条隧道上可以承载一条 PW，也可以承载多条 PW。隧道是一条本地 PE 与对端 PE 之间的直连通道，通过隧道可以完成 PE 之间的数据透传。

(5) 封装。PW 上传输的报文使用标准的 PW 封装格式和技术。

(6) PW 信令协议。PW 信令协议是 PWE3 的实现基础，用于创建和维护 PW，目前，PW 信令协议主要有 LDP 和 RSVP。

(7) 服务质量。根据用户二层报文头的优先级信息，映射成在公用网络上传输的 QoS 优先级来转发。

3．报文转发

PWE3 建立的是一个点到点通道，通道之间互相隔离，用户二层报文在 PW 间透传。对于 PE 设备，PW 连接建立后，用户接入接口(AC)和虚链路(PW)的映射关系就已经完全确定了；对于 P 设备，只需要依据 MPLS 标签进行 MPLS 转发，不关心 MPLS 报文内部封装的二层用户报文。

下面以 CE1 到 CE2 的 VPN1 报文流向为例，说明基本数据流走向。

如图 4-33 所示，用户侧设备 CE1 发送二层报文，通过 AC 接入 PE1，PE1 收到报文后，由转发器选定转发报文的 PW，系统再根据 PW 的转发表项加入 PW 标签，并送到外层隧道，经公网隧道到达 PE2 后，PE2 利用 PW 标签转发报文到相应的 AC，将报文最终送达客户端侧设备 CE2。

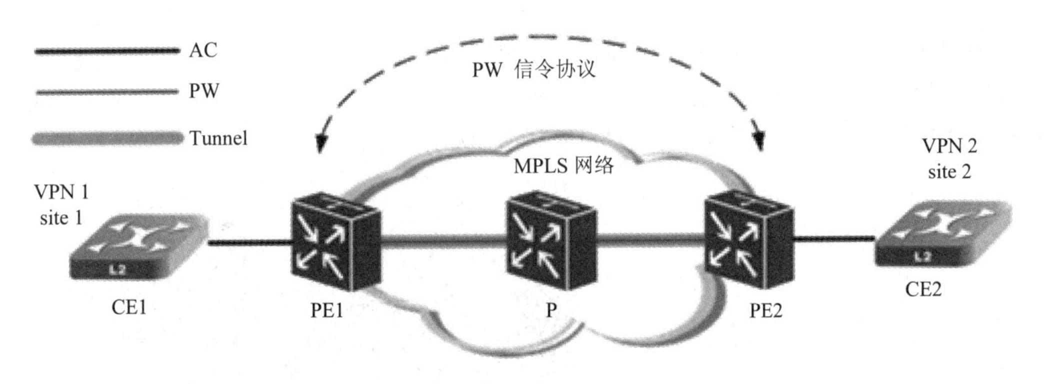

图 4-33　报文转发示意图

4．业务仿真

1) TDM 业务仿真

TDM 业务仿真的基本思想就是在分组交换网络上搭建一个“通道”，在其中实现 TDM 电路(如 E1 或 T1)，从而使网络任一端的 TDM 设备不必关心其所连接的网络是否是一个 TDM 网络。分组交换网络被用来仿真 TDM 电路的行为称为“电路仿真”。

2) ATM 业务仿真

ATM 业务仿真通过在分组传送网 PE 节点上提供 ATM 接口接入 ATM 业务流量，然后将 ATM 业务进行 PWE3 封装，最后映射到隧道中进行传输。节点利用外层隧道标签进行转发到目的节点，从而实现 ATM 业务流量的透明传输。

3) *以太网业务仿真*

PWE3 对以太网业务的仿真与 TDM 业务类似。

以上三种业务仿真的具体实现过程见本章 4.3～4.5 节。

4.2.2　分组传送网 TMC 伪线配置

伪线用来标识业务类型，由隧道进行承载。网管支持单站伪线配置和端到端伪线配置。在业务视图中，单击鼠标右键，选择“新建”→“新建伪线”，如图 4-34 所示。

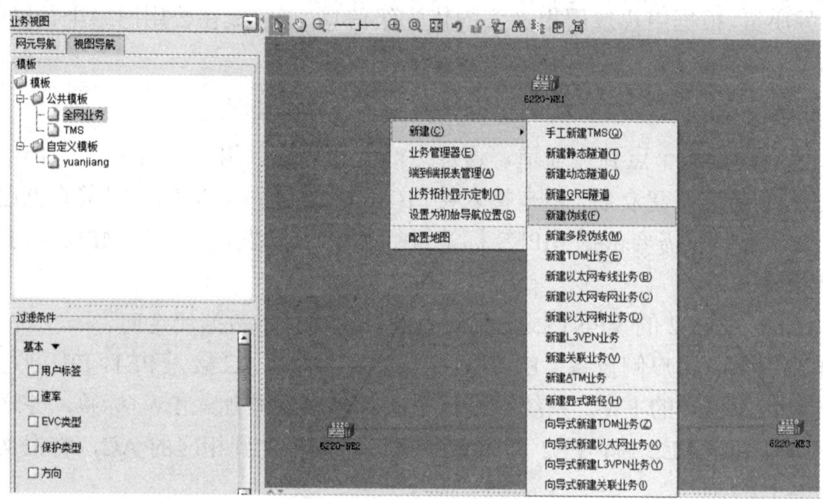

图 4-34　业务管理器菜单

如图 4-35 所示，在左侧的新建伪线界面配置伪线属性，包括创建方式、业务方向等；选择隧道起点(A 节点)和终点(Z 节点)；在隧道绑定选项中，选择使用的隧道，单击“应用”按钮，弹出确认对话框，单击“否”按钮，完成伪线创建。

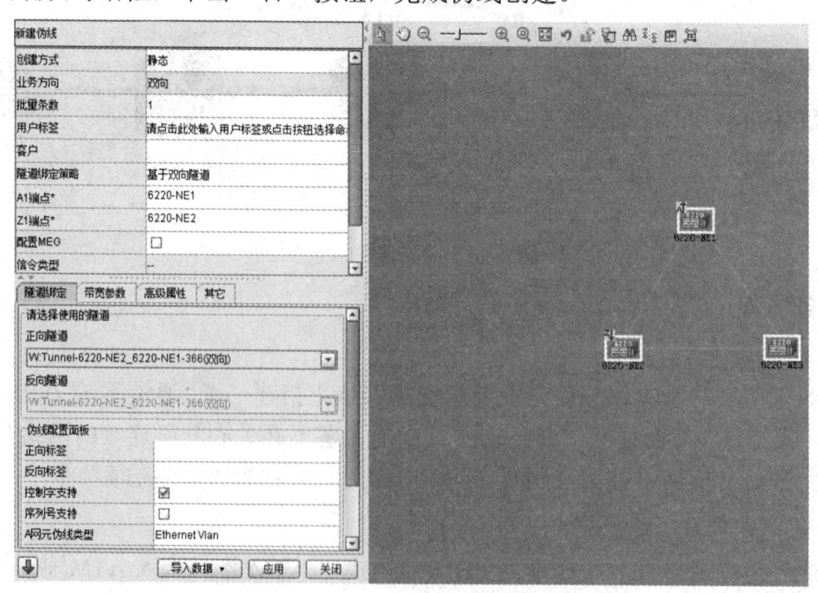

图 4-35　伪线配置成功界面

4.3　分组传送网 TDM E1 业务配置

4.3.1　TDM E1 业务

随着传输网络大规模的升级换代，PTN 分组传送网开始承担起基站回传和集团客户专线等业务，但是还有很多 TDM 的业务存在，并且依然是运营商的重要业务，包括 2G 基站回传和大客户专线。

ZXCTN 采用 CES(Circuit Emulation Service，电路仿真业务)技术，在分组网络上实现 TDM(Time Division Multiplexing，时分复用)电路交换数据的业务透传。ZXCTN 支持 TDM E1 业务和通道化 STM-1 业务的仿真透传。

TDM 业务应用在移动语音业务和企业专线业务中。移动设备或企业专线通过 TDM 业务接口接入 ZXCTN 设备。设备再将 TDM 业务封装到伪线中，通过分组网络传送到远端，如图 4-36 所示。

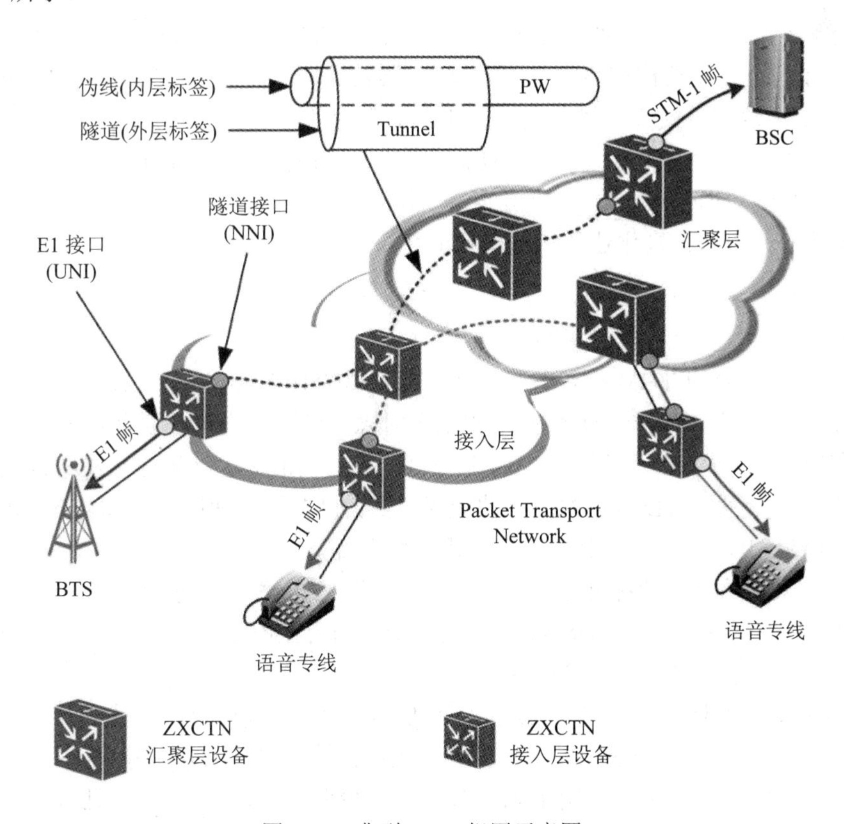

图 4-36　典型 TDM 组网示意图

4.3.2　TDM 业务仿真技术标准

ZXCTN 支持结构化和非结构化的 TDM 电路仿真，能够通过向报文中添加标识符区分不同的 TDM 电路仿真数据流。E1 电路接口符合 ITU-T G.703 要求，电路仿真符合 ITU-TI.363 和 AF-VTOA-0078 ATM 论坛电路仿真指导。

TDM 业务仿真示意图如图 4-37 所示。

图 4-37 TDM 业务仿真示意图

TDM 业务仿真的技术标准包括：

(1) SATOP(Structured-agnostic TDM-over-packet)，该方式不关心 TDM 信号(E1、E3 等)采用的具体结构，而是把数据看作给定速率的纯比特流，这些比特流封装成数据包后在伪线上传送。

(2) 结构化的基于分组的 TDM(Structure-aware TDM-over-packet)，这种方式提供了 N×DS0 TDM 信令封装结构有关的分组网络在伪线传送的方法，支持 DS0(64K)级的疏导和交叉连接应用。这种方式降低了分组网上丢包对数据的影响。

(3) TDM over IP，即所谓的“AALx”模式，这种模式利用基于 ATM 技术的方法将 TDM 数据封装到数据包中。

TDM 业务分为非结构化业务和结构化业务。

1. 结构化电路仿真

结构化电路仿真采用 SATOP 标准。

结构化电路仿真对 TDM 帧进行帧定界和识别非空闲时隙，从 E1 数据流分离 1 个或多个时隙(64 kb/s)字节。对于 TDM 帧中的空闲时隙，结构化电路仿真能够不做传送，只将 CE 设备有用的时隙从 E1 业务流中提取出来封装成伪线报文进行传送。在结构化电路仿真方式下，其目的是丢弃 TDM 数据流中的无用时隙，仅把用户使用的时隙从 TDM 业务流中提取出来封装为 PW 报文传送到远端，实现时隙压缩。

国内 E1 采用的是欧洲标准，每条 E1 里面划分 32 个时隙，分别为 0～31 时隙，每个时隙为 64 k，即 32 × 64 k = 2048 k，约等于 2M，因为业内也有人称 E1 为“2M”。在实际应用中，E1 又分为成帧与非成帧格式。

通俗来讲，成帧格式就是将 E1 所承载的数据封装成一个一个的“小包”并进行有顺序的传输。而成帧格式又分为 30 和 31 格式，30 格式就是指 E1 的 0 时隙和 16 时隙用于其他用途，1～15 时隙、17～31 时隙用于承载有效用户数据；31 格式就是 0 时隙用于其他用途，1～31 时隙均可用于承载有效用户数据。

非成帧格式就是并不打“包”，将 E1 的 0～31 个时隙无顺序地进行传输，而这 32 个时隙都可用于承载有效的业务数据。

从时隙映射到隧道，可以多个 E1 的时隙映射到一条 PW 上，可以一个 E1 的时隙映射到一条 PW 上，也可以一个 E1 上的不同时隙映射到不同的多个 PW 上，这需要根据时隙的业务需要进行灵活配置，如图 4-38 所示。

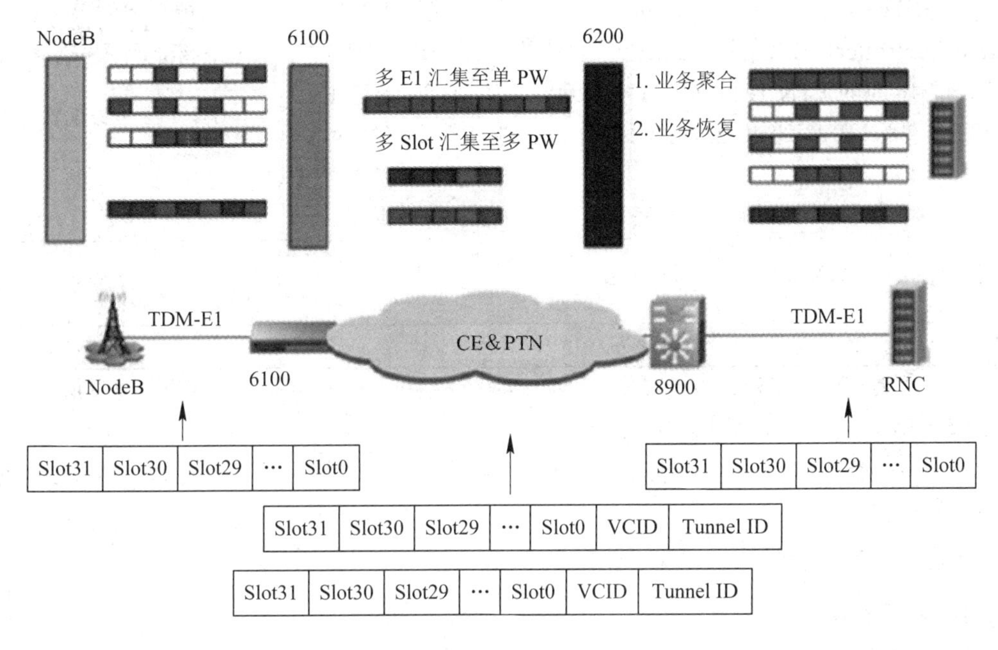

图 4-38　结构化传送示意图

2. 非结构化电路仿真

对于非结构化业务，将 E1 作为一个整体来对待，不对 E1 的时隙进行解析，把整个 E1 的 2M 比特流作为需要传输的 payload 净荷，以 256 bit(32 byte)为一个基本净荷单元的业务来处理，即必须以 E1 帧长的整数倍来处理，净荷加上 VC、隧道封装，经过承载网络传送到对端，去掉 VC、隧道封装，将 2 M 比特流还原，映射到相应的 E1 通道上，就完成了传送过程。如图 4-39 所示。

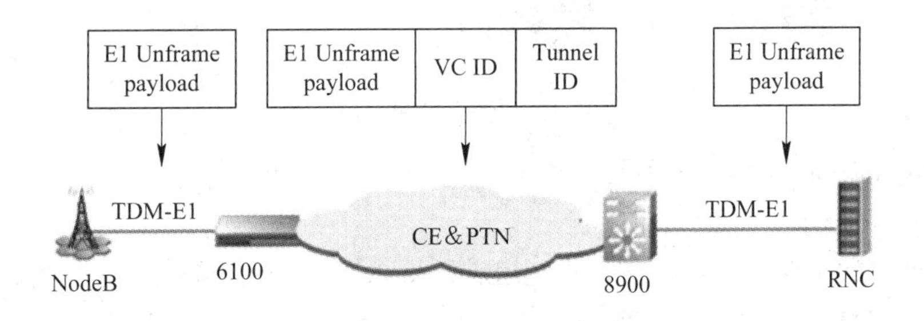

图 4-39　非结构化传送示意图

非结构化电路仿真无需考虑 TDM 帧边界，将 TDM 数据流(32 × 64 kb/s = 2 Mb/s)封装成伪线报文进行传送。

在非结构化电路仿真方式下，由于不能识别和处理 TDM 帧结构和 TDM 帧中的信令等信息，TDM 业务只做透明传输。

4.3.3 TDM E1 业务配置

TDM E1 业务配置

基站(Base Transceiver Station，BTS)与基站控制器(Base Station Controller，BSC)间有 2G 语音业务的传输需求。BTS、BSC 均与本地的 PTN 设备 ZXCTN 6200 连接，BTS 通过 E1 与 NE1 连接，BSC 通过 E1 与 NE2 连接。业务需求如表 4-3 所示。

表 4-3 TDM E1 业务需求

用户	业务分类	业务类型	业务节点 (占端口数)	业务节点 (占端口数)	带宽需求
BTS-BSC	2G语音业务	E1业务	A网元	B网元	CIR＝PIR=2 Mb/s

注：CIR 表示业务所需的承诺信息速率，即正常业务流量时的保证带宽值；PIR 表示业务所需的峰值信息速率，即业务有突发流量时的最大带宽值。

根据业务需求和分析，可通过 ZXCTN 设备搭建的网络，配置 E1 业务，实现 2G 语音业务的传送。

在进行限速配置时，必须保证CIR≤PIR。

1. 网络规划

E1 业务组网和端口分配如图 4-40 所示。

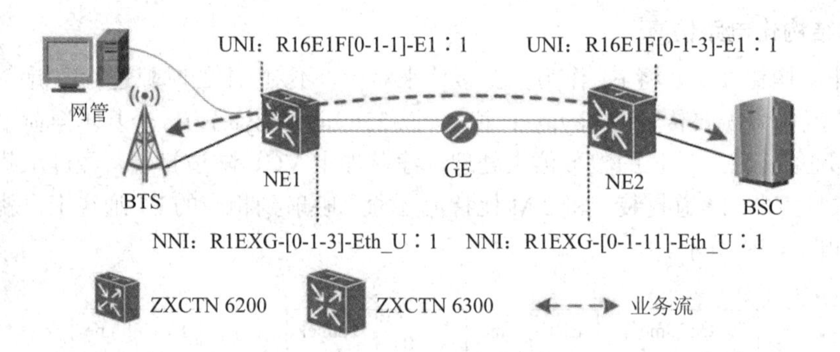

图 4-40 E1 业务组网和端口分配图

由于 2G 语音业务只在两点网元之间存在，业务规划如下：

(1) 配置一条伪线承载 2G 业务。

(2) 用于承载业务的伪线，需要用隧道进行承载，配置一条隧道承载该伪线。

隧道和 TDM E1 业务采用端到端配置方式。伪线在配置端到端 TDM E1 业务时，通过新建伪线方式配置。

2. 业务配置

在配置 TDM E1 业务前，必须确保在 U31 网管中完成了创建网元、上载数据库配置单板、创建光纤连接、配置时钟源、同步网元时间等基础操作，并完成了基础数据配置、隧道配置。在配置业务时，应先完成 PDH 成帧配置，再继续完成 TDM E1 业务配置。

1) PDH 成帧配置

在拓扑管理视图中，用鼠标右键单击网元 6220-NE1，选择“网元管理”，如图 4-41 所示。

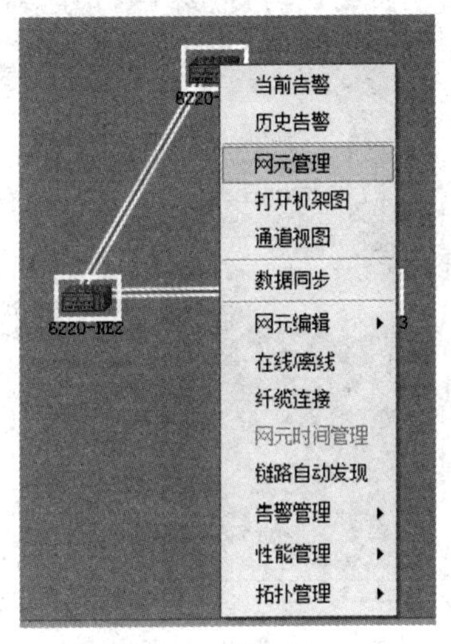

图 4-41　网元管理

在如图 4-42 所示对话框左下侧导航树中，选择“网元操作”→“接口配置”→“PDH 成帧配置”节点，进入 PDH 成帧配置对话框，单击“应用”按钮，使配置生效。

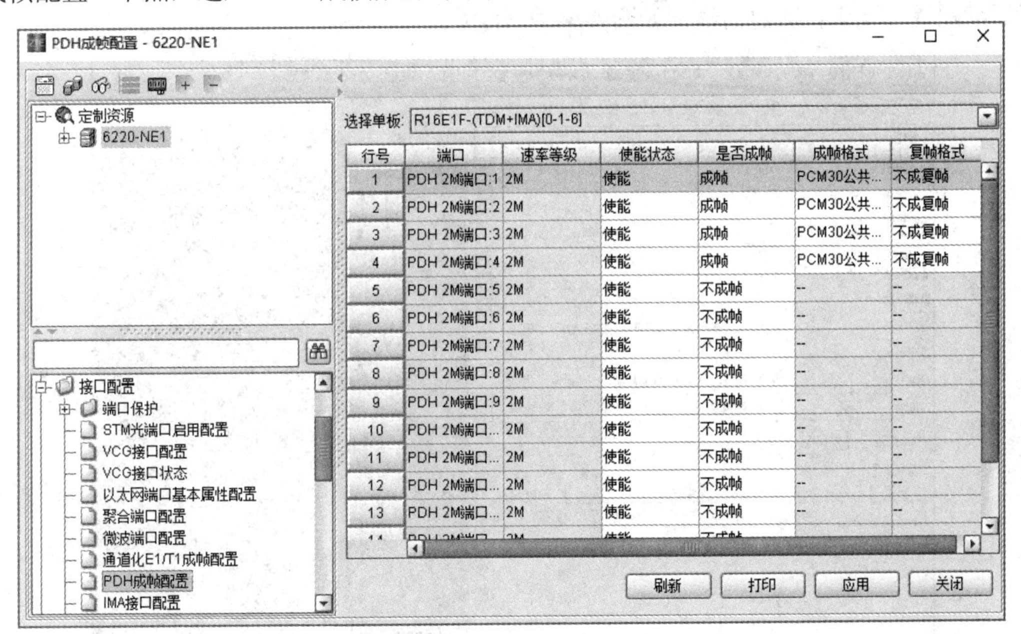

图 4-42　PDH 成帧配置对话框

重复以上步骤配置网元 6220-NE2 的 PDH 2M 端口 1 的成帧属性。

2) 创建端到端 TDM E1 业务

在业务视图中，单击鼠标右键选择“新建”→“新建 TDM 业务”，如图 4-43 所示。

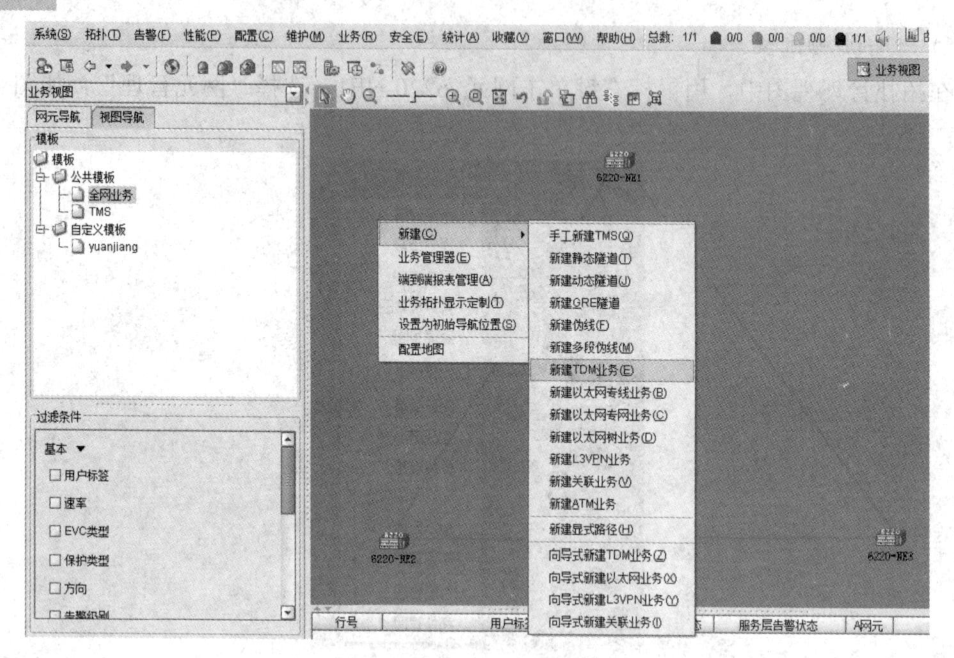

图 4-43 业务视图管理器

设置 E1 端到端业务基本属性，包括业务速率(E1/VC12)、用户标签、A 端点*、Z 端点*等。

在伪线配置页面的伪线配置区域框中会自动生成一个伪线条目。用户可对该条伪线进行后续配置，无需再新建伪线，如图 4-44 所示。

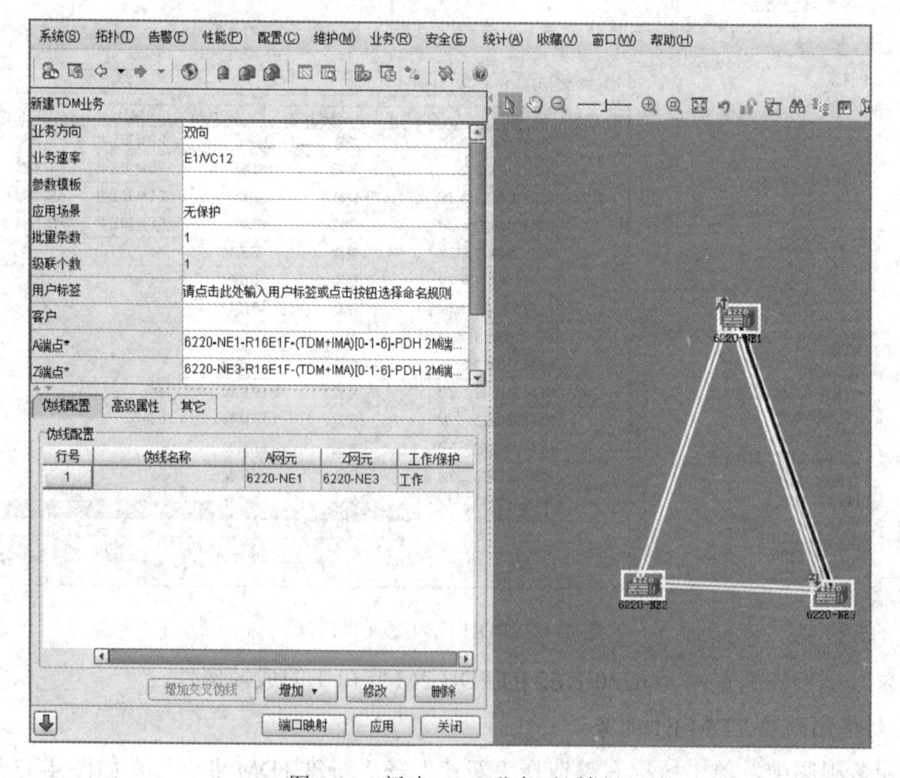

图 4-44 新建 TDM 业务对话框

单击“应用”按钮，弹出确认对话框，单击“否”按钮，完成 TDM E1 业务的创建。

4.4　分组传送网 ATM 业务配置

4.4.1　ATM 异步传输模式

ATM(Asynchronous Transfer Mode，异步传输模式)，是国际电信联盟 ITU-T 制定的标准。在 20 世纪 80 年代中期，人们就已经开始进行快速分组交换的实验，建立了多种命名不相同的模型，欧洲各国重在图像通信，把相应的技术称为异步时分复用(ATD)；美国重在高速数据通信，把相应的技术称为快速分组交换(FPS)。国际电联经过协调研究，以 FPS 为基础，于 1988 年正式命名为 Asynchronous Transfer Mode(ATM)，并推荐 ATM 为宽带综合业务数据网 B-ISDN 的信息传输模式。

ATM 是一种传输模式，在这一模式中，信息被组织成信元，因包含来自某用户信息的各个信元不需要周期性出现，这种传输模式是异步的。

4.4.2　ATM 业务仿真实现

ATM 业务仿真通过在分组传送网 PE 节点上提供 ATM 接口接入 ATM 业务流量，然后将 ATM 业务进行 PWE3 封装，最后映射到隧道中进行传输。节点利用外层隧道标签转发到目的节点，从而实现 ATM 业务流量的透明传输。

ATM 业务在 IP 承载网上有隧道透传模式和终结模式两种处理方式。

1．隧道透传模式

隧道透传模式类似于非结构化 E1 的处理，将 ATM 业务整体作为净荷，不解析内容，加上 VC、隧道封装后，通过承载网传送到对端，再对点进行解 VC/隧道封装，还原出完整的 ATM 数据流，交由对端设备处理。

隧道透传可以区分为：基于 VP 的隧道透传(ATM VP 连接作为整体净荷)、基于 VC 的隧道透传(ATM VC 连接作为整体净荷)、基于端口的隧道透传(ATM 端口作为整体净荷)。

在隧道透传模式下，ATM 数据到伪线的映射有两种不同的方式：

(1) N∶1 映射。N∶1 映射支持多个 VCC 或者 VPC 映射到单一的伪线，即允许多个不同的 ATM 虚连接的信元封装到同一个 PW 中去。

这种方式可以避免建立大量的 PW，节省接入设备与对端设备的资源，同时，通过信元的串接封装，提高了分组网络带宽利用率。

(2) 1∶1 映射。1∶1 映射支持将单一的 VCC 或者 VPC 数据封装到单一的伪线中去。

采用这种方式，建立伪线和 VCC 或者 VPC 之间一一对应的关系，在对接入的 ATM 信元进行封装时，可以不添加信元的 VCI、VPI 字段或者 VPI 字段，在对端根据伪线和 VCC 或者 VPC 的对应关系恢复出封装前的信元，完成 ATM 数据的透传。这样，再辅以多个信元串接封装可以进一步节省分组网络的带宽。

2．终结模式

AAL5，即 ATM 适配层 5，支持面向连接的、VBR 业务。它主要用于在 ATM 网及 LANE

上传输标准的 IP 业务，将应用层的数据帧分段重组形成适合在 ATM 网络上传送的 ATM 信元。AAL5 采用了 SEAL 技术，并且是目前 AAL 推荐技术中最简单的一个。AAL5 提供低带宽开销和更为简单的处理需求，以获得简化的带宽性能和错误恢复能力。

ATM PWE3 处理的终结模式对应于 AAL5 净荷虚通道连接(VCC)业务，它是把一条 AAL5 VCC 的净荷映射到一条 PW 的业务。

4.4.3 ATM 反向复用(IMA)

IMA(Inverse Multiplexing for ATM，ATM 反向复用)技术是将 ATM 信元流以信元为基础，反向复用到多个低速链路上来传输，在远端再将多个低速链路的信元流复接在一起恢复出与原来顺序相同的 ATM 信元流。IMA 能够将多个低速链路复用起来，实现高速宽带 ATM 信元流的传输，并通过统计复用，提高链路的使用效率和传输的可靠性。

IMA 适合在 E1 接口和通道化 VC12 链路上传送 ATM 信元，它只是提供一个通道，对业务类型和 ATM 信元不做处理，只为 ATM 业务提供透明传输。当用户接入设备后，反向复用技术把多个 E1 的连接复用成一个逻辑的高速率连接，这个高的速率值等于组成该反向复用的所有 E1 速率之和。ATM 反向复用技术包括复用和解复用 ATM 信元，完成反向复用和解复用的功能组称为 IMA 组。

如果 IMA 组中一条链路失效，信元会被负载分担到其他正常链路上进行传送，从而达到保护业务的目的。

IMA 传输过程如图 4-45 所示。

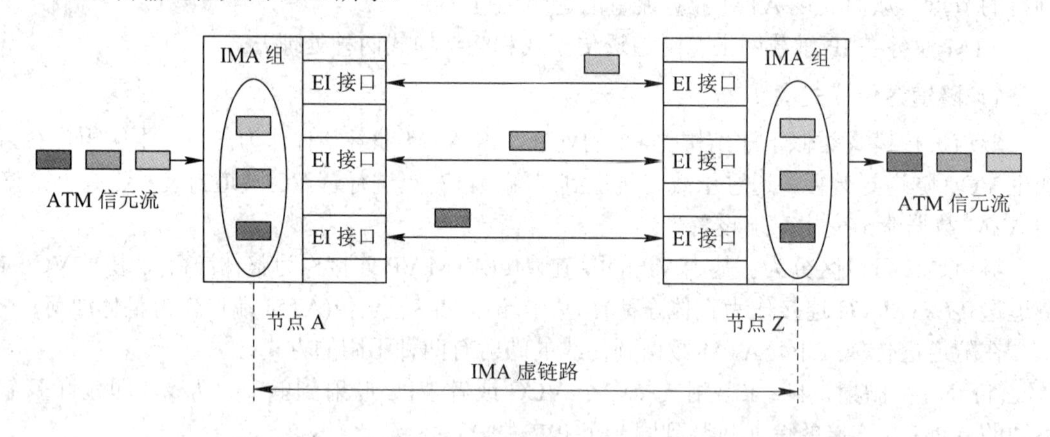

图 4-45 IMA 传输过程

IMA 组在每一个 IMA 虚连接的端点处终止。在发送方向上，从 ATM 层接收到的信元流以信元为基础，被分配到 IMA 组中的多个物理链路上。在接收端，从不同物理链路上接收到的信元，以信元为基础，被重新组合成与初始信元流一样的信元流。

ATM 业务配置

4.4.4 ATM 业务配置

基站 NodeB 与 RNC 间有 3G 语音业务的传输需求。NodeB、RNC 均与本地的 PTN 设备 ZXCTN6100 连接，NodeB 通过 IMA 与 NE1 连接，RNC 通过 IMA 与 NE2 连接。

IMA 业务在 NE1 处进行 VPI(Virtual Path Interface，虚路径标识符)/VCI(Virtual Container Interface，虚通道标识符)的交换，在 NE2 处进行 VPI/VCI 的透传。业务需求如表 4-4 所示。

表 4-4　ATM 业务需求

用户	业务分类	业务分类	业务节点(占端口数)	业务节点(占端口数)	带宽需求
NodeB-RNC	3G语音业务	ATM业务	NE1(5)	NE2(5)	CIR=PIR=10 Mb/s

注：CIR 表示业务所需的承诺信息速率，即正常业务流量时保证的带宽值；PIR 表示业务所需的峰值信息速率，即业务有突发流量时的最大带宽值。在进行限速配置时，必须保证 CIR≤PIR。

根据业务需求和分析，可通过 ZXCTN 设备搭建的网络，配置 ATM 业务，实现 3G 语音业务和数据业务的传送。

1. 网络规划

ATM 业务组网和端口分配如图 4-46 所示。

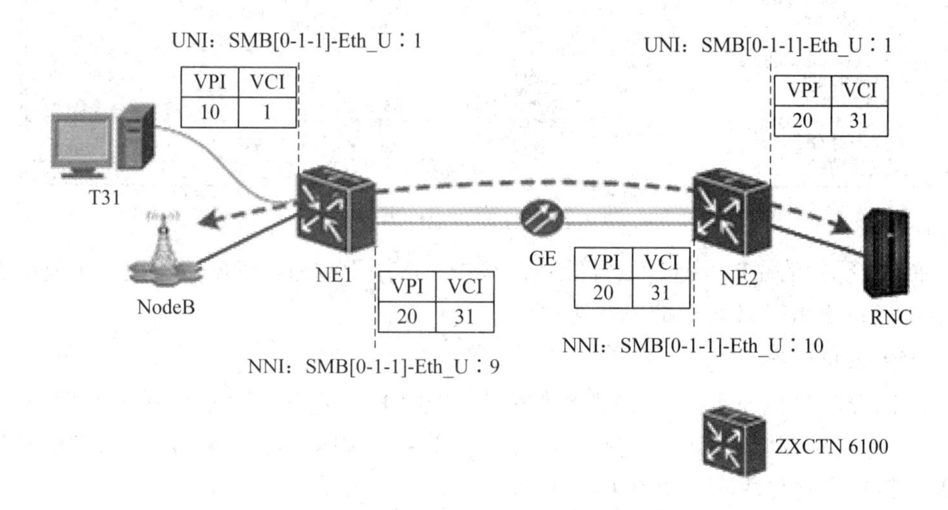

图 4-46　ATM 业务组网和端口分配图

由于 3G 语音业务只在两点网元之间存在，业务规划如下：

(1) 配置一条 PW 承载 3G 业务。

(2) 用于承载业务的 PW，需要用隧道进行承载。应配置一条隧道承载该 PW。

(3) 根据业务对带宽的需求，可采用“PW 带宽设置”的方式实现。

(4) 本例中的隧道、伪线和 IMA 业务采用端到端配置方式。

2. 业务配置

在配置业务前，需要确保已经通过 U31 网管完成了创建网元、上载数据库配置单板、创建光纤连接、配置时钟源、同步网元时间等基础操作，并完成基础数据配置和隧道配置。

在配置业务时，应先完成配置 PDH 成帧方式及 IMA 接口配置、ATM 接口配置，然后完成 ATM 业务配置。

1) PDH 成帧配置

在拓扑管理视图中，用鼠标右键单击网元 6220-NE1，选择“网元管理”，进入网元管理对话框，在左下侧导航树中，选择“网元操作”→“接口配置”→“PDH 成帧配置”，进入 PDH 成帧配置对话框，选择端口进行成帧配置，成帧格式为“PCM30 公共信令通道”，复帧格式为“不成复帧”，如图 4-47 所示。

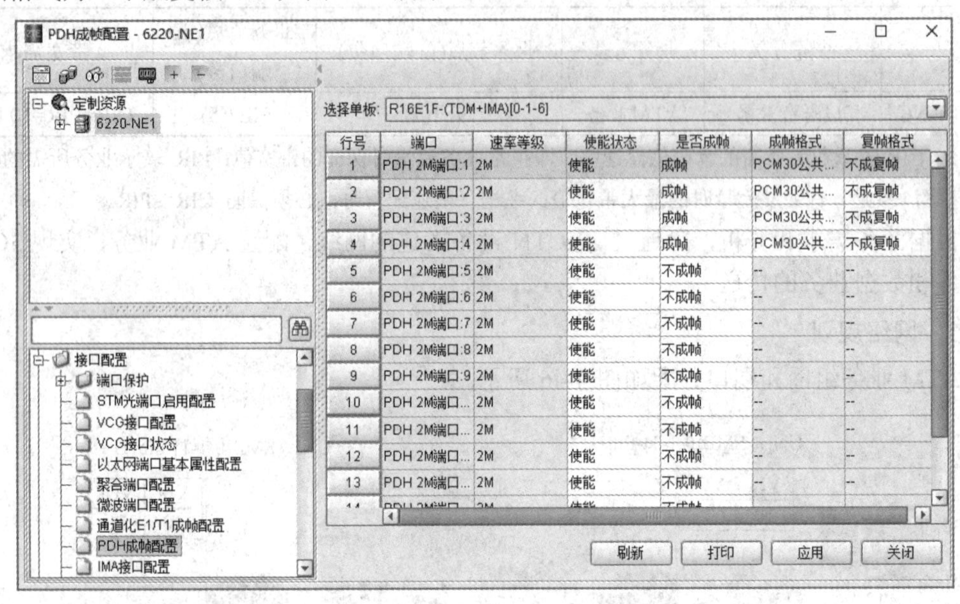

图 4-47　E1 端口属性设置

选择需要配置的端口，进行成帧配置，单击“应用”按钮，使配置生效。重复配置网元 6220-NE2 的 PDH 2M 端口的成帧属性。

2) IMA 接口配置

在拓扑管理视图中，用鼠标右键单击网元 6220-NE1，选择“网元管理”，进入网元管理对话框，在左下侧导航树中，选择“网元操作”→“接口配置”→“IMA 接口配置”，进入 IMA 接口配置对话框，如图 4-48 所示。

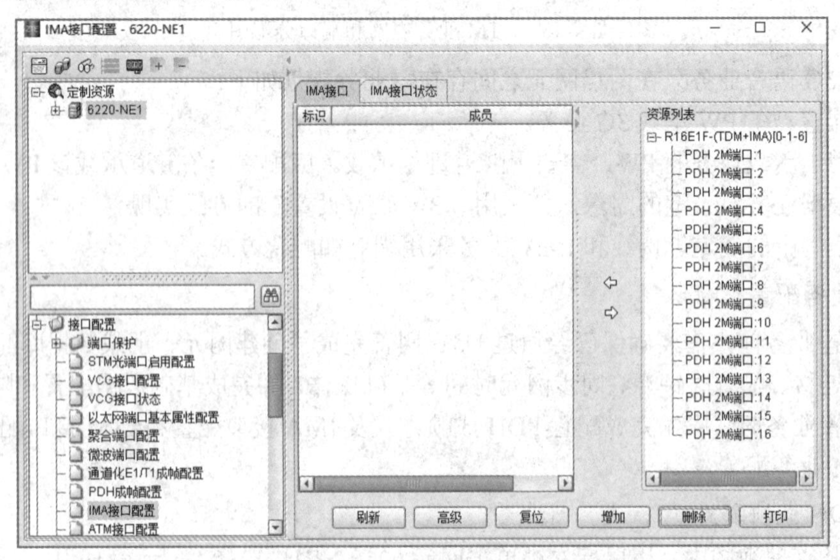

图 4-48　IMA 接口配置对话框

单击“增加”按钮，新建 IMA 接口，如图 4-49 所示。

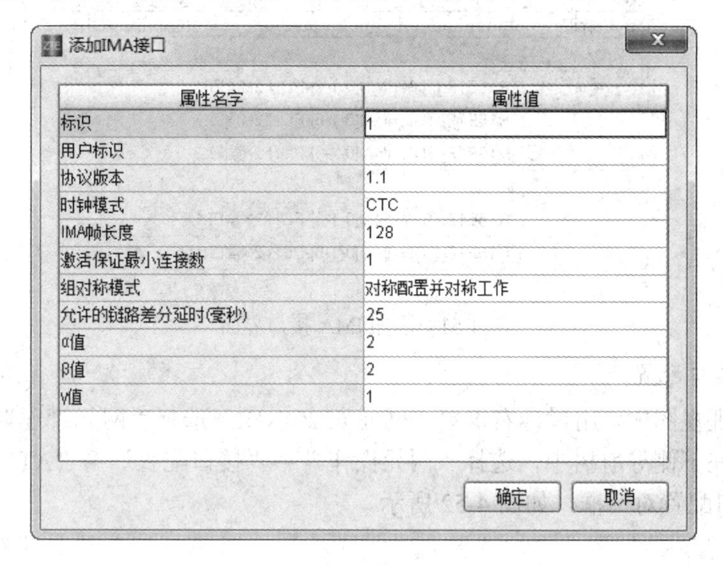

图 4-49　新建 IMA 接口对话框

使用默认配置，单击“确定”按钮，进入 IMA 接口配置界面，选择需要添加到 IMA 接口中的 E1 端口，如图 4-50 所示。

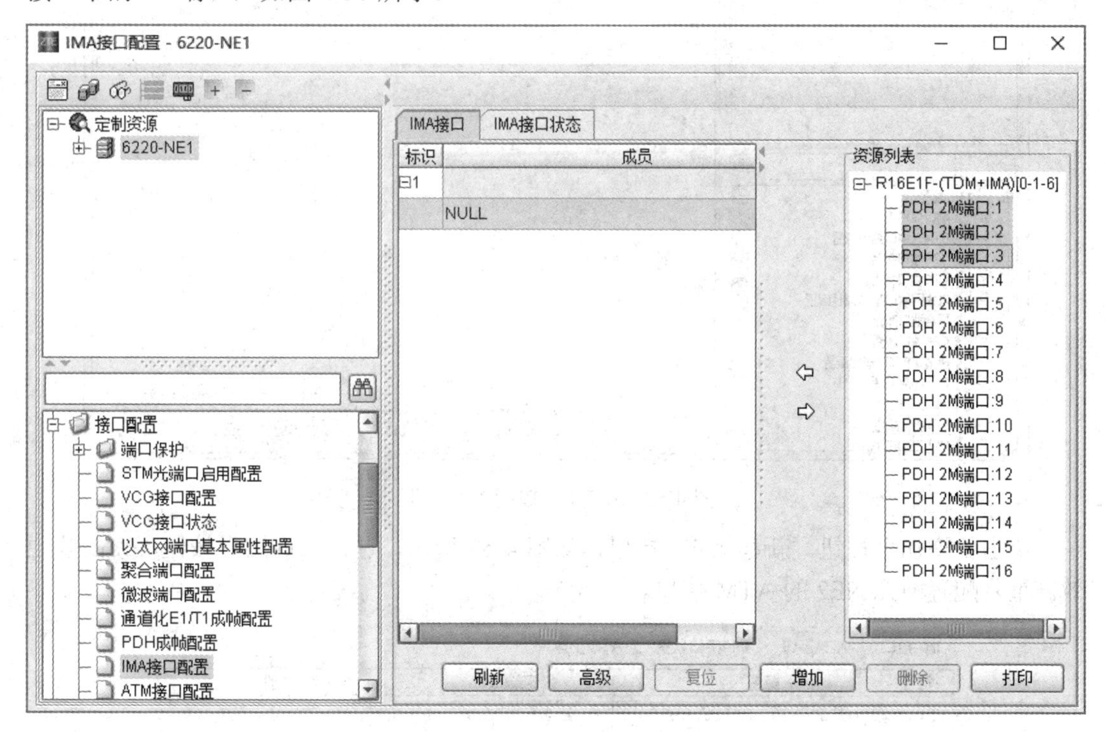

图 4-50　IMA 接口配置界面

选择右侧 R16E1F-(TDM+IMA)[0-1-6]端口树中待添加的端口，单击　，如图 4-51 所示，单击“应用”按钮，使配置生效，重复配置网元 6220-NE2 的 IMA 接口。

IMA接口　IMA接口状态

标识	成员
⊟1	
	R16E1F-(TDM+IMA)[0-1-6]-PDH 2M端口:1
	R16E1F-(TDM+IMA)[0-1-6]-PDH 2M端口:2
	R16E1F-(TDM+IMA)[0-1-6]-PDH 2M端口:3
⊟2	
	R16E1F-(TDM+IMA)[0-1-6]-PDH 2M端口:14
	R16E1F-(TDM+IMA)[0-1-6]-PDH 2M端口:15

图 4-51　添加 IMA 接口界面

3) ATM 接口配置

在拓扑管理视图中，用鼠标右键单击网元 6220-NE1，选择“网元管理”，进入网元管理对话框，在左下侧导航树中，选择“网元操作”→“接口配置”→“ATM 接口配置”，进入 ATM 接口配置对话框，如图 4-52 所示。

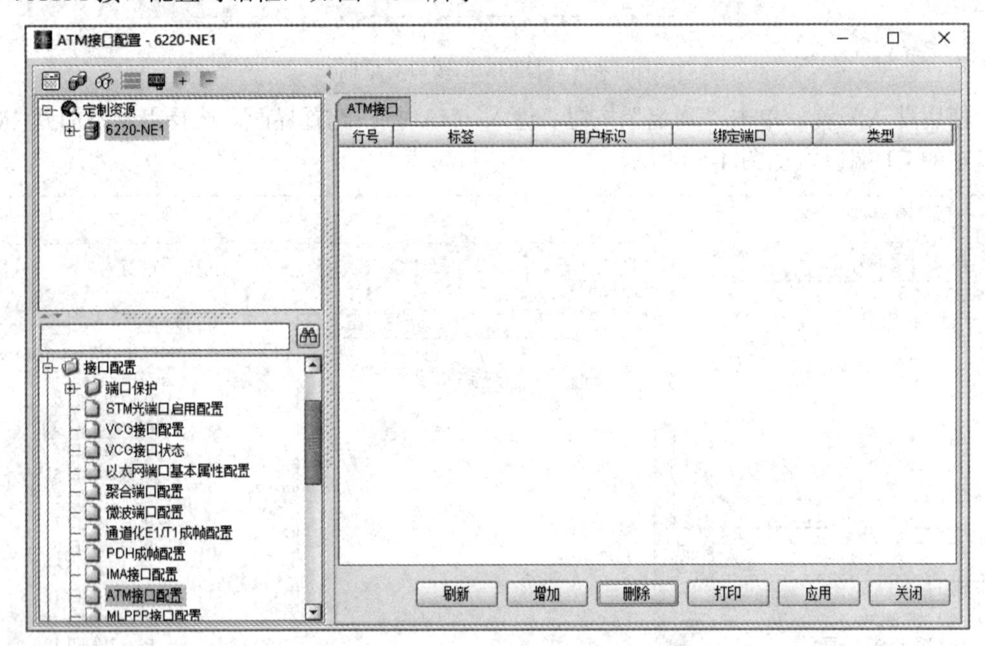

图 4-52　ATM 接口配置对话框

单击“增加”按钮，新建 ATM 接口，如图 4-53 所示，单击“应用”按钮，使配置生效。重复配置网元 NE2 的 ATM 接口。

IMA接口　ATM接口　IMA接口状态　ATM业务

行号	标签	绑定端口	类型
1	1	BBD[0-1-255]-IMA:1	IMA接口

图 4-53　新建 ATM 接口界面

4) 创建端到端伪线和 CES ATM 业务

在业务视图中，单击鼠标右键，选择“新建”→“新建 ATM 业务”，如图 4-54 所示。

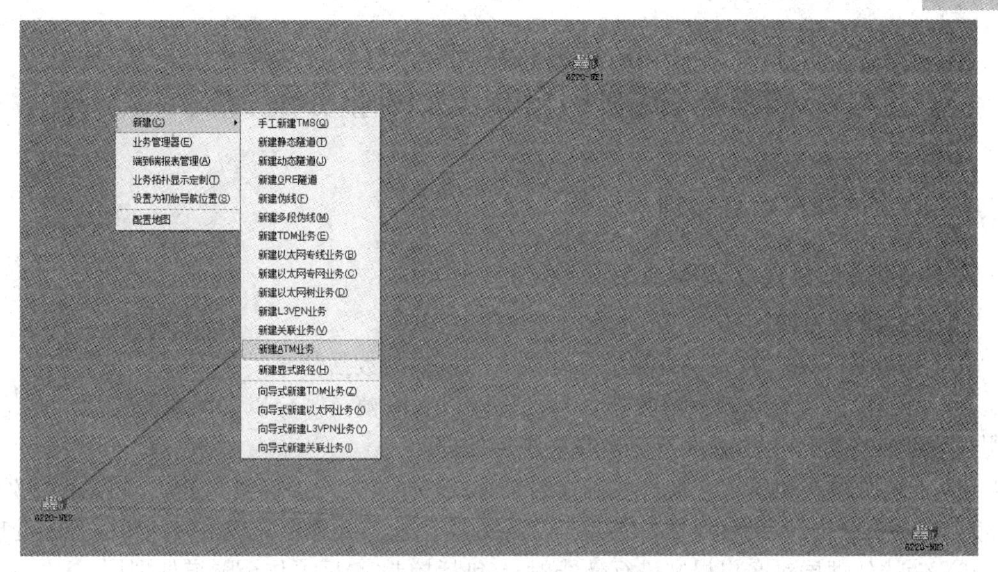

图 4-54　ATM 业务创建页面

设置 ATM 端到端业务基本属性，包括业务方向、用户标签、A1 端点*、Z1 端点*等。

在伪线配置页面的伪线配置区域框中会自动生成一个伪线条目。用户可对该条伪线进行后续配置，无需再新建伪线，如图 4-55 所示。单击“应用”按钮，弹出确认对话框。单击“否”按钮，完成 ATM 业务的创建。

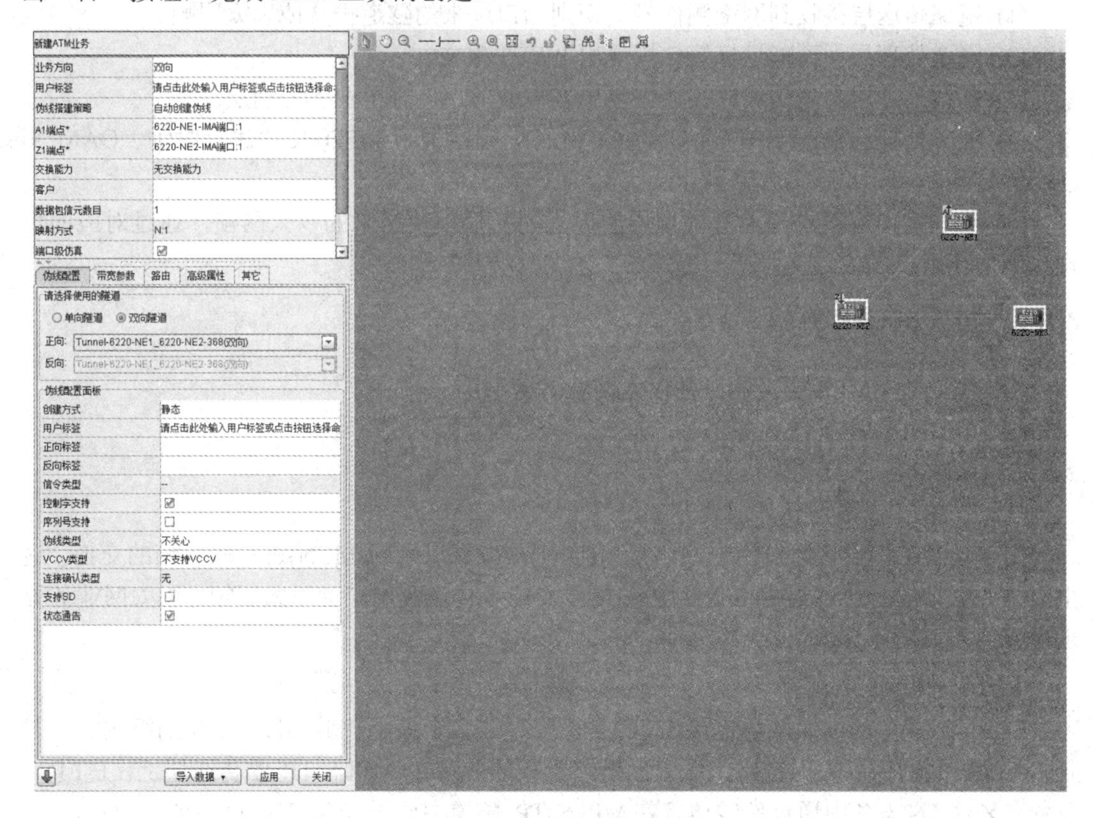

图 4-55　配置业务自动创建伪线

4.5 分组传送网以太网业务配置

4.5.1 以太网业务仿真实现

以太网业务的仿真与TDM业务类似。

1. 上行业务方向

在上行业务方向，按照以下顺序处理接入的以太网数据信号：

(1) 物理接口接收到以太网数据信号，提取以太网帧，区分以太网业务类型，并将帧信号发送到业务处理层的以太网交换模块进行处理。

(2) 业务处理层根据客户层标签确定封装方式，如果客户层标签是PW，将由伪线处理层完成PWE3封装，如果客户层标签是SVLAN，将由业务处理层完成SVLAN标签的处理。

(3) 伪线处理层对客户报文进行伪线封装(包括控制字)后上传至隧道处理层。

(4) 隧道处理层对PW进行隧道封装，完成PW到隧道的映射。

(5) 链路传送层为隧道报文封装上段层封装后发送出去。

2. 下行业务方向

在下行业务方向，按照以下顺序处理接入的网络信号：

(1) 链路传送层接收到网络侧信号，识别端口进来的隧道报文或以太网帧。

(2) 隧道处理层剥离隧道标签，恢复出PWE3报文。

(3) 伪线处理层剥离伪线标签，恢复出客户业务，下行至业务处理层。

(4) 业务处理层根据UNI或UNI+CEVLAN确定最小MFDFR并进行时钟、OAM和QoS的处理。

(5) 物理接口层接收由业务处理层的以太网交换模块送来的以太网帧，通过对应的物理接口发往用户设备。

4.5.2 以太网业务类型

ZXCTN支持MEF定义的三种以太网业务模型：

(1) E-LINE：点到点业务。

(2) E-LAN：多点到多点业务。

(3) E-TREE：多点到点汇聚业务。

用户边缘(CE)设备通过用户网络接口(UNI)与城域以太网(MEN)进行服务帧的交换。这里的服务帧指的是通过UNI传送到服务提供商或者传送到用户的以太网帧。以太网业务处理模型结构如图4-56所示。

1. E-LINE 业务

E-LINE业务的以太网虚连接(EVC)是由一个或多个最小流域片段(MFDFr)组成的，并且MFDFr之间为以太网链路，以太网链路承载的业务在MPLS-TP的传送层上。E-LINE业务在ZXCTN设备中通过伪线仿真在MPLS-TP隧道中传送。ZXCTN设备提供的E-LINE业务模型如图4-57所示。

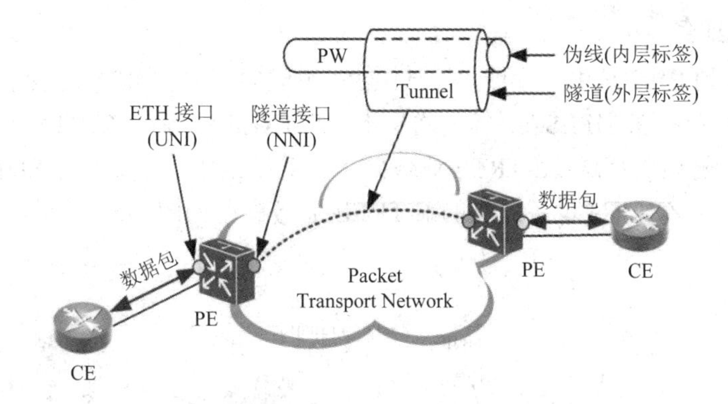

图 4-56　以太网业务处理模型结构

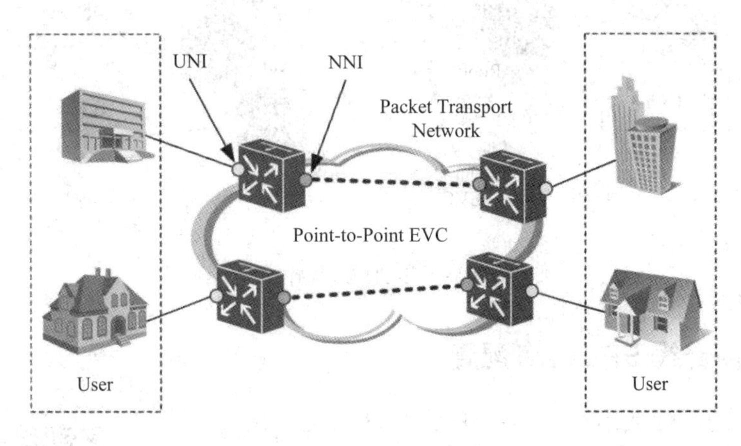

图 4-57　E-LINE 业务模型

2. E-LAN 业务

E-LAN 业务的 EVC 是由一个或多个 MFDFr 组成的，并且 MFDFr 之间为以太网链路，以太网链路承载的业务在 MPLS-TP 的传送层上。E-LAN 业务在 ZXCTN 设备中通过伪线仿真在 MPLS-TP 隧道中传送。ZXCTN 设备提供的 E-LAN 业务模型如图 4-58 所示。

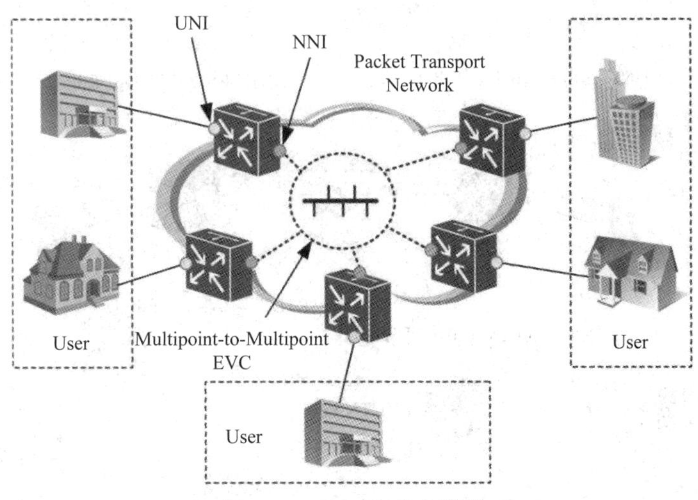

图 4-58　E-LAN 业务模型

3. E-TREE 业务

E-TREE 业务的 EVC 是由一个或多个 MFDFr 组成的，并且 MFDFr 之间为以太网链路，以太网链路承载的业务在 MPLS-TP 的传送层上。E-TREE 业务在 ZXCTN 设备中通过伪线仿真在 MPLS-TP 隧道中传送。E-TREE 业务要求业务节点中至少有一个根端口，且禁止叶端口之间转发数据。ZXCTN 设备提供的 E-TREE 业务模型如图 4-59 所示。

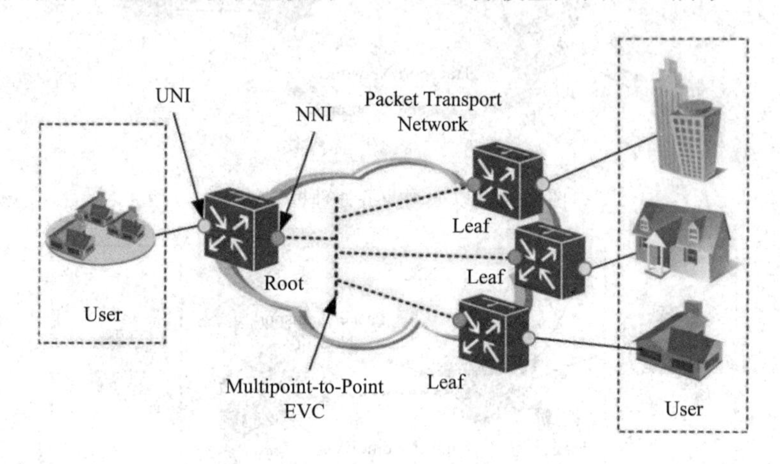

图 4-59　E-TREE 业务模型

4.5.3　以太网专线(EPL)业务配置

位于 NE1 的银行 A 与位于 NE2 的银行 B 有业务往来，两家银行的交换机均与本地的 PTN 设备连接，如图 4-60 所示。

以太网专线(EPL)业务配置

A、B 两家银行之间的业务均为数据业务，用户要求独占用户侧端口，银行 A 与银行 B 均可提供 100M 以太网电接口，A、B 两家银行的交换机均不支持 VLAN。业务需求见表 4-5。

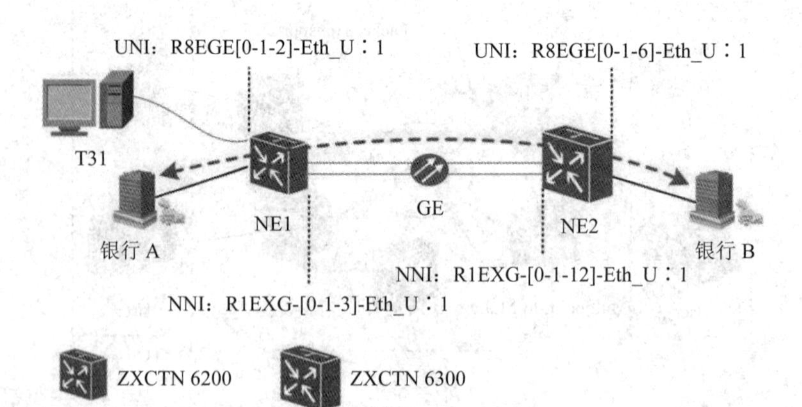

图 4-60　以太网 EPL 业务示意图

表 4-5　EPL 业务需求

用户	业务分类	业务节点A(占端口数)	业务节点Z(占端口数)	带宽需求
银行A—银行B	数据业务	NE1(1)	NE2(1)	CIR=50 Mb/s PIR=100 Mb/s

根据业务需求，两银行之间的数据业务需要透明传送。经过分析，可通过 PTN 设备搭建点到点网络，配置 EPL(Ethernet Private Line，以太网专线)业务，实现以太网业务的传送。

1. 网络规划

由于两网元之间的银行业务只包含数据业务，业务规划如下：

(1) 配置一条伪线承载银行 A、银行 B 的数据业务。

(2) 配置一条隧道承载该伪线。

(3) 根据业务对带宽的需求，采用“伪线带宽设置”的方式实现。

本例中的隧道、伪线和 EPL 业务均采用端到端配置方式。

2. EPL 业务配置

在配置业务前，应先在网管上完成基础数据配置、隧道配置，然后完成 EPL 业务配置。

在业务视图中，右键单击鼠标选择“新建”→“新建以太网专线业务”菜单项，如图 4-61 所示。

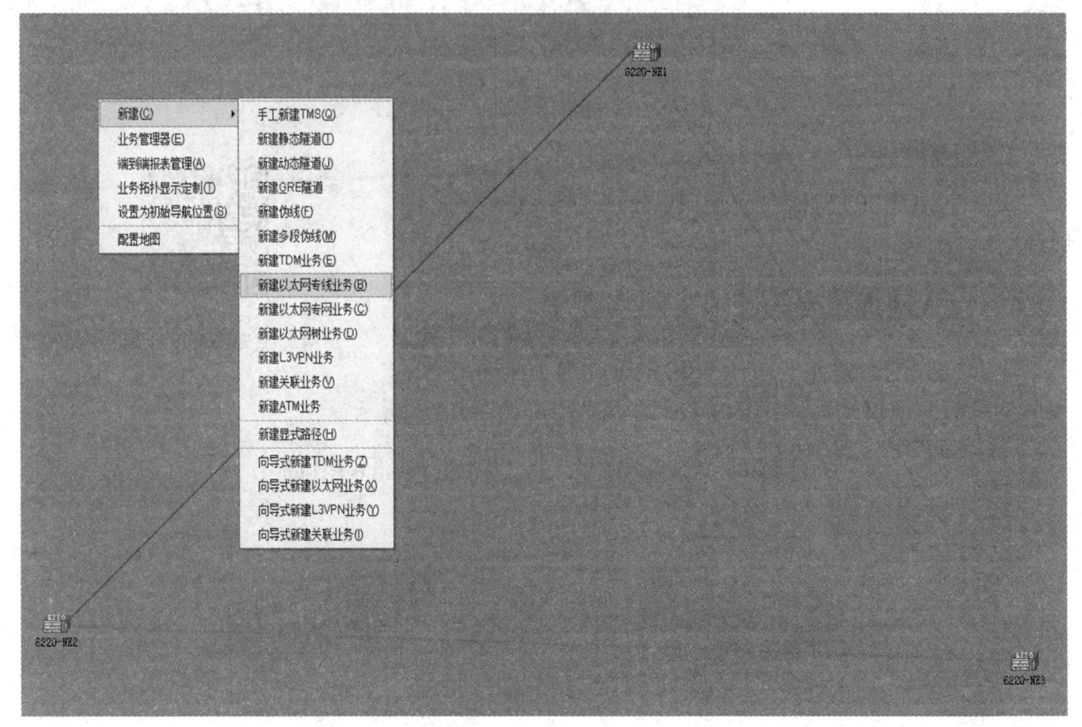

图 4-61　新建以太网专线业务

设置以太网业务基本属性，包括业务类型、应用场景、A 端点*、Z 端点等，如图 4-62 所示。

单击“应用”按钮，弹出确认对话框。单击“否”按钮，完成以太网专线业务的创建。

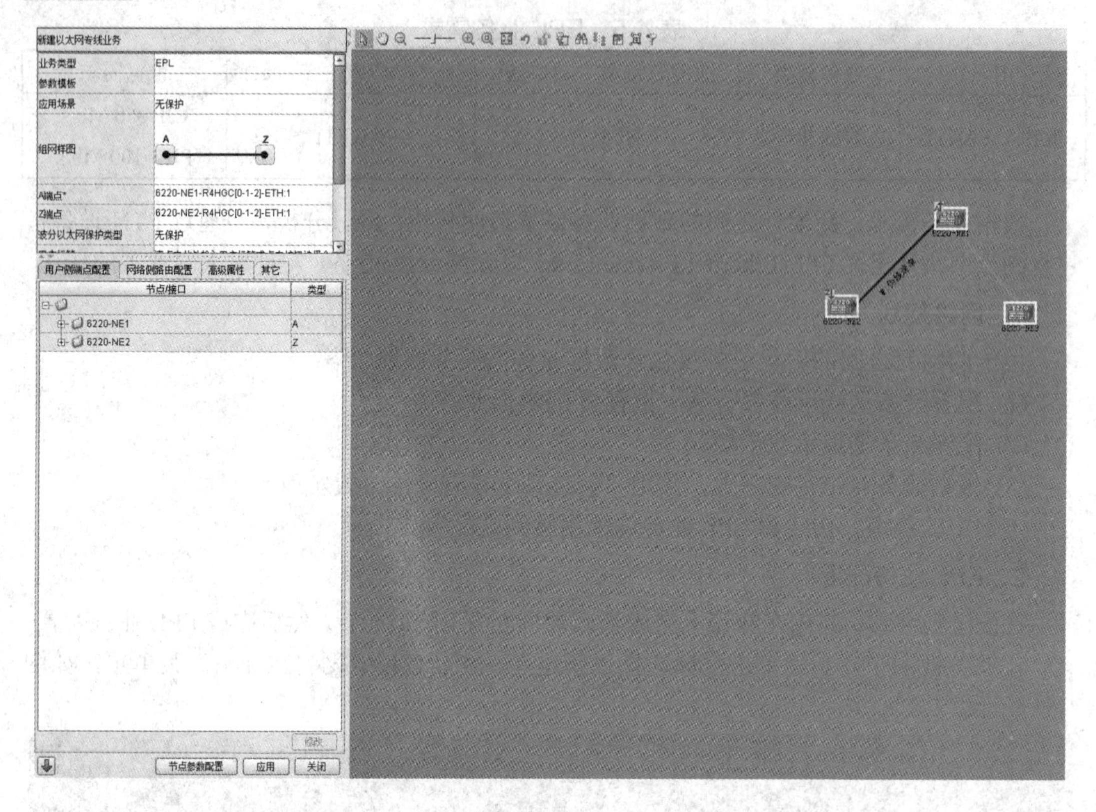

图 4-62 新建以太网业务基本属性

3. 业务验证

在 PTN-A 和 PTN-B 对应端口，分别连接 PC，配置 IP 地址后进行 Ping 验证。

4.5.4 以太网虚拟专线(EVPL)业务配置

以太网虚拟专线(EVPL)业务配置

位于 NE1 的公司 A 与位于 NE2 的公司 B 有业务往来，两个公司的交换机均与本地的 PTN 设备连接，如图 4-63 所示。

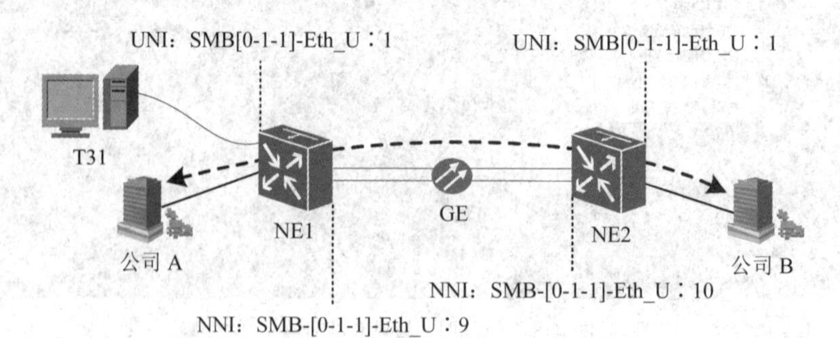

图 4-63 以太网 EVPL 业务组网示意图

A、B 两个公司之间的业务包括视频业务及普通数据业务两类，其中视频业务需要配置固定带宽，普通数据业务可突发占用全部带宽。用户要求网络带宽为 80 Mb/s。公司 A 与公司 B 的交换机均可提供 100 M 以太网电接口，且交换机均支持 VLAN。业务需求见表 4-6。

表 4-6　EVPL 业务需求表

用户	业务分类	业务节点A (占端口数)	业务节点Z (占端口数)	带宽需求
公司A—公司B	视频业务(VLAN10)	NE1(1)	NE2(1)	CIR=PIR=50 Mb/s
	数据业务(VLAN 12)			CIR=20 Mb/s PIR=80 Mb/s

根据业务需求，两家公司之间的视频业务及普通数据业务需要点到点隔离传送。经过分析，可通过 PTN 设备搭建点到点网络，配置 EVPL(Ethernet Virtual Private Line，以太网虚拟专线)业务，实现以太网业务的传送。

1. 网络规划

由于两网元之间的公司 A、公司 B 的业务包含视频业务和数据业务，业务规划如下：

(1) 配置两条伪线分别承载公司 A、公司 B 之间的视频业务和数据业务。

(2) 配置一条隧道承载两条伪线，且两条伪线的业务 VLAN 分别为 10 和 12。

(3) 根据业务对带宽的需求，可采用“伪线带宽设置+端口 ACL 设置”的方式实现。

2. ACL 访问控制列表

1) ACL 的概念

ACL(Access Control List，访问控制列表)是一种对经过路由器的数据流进行判断、分类和过滤的方法。

ACL 的应用主要有：

(1) 将 ACL 应用到接口上。这是常见的 ACL 应用，其主要作用是根据数据包与数据段的特征来进行判断，决定是否允许数据包通过路由器转发。主要目的是对数据流量进行管理和控制。

(2) 使用 ACL 实现策略路由和特殊流量的控制。在一个 ACL 中可以包含一条或多条特定类型的 IP 数据报的规则。ACL 可以简单到只包括一条规则，也可以复杂到包括很多规则。通过多条规则来定义与规则中相匹配的数据分组。

(3) ACL 作为一个通用的数据流量的判别标准还可以和其他技术配合，应用在不同的场合，例如：防火墙、QoS 与队列技术、策略路由、数据速率限制、路由策略、NAT(Network Address Translation，网络地址转换)等。

2) ACL 的功能和分类

通常使用 ACL 实现对数据报文的过滤、策略路由以及特殊流量的控制。一个 ACL 中可以包含一条或多条针对特定类型数据包的规则。这些规则告诉设备，对于与规则中规定的选择标准相匹配的数据包是允许还是拒绝通过。由 ACL 定义的数据包匹配规则，还可以被其他需要对流量进行区分的场合引用，如在 QoS 中用于定义流分类规则。数据包只有在跟第一个判断条件不匹配时，才被交给 ACL 中的下一个条件判断语句进行比较。如果匹配(假设为允许发送)，则不管是第一条还是最后一条语句，数据都会立即发送到目的接口。如果所有的 ACL 判断语句都检测完毕，仍没有匹配的语句出口，则该数据包将视为被拒绝而被丢弃。一个端口执行哪条 ACL 语句，需要按照列表中的条件语句执行顺序来判断。如果一个数据包的报头跟表中某个条件判断语句相匹配，那么后面的语句就将被忽略，不再进行检查。

ACL 一般分为以下 8 种类型。

(1) 基本 ACL：只对源 IP 地址进行匹配。

(2) 扩展 ACL：对源 IP 地址、目的 IP 地址、IP 协议类型、TCP(Transmission Control Protocol，传输控制协议)源端口号、TCP 目的端口号、UDP(User Datagram Protocol，用户数据协议)源端口号、UDP 目的端口号、ICMP(Internet Control Message Protocol，Internet 控制报文协议)类型、ICMPCode、DSCP、ToS、Precedence 进行匹配。

(3) 二层 ACL：对源 MAC(Media Access Control，媒体介入控制层)地址、目的 MAC 地址、源 VLAN ID、二层以太网协议类型、802.1p 优先级值进行匹配。

(4) 混合 ACL：对源 MAC 地址、目的 MAC 地址、源 VLAN ID、源 IP 地址、目的 IP 地址、TCP 源端口号、TCP 目的端口号、UDP 源端口号、UDP 目的端口号进行匹配。

(5) 基本 IPv6 ACL：只对 IPv6 的源 IP 地址进行匹配。

(6) 扩展 IPv6 ACL：对 IPv6 的源和目的地址进行匹配。

(7) 用户自定义 ACL：对 VLAN TAG 的个数和偏移字节进行匹配。

(8) ATM ACL：对 VPI(Virtual Path Identifier，虚路径标识符)、VCI(Virtual Channel Identifier，虚通道标识符)、时间段进行匹配。

标准 ACL：以源地址作为过滤标准，只针对数据包的源地址信息作为过滤的标准而不能基于协议或应用来进行过滤。即只能根据数据包是从哪里来的来进行控制，而不能基于数据包的协议类型及应用来对其进行控制。只能粗略地限制某一大类协议，如 IP 协议。

扩展 ACL：以源地址和目的地址作为过滤标准，可以针对数据包的源地址、目的地址、协议类型及应用类型(端口号)等信息作为过滤的标准。即可以根据数据包是从哪里来、到哪里去、何种协议、什么样的应用等特征来进行精确的控制。

由于可以精确地限制到某一种具体的协议，ACL 可被应用在数据包进入路由器的接口方向，也可被应用在数据包从路由器外出的接口方向，并且一台路由器上可以设置多个 ACL。但对于一台路由器的某个特定接口的特定方向上，针对某一个协议，如 IP 协议，只能同时应用一个 ACL。

3) ACL 的判别标准及工作流程

ACL 根据 IP 包及 TCP 或 UDP 数据段中的信息来对数据流进行判断，根据第三层及第四层的头部信息进行判断，ACL 可以使用的判别标准包括：源 IP、目的 IP、协议类型(IP、UDP、TCP、ICMP)、源端口号、目的端口号等。ACL 可以根据这五个要素中的一个或多个要素的组合来作为判别的标准。

ACL 规则如下：

按照由上到下的顺序执行，找到第一个匹配后即执行相应的操作，然后跳出 ACL，不继续匹配后面的语句。因此 ACL 中语句的顺序很关键，如果顺序错误则有可能与预期相反。

(1) 末尾隐含为 deny 全部。这意味着 ACL 中必须有明确的允许数据包通过的语句，否则将没有数据包能够通过。

(2) ACL 可应用于 IP 接口或某种服务。ACL 是一个通用的数据流分类与判别的工具，可以被应用到不同的场合，常见的应用为将 ACL 应用在接口上或应用到服务上。

(3) 在引用 ACL 之前，要首先创建好 ACL，否则可能出现错误。

(4) 对于一个协议，一个接口的一个方向上同一时间内只能设置一个 ACL，并且 ACL 配置在接口上的方向很重要，如果配置错误可能不起作用。

下面以应用在外出接口方向(outbound)的 ACL 为例，说明 ACL 的工作流程：

(1) 数据包进入路由器的接口，根据目的地址查找路由表，找到转发接口(如果路由表中没有相应的路由条目，路由器会直接丢弃此数据包，并给源主机发送目的不可达消息)。

(2) 确定外出接口后需要检查是否在外出接口上配置 ACL，如果没有配置 ACL，路由器将做与外出接口数据链路层协议相同的二层封装，并转发数据。

(3) 如果在外出接口上配置了 ACL，则要根据 ACL 制定的原则对数据包进行判断：如果匹配了某一条 ACL 的判断语句并且这条语句的关键字是 permit，则转发数据包；如果匹配了某一条 ACL 的判断语句并且这条语句的关键字不是 permit，而是 deny，则丢弃数据包。

在进行 ACL 过滤时，需要注意每个 ACL 可以由多条语句(规则)组成，当一个数据包要通过 ACL 的检查时首先检查 ACL 中的第一条语句。如果匹配其判别条件则依据这条语句所配置的关键字对数据包操作。如果关键字是 permit 则转发数据包，如果关键字是 deny 则直接丢弃此数据包。如果没有匹配第一条语句的判别条件则进行下一条语句的匹配，同样如果匹配其判别条件则依据这条语句所配置的关键字对数据包操作。如果关键字是 permit 则转发数据包，如果关键字是 deny 则直接丢弃此数据包。这样的过程一直进行，一旦数据包匹配了某条语句的判别语句则根据这条语句所配置的关键字转发或丢弃。如果一个数据包没有匹配上 ACL 中的任何一条语句则会被丢弃掉，因为缺省情况下每一个 ACL 在最后都有一条隐含的匹配所有数据包的条目，其关键字是 deny。

综上所述，ACL 内部的处理过程就是自上而下，顺序执行，直到找到匹配的规则。

3. EVPL 业务配置

在配置业务前，应在网管上完成基础数据配置、隧道配置。在配置 EVPL 业务时，应先完成 EVPL session1 和 EVPL session2 配置，再完成端口 ACL 配置。

在业务视图中，单击鼠标右键，选择“新建”→“新建以太网专线业务”，如图 4-64 所示。

设置以太网专线业务基本属性，包括业务类型、应用场景、A 端点*、Z 端点等，如图 4-65 所示。继续选择节点参数配置，如图 4-66 所示。

在弹出的节点参数配置界面中，需要进行复杂流的创建分类设置，选择网元 6220-NE1，再单击“流分类规则”下面的数据框，单击“选择”按钮，弹出如图 4-67 所示的界面，显示已经存在的流分类列表。

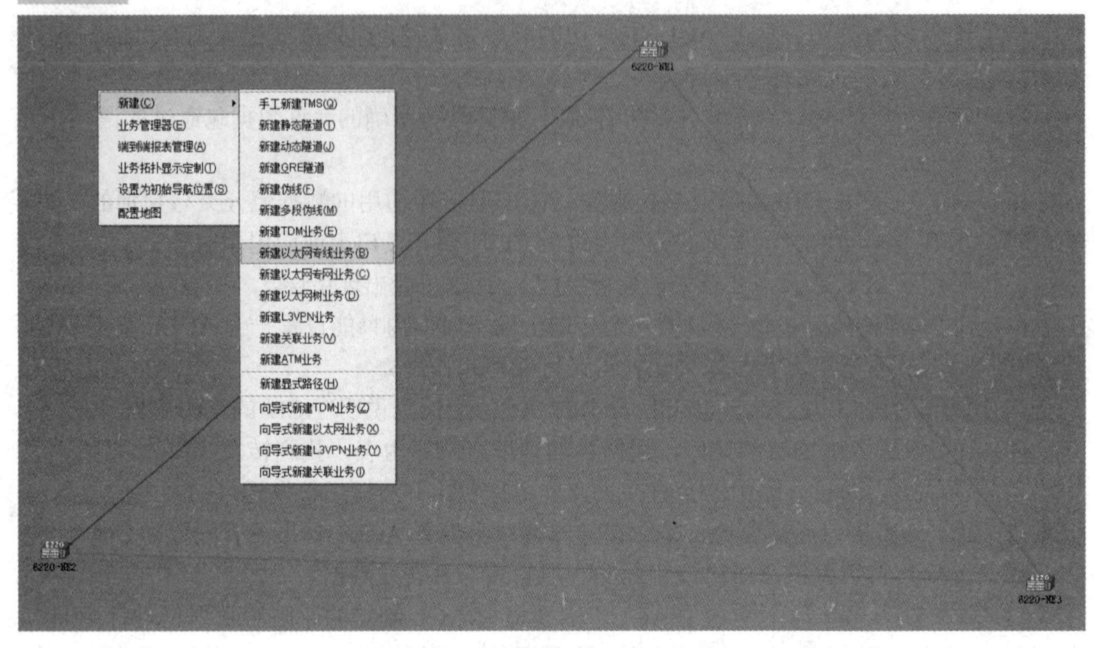

图 4-64　新建以太网专线业务

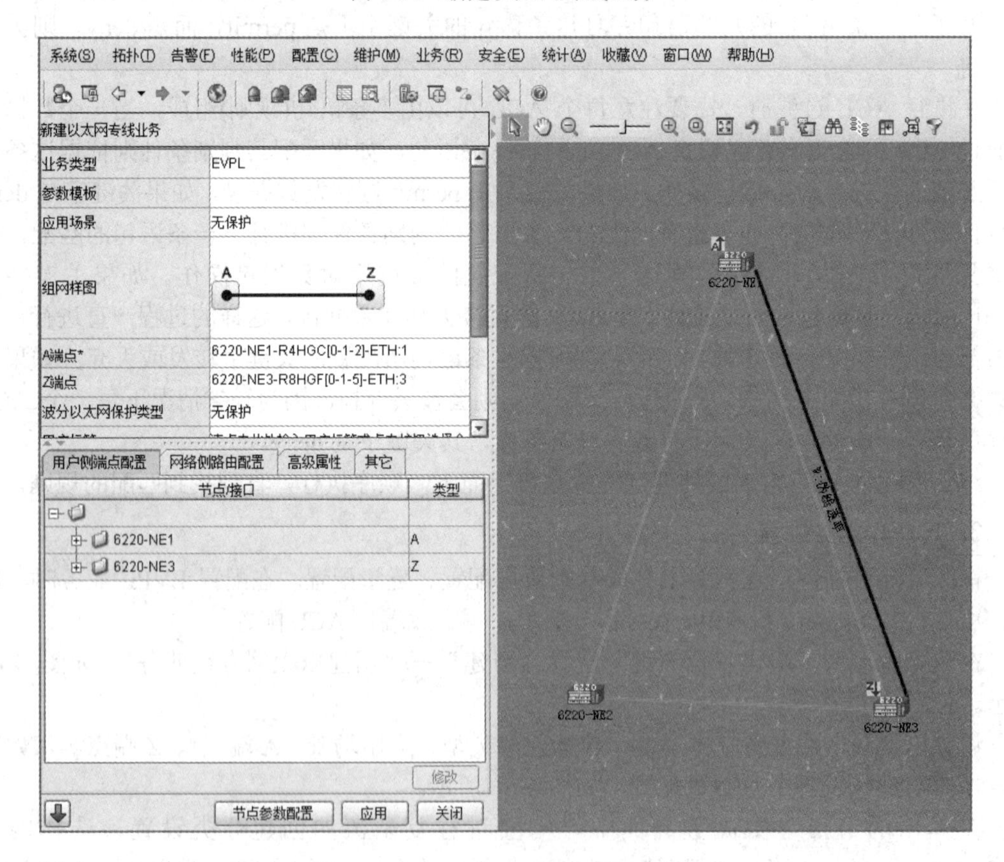

图 4-65　EVPL 业务配置图

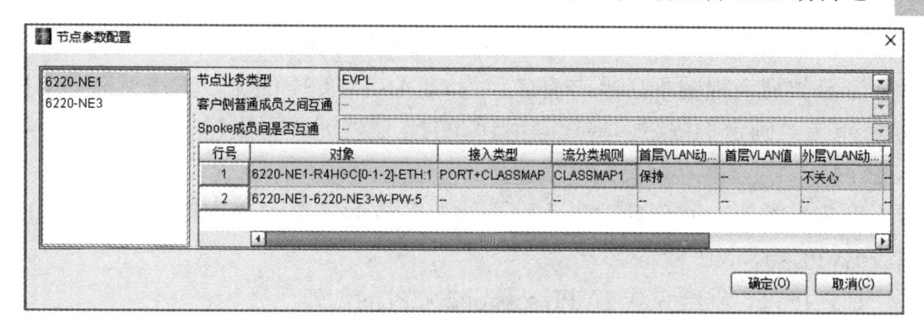

图 4-66　节点参数配置

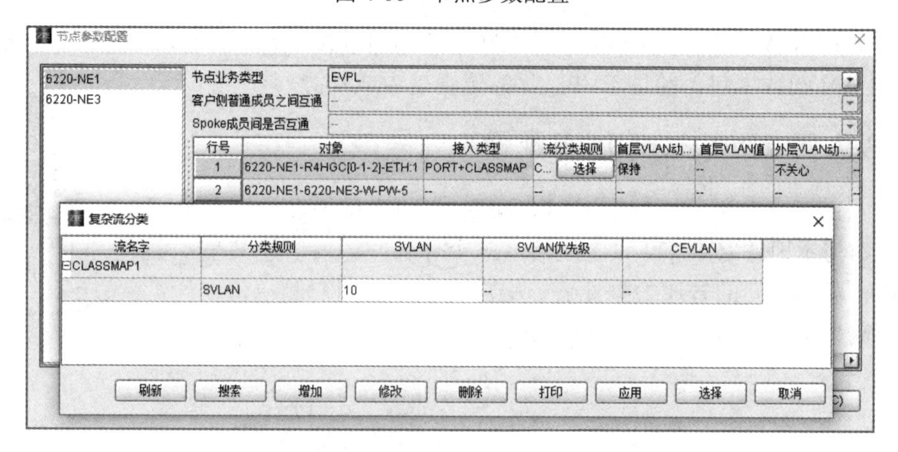

图 4-67　已存在的复杂流分类界面图

单击图 4-67 中下方的“增加”按钮，弹出创建复杂流分类模板界面，如图 4-68 所示。

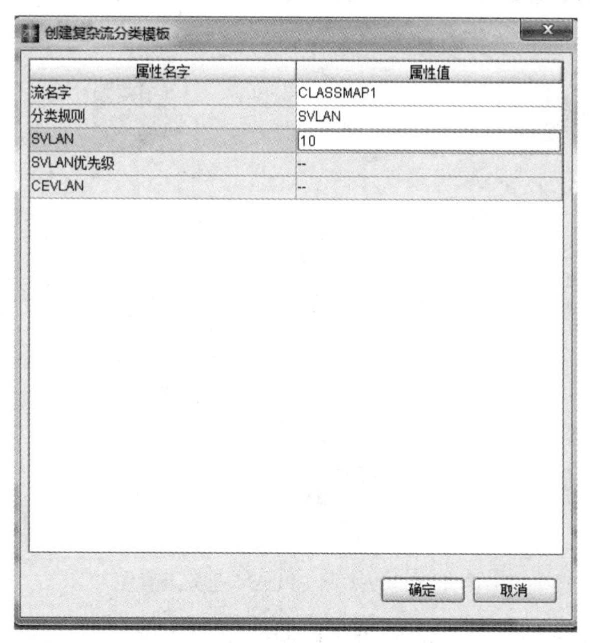

图 4-68　为 PTN-A 节点创建复杂流分类模板

在图 4-68 中，输入流名字，如 CLASSMAP1，填写分类规则、SVLAN 及 SVLAN 优先级三项内容，单击“确定”按钮，返回到图 4-67 的界面中。

在复杂流分类列表视图下，单击流名字为 CLASSMAP1 的流，单击“选择”按钮，选择 PTN-A，单击“确定”按钮，将其应用到 PTN-A 网元；再次建立相同的流分类规则应用到 PTN-B 网元。

单击“确定”按钮，回到新建以太网专线业务界面，单击“应用”按钮，弹出确认对话框，完成 EVPL session1 业务。

单击“是”按钮，继续完成 EVPL session2 业务的创建。

4．业务验证

在网元 PTN-A 和网元 PTN-B 的以太网用户端口各接一台 Smartbits 仪表。通过仪表发送带有 VLAN 的数据包，验证 EVPL 业务配置是否成功。

4.5.5　以太网专网(EPLAN)业务配置

以太网专网(EPLAN)业务配置

M 公司的三个分部分别位于 NE1、NE2 和 NE3 的所在地，各分部的交换机均与本地的 ZXCTN 设备连接。三个分部间需要信息共享，要求提供能够互相访问的普通数据业务。用户要求独占用户侧端口，且要求网络带宽为 100 Mb/s，如图 4-69 所示。

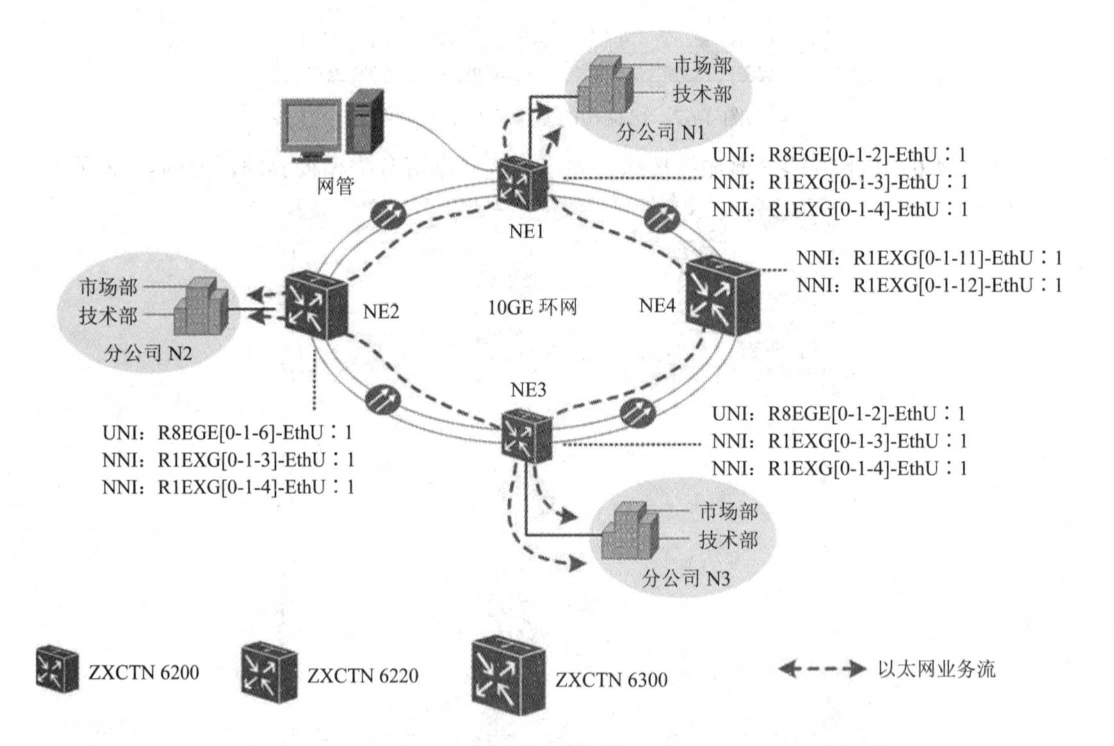

图 4-69　以太网 EPLAN 业务示意图

根据业务需求，三个分部之间的普通数据业务需要两两互通。经过分析，可通过 ZXCTN 设备搭建的网络，配置 EPLAN(Ethernet Private LAN，以太网专网)业务，实现以太网业务的传送。业务需求见表 4-7。

表 4-7　EPLAN 业务需求

用户	业务分类	业务节点 (占端口数)	业务节点 (占端口数)	业务节点 (占端口数)	带宽需求
M 公司	普通数据业务	NE1(1)	NE2(1)	NE3(1)	CIR=PIR= 100 Mb/s

1．网络规划

由于各分部之间的业务只包含数据业务，且要求两两互相通信，因此业务规划如下：

(1) 每两个分部之间配置一条伪线，承载分部之间的数据业务。

(2) 每两个分部之间配置一条隧道，分别承载一条伪线。

(3) 根据业务对带宽的需求，采用“伪线带宽设置”的方式实现。

本例中的隧道、伪线和 EPLAN 业务均采用端到端配置方式。

2．EPLAN 业务配置

在配置业务前，应先在网管上完成基础数据配置、隧道配置，然后完成 EPLAN 业务配置。

在业务视图中，单击鼠标右键，选择“新建”→“新建以太网专网业务”，如图 4-70 所示。

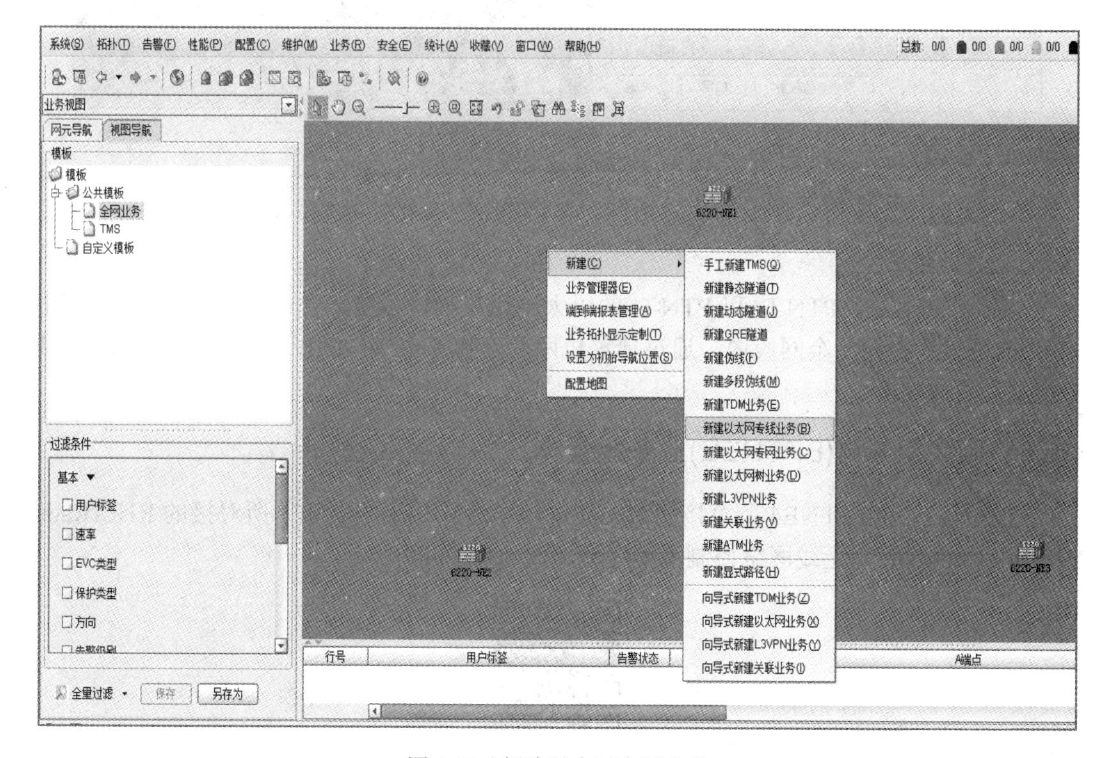

图 4-70　新建以太网专网业务

设置以太网业务基本属性，包括业务类型、应用场景、用户侧端点配置等，如图 4-71 所示。

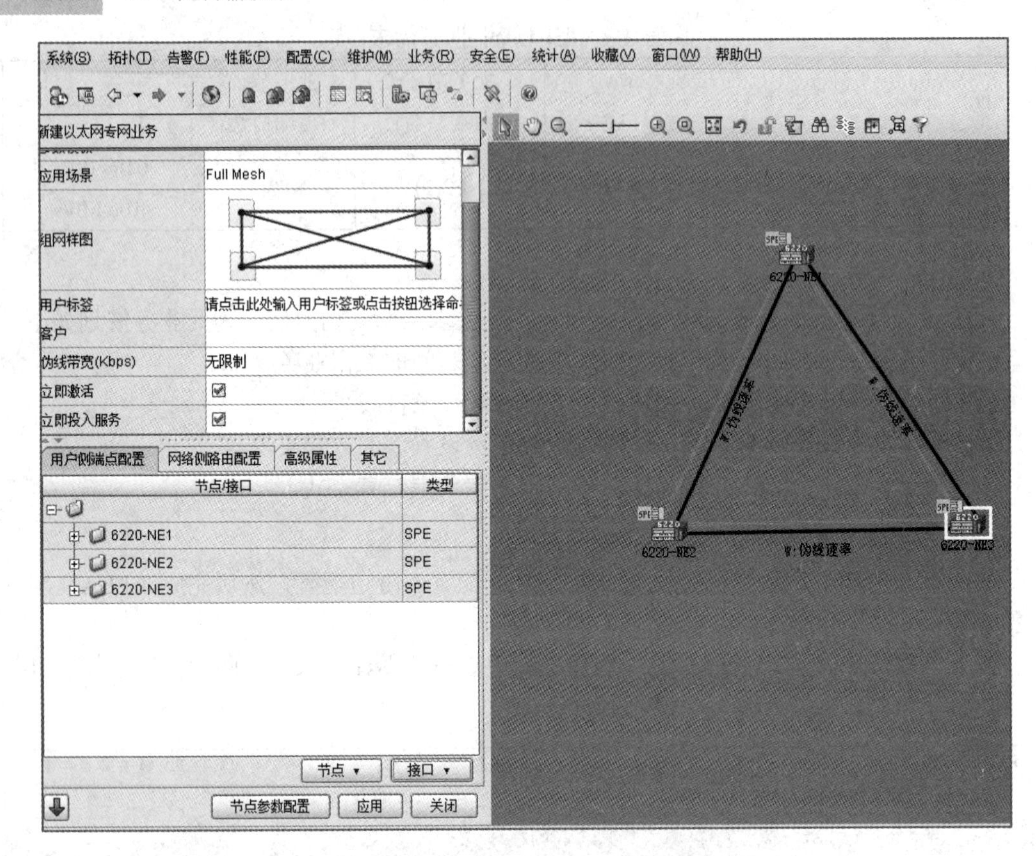

图 4-71　新建以太网专网业务

单击“应用”按钮，弹出确认对话框。单击“否”按钮，完成以太网专网业务的创建。

3. 业务验证

在网元 PTN-A、PTN-B 和 PTN-C 的以太网用户端口各接一台计算机。将三台计算机的 IP 地址设置在同一个网段内。通过计算机两两互相 Ping 对方 IP 地址，验证 EPLAN 业务配置是否成功。

4.5.6　以太网专树(EPTREE)业务配置

位于 NE2、NE3 和 NE4 所对接的 NodeBn($1\leqslant n\leqslant 3$)均需要与 NE1 所对接的 RNC(Radio Network Controller，无线网络控制器)进行通信，如图 4-72 所示。

以太网专树(EPTREE)业务配置

NodeBn($1\leqslant n\leqslant 3$)和 RNC 均与本地的 ZXCTN 设备的 PE(Provider Edge，运营商网络边缘)对接。业务需求参见表 4-8。

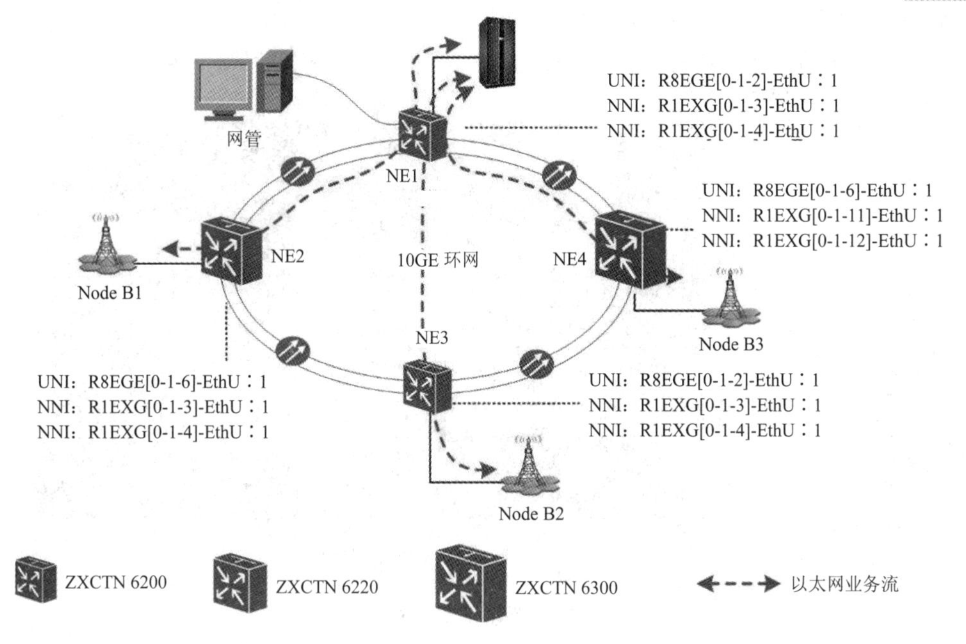

图 4-72　以太网 EPTREE 业务组网示意图

表 4-8　EPTREE 业务需求表

用户	业务分类	业务节点(占端口数)	业务节点(占端口数)	带宽需求
NodeB1	语音业务	NE1(1)	NE2(1)	CIR=20 Mb/s，PIR=30 Mb/s
NodeB2	数据业务		NE3(1)	CIR=30 Mb/s，PIR=50 Mb/s
NodeB3	语音业务		NE4(1)	CIR=10 Mb/s，PIR=20 Mb/s

根据业务需求，NodeBn($1\leqslant n\leqslant 3$)分别与 RNC 通信，NodeBn($1\leqslant n\leqslant 3$)互相之间不能通信。经过分析，可通过 ZXCTN 设备搭建网络，配置 EPTREE(Ethernet Private Tree，以太网专树)业务，实现以太网业务的传送。

1．网络规划

由于业务只在 NodeBn($1\leqslant n\leqslant 3$)与 RNC 之间存在，因此业务规划如下：

(1) 每 NodeBn($1\leqslant n\leqslant 3$)与 RNC 之间配置一条伪线，共创建三条伪线，分别承载 NodeBn($1\leqslant n\leqslant 3$)到 RNC 的业务。

(2) 每 NodeBn($1\leqslant n\leqslant 3$)与 RNC 之间配置一条隧道，共创建三条隧道，分别承载一条伪线。

(3) 根据业务对带宽的需求，采用“伪线带宽设置”的方式实现。

(4) 本例中的隧道和 EPTREE 业务均采用端到端配置方式。伪线在配置端到端 EPTREE 业务时，通过新建伪线方式配置。

2．EPTREE 业务配置

在配置业务前，应先在网管上完成基础数据配置、隧道配置，然后完成 EPTREE 业务配置。

在业务视图中，单击鼠标右键，选择“新建”→“新建以太网树业务”，如图 4-73 所示。

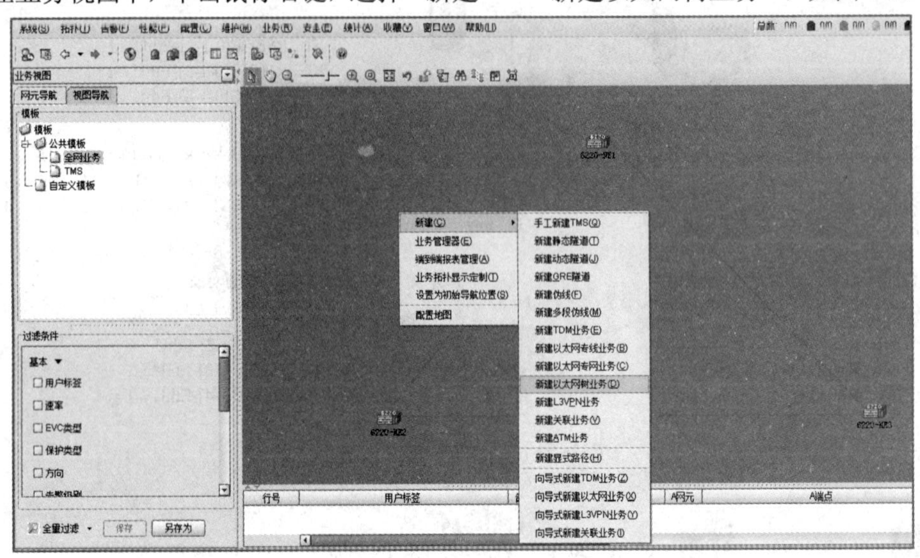

图 4-73　新建以太网树业务

设置以太网业务基本属性，包括业务类型、应用场景、用户侧端点配置(分别配置根节点和叶节点)、网络侧路由配置等，如图 4-74 所示。

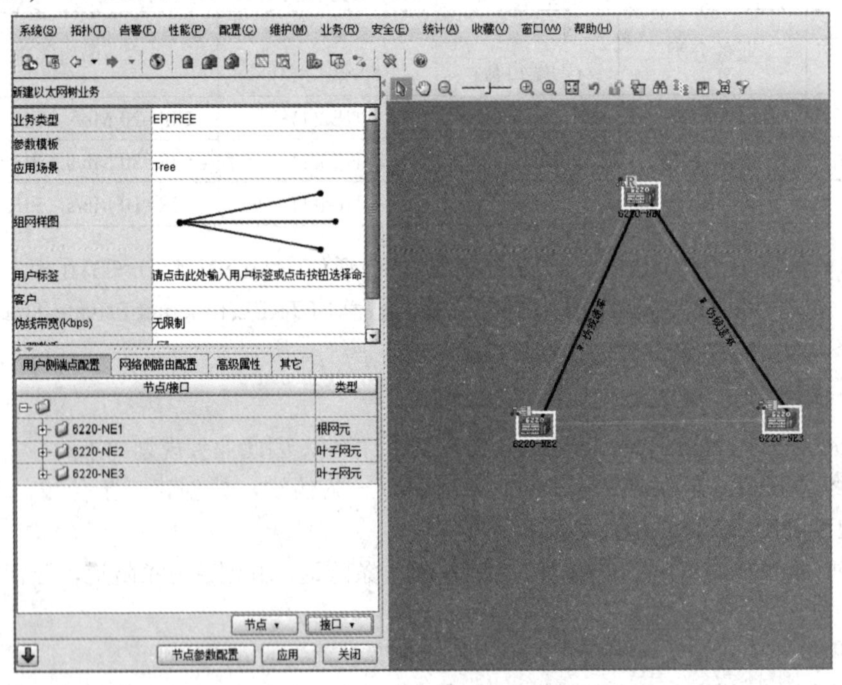

图 4-74　新建以太网 EPTREE 业务

单击“应用”按钮，弹出确认对话框。单击“否”按钮，完成以太网树业务的创建。

3. 业务验证

在网元 PTN-A、PTN-B 和 PTN-C 的以太网用户端口各接一台计算机。将三台计算机的 IP 地址设置在同一个网段内。通过计算机两两互相 Ping 对方 IP 地址，验证 EPTREE 业务配置是否成功。

注意：根节点与叶节点之间可以 Ping 通；叶节点与叶节点之间无法 Ping 通。

4．以太网虚拟专树业务 EVPTREE 配置

参照以太网虚拟专线 EVPL 业务配置，完成以太网虚拟专树业务 EVPTREE 配置。

5．以太网虚拟专网业务 EVPALN 配置

参照以太网虚拟专线 EVPL 业务配置，完成以太网虚拟专网业务 EVPLAN 配置。

习　　题

一、填空题

1．T-MPLS 由 ITU-T 于 2006 年 2 月提出，后更名为___________。

2．在 MPLS 网络中，路由器通过查询__________进行数据的转发。

3．倒数第二跳弹出机制(PHP)有两种标签，其中，隐式空方式的 LDP 标签值是______。

4．MPLS-TP 网络按照逻辑分为_____、____、_____三个平面，其中负责故障定位是_____平面。

二、简答题

1．简述在 MPLS 网络中标签交换路径 LSP 形成的三个过程。

2．简述 MPLS-TP 中数据的转发流程。

3．简述 PWE3 的原理。

4．MPLS-TP 和 MPLS 有什么不同？

5．MPLS-TP 支持哪些业务？

6．什么是 E-line 业务？什么是 E-LAN 业务？什么是 E-Tree 业务？说说三者之间的区别。

三、实践题

以三台 ZXCTN 6220 组建环网，部分规划数据如图 4-75 所示，现要求完成设备剩余基本数据规划，完成 TMS、TMP 以及 TMC 配置，并在此基础上，完成 NE1 与 NE2 之间的 E1 业务配置、NE2 与 NE3 之间的 ATM 业务配置以及 NE3 与 NE1 之间的以太网业务配置。

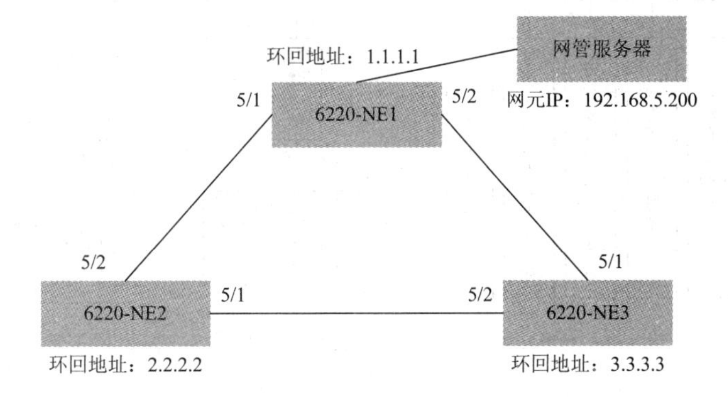

图 4-75　实践题图

第 5 章　分组传送网保护

本章主要介绍传输网络保护的基本概念、分类以及各种保护方式的实现原理，并以中兴 ZXCTN 设备为例，讲解在分组传送网中使用最广泛的线性网络保护的配置，为以后传输网的维护工作奠定基础。

5.1　网络生存性概述

网络的生存性是衡量网络质量是否优良的重要指标之一。网络生存性是指在网络发生故障后能尽快利用网络中的空闲资源恢复受影响的业务，以减少因故障而造成的社会影响和经济的损失的能力，也是使网络维护一个可以接受的业务水平的能力。

网络生存性包括广义的网络生存性和狭义的网络生存性。其中广义的网络生存性又可分为故障检测、故障定位、故障通知、故障恢复几个方面；狭义的网络生存性则指网络的保护机制和恢复机制。

保护机制是利用节点之间预先分配的带宽资源对网络故障进行修复的机制，一般是在工作路径建立的同时建立保护路径。当网络发生故障时，即利用网络节点间预先安排的保护(备用)路径去代替失效的工作(主用)路径。

恢复机制是指不进行预先的带宽资源预留，当发生故障后，再利用节点之间的可用资源动态地进行重路由来代替故障路由的机制。

PTN 技术形成了一套完善的自愈保护策略，常用的几种保护技术及分类如图 5-1 所示。

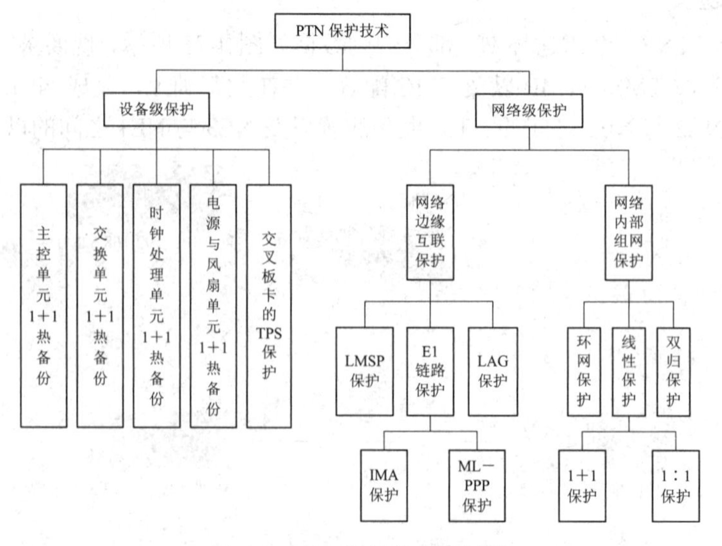

图 5-1　PTN 保护技术分类图

PTN 网络的保护技术可分为设备级保护与网络级保护。设备级保护就是对 PTN 设备的核心单元配置 1+1 的热备份保护。相对于设备级保护，PTN 网络级保护的技术要复杂很多，根据保护技术的应用范围不同，可以分为网络边缘互连保护和网络内部组网保护。网络边缘互连保护是指 PTN 网络与其他网络互连时采用保护技术，以提升网络互连的安全性；网络内部组网保护是指 PTN 网络内部的组网保护技术，对于不同的网络层次，采取的保护技术和策略也有所差别。

5.2　设备级保护

设备级保护包括设备单板的 1+1 保护、电接口单板的 TPS(Tributary Protection Switching，支路保护倒换)保护等。这些设备级保护能够提高设备自身的生存性，同时还具有完善的 PTN 网络级保护恢复能力。

5.2.1　设备单板 1+1 保护

对于核心层和汇聚层的 PTN 设备，设备核心单板严格按照 1+1 保护配置，常见的 1+1 保护配置单板有主控和通信处理单板、交叉和时钟处理单板和电源模块等。

对于接入层的紧凑型 PTN 设备，可能仅对电源模块做 1+1 保护配置，主控、交换和时钟单元集成在一块板卡上，不提供保护配置，接入层设备做配置时可根据网络情况灵活选取是否采用紧凑型的设备。设备单板保护如表 5-1 所示。

表 5-1　设备单板保护

冗余单元	核心节点	汇聚节点	接入节点
交换	N+1/1+1	1+1	无或 1+1
主控	1+1	1+1	无或 1+1
电源	1+1	1+1	无或 1+1
风扇	1+1	1+1	无或 1+1

5.2.2　TPS 保护

TPS 保护是“电接口保护倒换”功能，保护对象主要是 E1 等电接口业务，是设备提供的一种单板级保护功能，主要是通过在原有设备上增加保护板位来实现对支路业务的 1：N 保护，从而提升网络安全性。TPS 保护实现方式详见图 5-2。

1：N TPS 保护的实际应用，就是对于有 N 块业务处理板的设备，在保护板槽位配置一块相同的业务处理板用作保护，当任意一块工作板出现故障时，其业务会倒换到保护业务处理板上运行，工作业务处理板修复后，业务再重新倒换到工作业务处理板。保护业务处理板和工作业务处理板属性相同，只是后面的接口板不同。被保护板所对应的是本身专用的出线板，而用于保护的单板后面加 TPS 保护倒换板使其能倒换到任意一块被保护板的专用出线板。

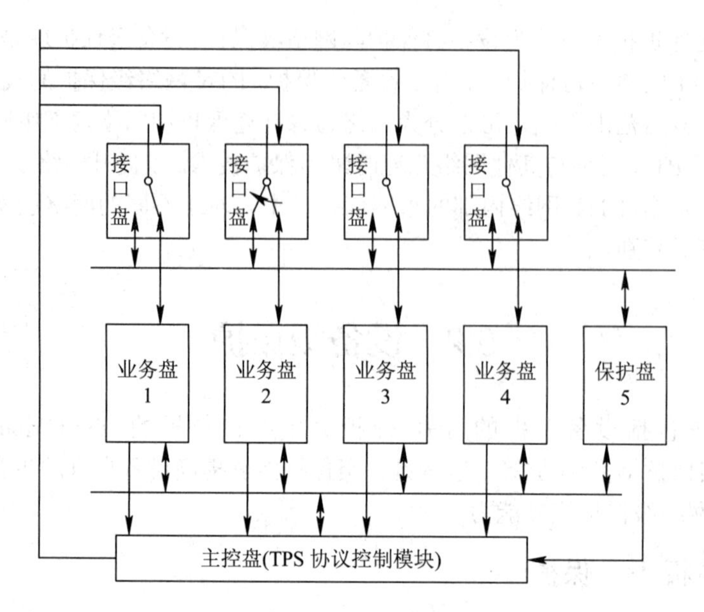

图 5-2 TPS 保护应用原理

以图 5-2 为例，TPS 的保护过程分析如下：

(1) 业务盘 2 单盘发生故障。

(2) 业务盘 2 单盘软件检测到故障后，置本盘送给主控盘的状态线为低电平。

(3) 主控以中断形式响应，检测到业务盘 2 单盘故障。

(4) 主控根据协议判断是否可以倒换，不能倒换则上报告警“倒换失败”。

(5) 如果可以倒换，主控向保护盘 5 下发倒换命令，并通知相关的处理盘更改 TB 参数。

(6) 主控通过 TPS 控制线切换接口盘上的继电器，业务盘 2 单盘上业务倒换到保护盘 5。

(7) 主控发命令给交叉时钟模块，更新时钟跟踪。

(8) 上报 TPS 倒换事件，TPS 倒换告警。

(9) TPS 倒换结束。

TPS 保护允许不同盘位具有相同的优先级，发生保护倒换时采用先到先得策略，即先发生故障的工作单盘得到保护。

如果低优先级的单盘处于倒换状态时，高优先级单盘发生故障，则会发生抢占倒换，低优先级单盘回切，高优先级单盘倒换。

5.3 分组传送网边缘互连保护

PTN 网络的边缘互连保护技术主要有 LAG(Link Aggregation Group，链路聚合组)保护、LMSP(Linear Multiplex Section Protection，线性复用段保护)和 E1 链路保护等。LAG 保护主要应用于 PTN 网络与 RNC(Radio Network Controller，无线网络控制器)或路由器的互连，LMSP 主要应用于 PTN 网络与 SDH 网络互连，E1 链路保护主要应用于 PTN 网络与有 E1 需求的基站或客户互连。

LMSP 可以实现 PTN 设备 STM-*N* 接口与 SDH 设备 STM-*N* 接口的对接，这种保护在 SDH

网络中有大量的应用，LMSP 通过 SDH 帧中复用段的开销 K1/K2 字节来完成倒换协议的交互。在实际工程应用中，用于 PTN 网络与 SDH 网络互连时 TDM 电路的配置，利用 LMSP 可提高 TDM 互连电路的可靠性，类似的配置在传统 SDH 网络中已有广泛应用。与 LAG 保护一样，配置 LMSP 时不建议使用一块多路光接口板上的不同光口组成 1+1 或者 1∶1 保护组，否则在单板发生故障时，无法实现保护。

LMSP 保护现在很少采用，故本书不作重点介绍。而 E1 链路保护中的 IMA 保护在 4.4.3 节中已作介绍，这里不再赘述。本节主要介绍 LAG 保护的相关内容。

LAG 简言之就是将多条物理链路聚合成一条带宽更高的逻辑链路，该逻辑链路的带宽等于被聚合在一起的多条物理链路的带宽之和。聚合在一起的物理链路的条数可以根据业务的带宽需求来配置。因此链路聚合具有成本低、配置灵活的优点。此外，链路聚合还具有链路冗余备份的功能，聚合在一起的链路彼此动态备份，提高了网络的稳定性，即当一条链路失效时，其他链路将重新对业务进行分担。LAG 还可实现负载分担，使流量分担到聚合组的各条链路上。

LACP(Link Aggregation Control Protocol，链路汇聚控制协议)用于动态控制物理端口是否加入到聚合组中。该协议是基于 IEEE 802.3ad 标准的实现链路动态汇聚的协议。LACP 协议通过 LAC PDU(Link Aggregation Control Protocol Data Unit，链路汇聚控制协议数据单元)与对端交互信息。链路聚合的功能如下：控制端口到聚合组的添加、删除；实现链路带宽增加；链路双向保护，提高链路的故障容错能力。

当本地端口启用 LACP 后，端口将通过发送 LAC PDU 向对端端口通告自己的系统优先级、系统 MAC 地址、端口优先级、端口号和操作 Key。对端端口接收到这些信息后，将这些信息与其他端口所保存的信息进行比较以选择能够汇聚的端口，从而使双方可以对端口加入或退出某个动态汇聚组达成一致。

以太网 LAG 保护又可以分为负载分担和非负载分担两种方式。

在负载分担模式下，设置链路聚合组后，设备会自动将逻辑端口上的流量负载分担到组中的多个物理端口上。当其中一个物理端口发生故障时，故障端口上的流量会自动分担到其他物理端口上。当故障恢复后，流量会重新分配，保证流量在汇聚的各端口之间的负载分担。在负载分担模式下，业务均匀分布在 LAG 组内的所有成员上传送，每个 LAG 组最多支持 16 个成员。

在非负载分担模式下，聚合组只有一条成员链路有流量存在，其他链路则处于备份状态。这实际上提供了一种“热备份”的机制，因为当聚合中的活动链路失效时，系统将从聚合组中处于备份状态的链路中选出一条作为活动链路，以屏蔽链路失效。正常情况下，业务只在工作端口上传送，保护端口上不传送业务，每个 LAG 组只能配两个端口成员，形成 1∶1 保护方式。

LAG 保护实现方式如图 5-3 所示。

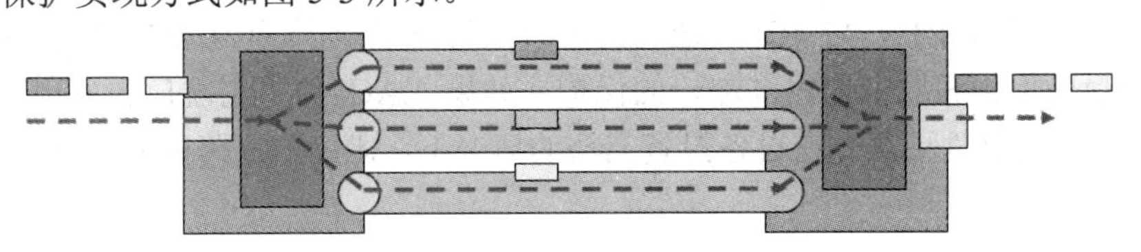

(a) 负载分担 LAG 保护实现方式

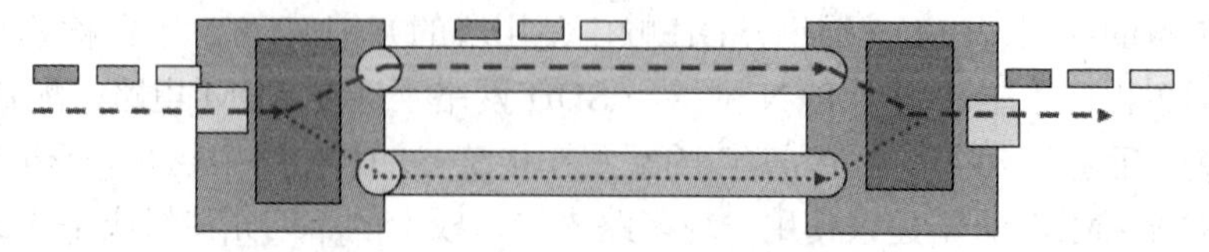

(b) 非负载分担 LAG 保护实现方式

图 5-3 LAG 保护实现方式示意图

通常使用的是负载分担的工作方式，具体工作过程如图 5-4 所示。

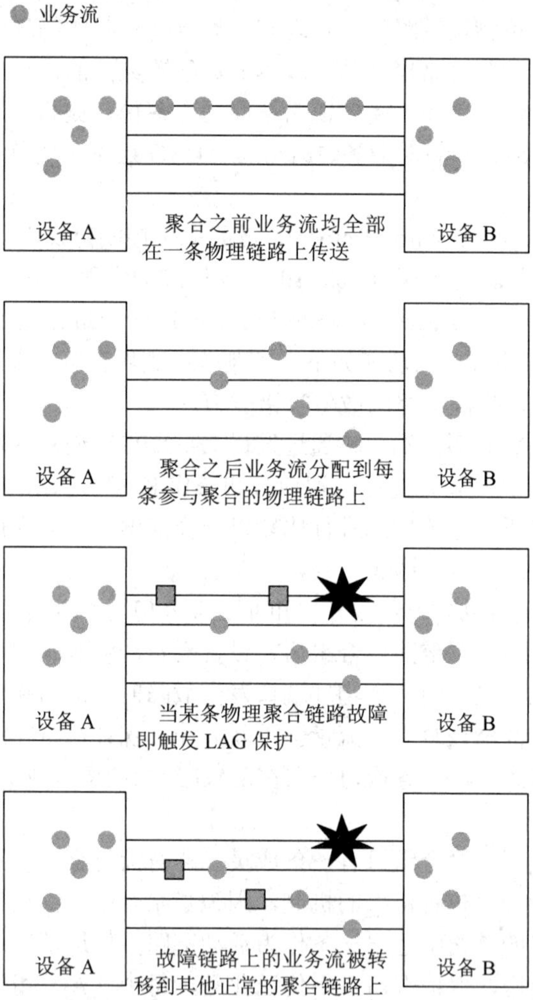

业务流

设备 A
聚合之前业务流均全部在一条物理链路上传送
设备 B

设备 A
聚合之后业务流分配到每条参与聚合的物理链路上
设备 B

设备 A
当某条物理聚合链路故障即触发 LAG 保护
设备 B

设备 A
故障链路上的业务流被转移到其他正常的聚合链路上
设备 B

图 5-4 LAG 工作过程示意图

建议核心节点的 PTN 与 RNC 之间的所有 GE 链路均配置 LAG 保护，LAG 保护可以设置跨板的保护和板卡内不同端口的保护，如果 LAG 的主用端口和备用端口配置在不同的板卡上，可靠性更高。在设备投资充裕的情况下，建议配置跨板的 LAG 保护，如图 5-5 所示。

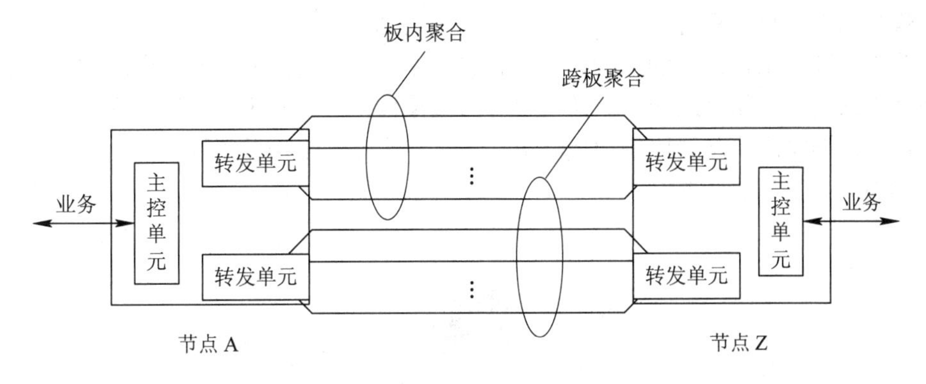

图 5-5　LAG 保护示意图

5.4　分组传送网网络保护

对应于第 4 章中 MPLS-TP 分组转发技术中的 MPLS-TP 网络分层结构，网络保护方式可分为 TMC 层保护(PW 保护)、TMP 层保护(1∶1 和 1+1 的线性 LSP 保护)、TMS 层保护(Wrapping 和 Steering 环网保护)。PW 保护配置数据量很大，难以管理，通常不建议大规模使用。Steering 环网保护的倒换时间难以保证在 50 ms 以内，且支持的厂家较少，通常也不建议使用。

5.4.1　线性保护

LSP(Label Switched Path，线性标签交换通道)保护又被称作线性保护，用于保护一条 MPLS-TP 连接，是一种专用的端到端保护结构。线性保护通过保护通道来保护工作通道上传送的业务。当工作通道发生故障时，业务倒换到保护通道，即对配置了线性保护功能的工作实体，预留一个保护实体，当工作实体之间发生信号失效(SF)或者信号劣化(SD)时，将相应的流量倒换到保护实体上，从而提供了一种快速简单的保护机制。

1．线性 1+1 保护

在 1＋1 结构中，保护连接是每条工作连接专用的，工作连接与保护连接在保护域的源端进行桥接。业务在工作连接和保护连接上同时发向保护域的宿端，在宿端，基于某种预先确定的准则，例如缺陷指示，选择接收来自工作或保护连接上的业务。为了避免单点失效，工作连接和保护连接应走分离路由。

1+1 MPLS-TP 路径保护的倒换类型是单向倒换，所谓单向倒换，就是保护域的源端将流量永久地在工作链路和保护链路上各复制一份发送。当宿端检测到链路失效后，宿端的选择器会选择切换到保护链路进行流量的接收。每个方向的选择器都是独立的，因此宿端的选择器只需工作在本地信息之上，不需要 APS 报文的交互来进行两端信息的协商，即只有受影响的连接方向倒换至保护路径。

当链路失效后，正常流量会被倒换到保护链路上传输。当链路失效情况清除，工作链路恢复正常后，根据流量是否会再次被倒换到工作链路上，可分为返回式和非返回式。返回式会将流量再次倒换到工作链路上，非返回式则不做此操作。

一般情况下，1+1 模式为非返回式，1∶1 为返回式。因为在 1+1 模型中，首端是将流量复制两份分别在工作链路和保护链路上传输，宿端的选择器只是选择从哪接收，因此不管链路是否恢复，工作链路和保护链路上都有流量传输，因此不用返回。在 1∶1 模型中，一般来说工作链路的状态会比保护链路更加优化，因此当工作链路恢复之后会倒换回去。

1+1 MPLS-TP 路径保护倒换结构如图 5-6 所示。

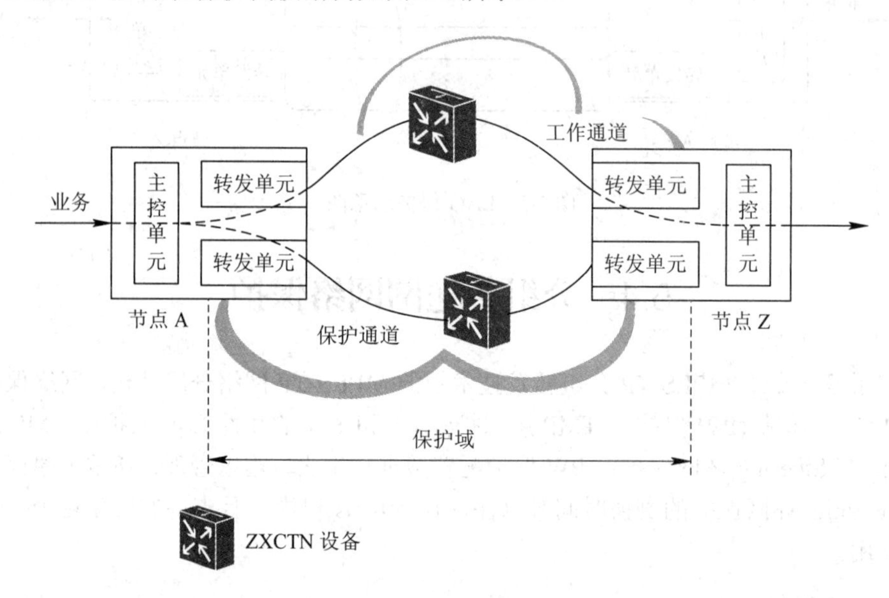

图 5-6　1+1 路径保护倒换结构

如果工作连接上发生单向故障(从节点 A 到节点 Z 的传输方向)，此故障将在保护域宿端节点 Z 被检测到，然后节点 Z 选择器将倒换至保护连接。

2．线性 1∶1 保护

在 1∶1 结构中，保护连接是每条工作连接专用的，被保护的工作业务由工作连接或保护连接进行传送。工作连接和保护连接的选择方法由某种机制决定。为了避免单点失效，工作连接和保护连接应走分离路由。

1∶1 MPLS-TP 路径保护的倒换类型是双向倒换，即受影响的和未受影响的连接方向均倒换至保护路径。双向倒换需要自动保护倒换(Automatic Protection Switching，APS)协议来协调连接的两端。具体工作方式为：业务从工作通道传送，当工作通道故障时倒换到保护通道，扩展 APS 协议通过保护通道传送，相互传递协议状态和倒换状态，两端设备根据协议状态和倒换状态，进行业务倒换。双向 1∶1 MPLS-TP 路径保护的操作类型是可返回的。双向 1∶1 MPLS-TP 路径保护倒换结构如图 5-7 所示。正常情况下，业务从节点 A 经由工作通道传送到节点 Z，保护通道上不承载业务。当工作通道出现故障时，业务在节点 A 切换到保护通道上，节点 Z 经由保护通道接收业务。

若在工作连接 Z—A 方向上发生故障，则此故障将在节点 A 检测到，然后使用 APS 协议触发保护倒换。

从保护效果上来看，1∶1 保护与 1+1 保护没有区别，但 1∶1 保护方式有一半带宽是处于空闲状态。未来 PTN 网络承载的数据业务占比会越来越大，部分数据业务对于保护的要求会比较低，同时考虑到 PTN 本身的统计复用特性，可以充分利用这一半用于保护的带宽承载对保护要求等级较低的业务，使带宽利用率达到最大化。因此在同样保护效果的前提下，1∶1 保护方式可以利用保护通道来承载业务，将带宽拓展一倍，节约组网成本，建议在组网时优先考虑 1∶1 LSP 保护方式。

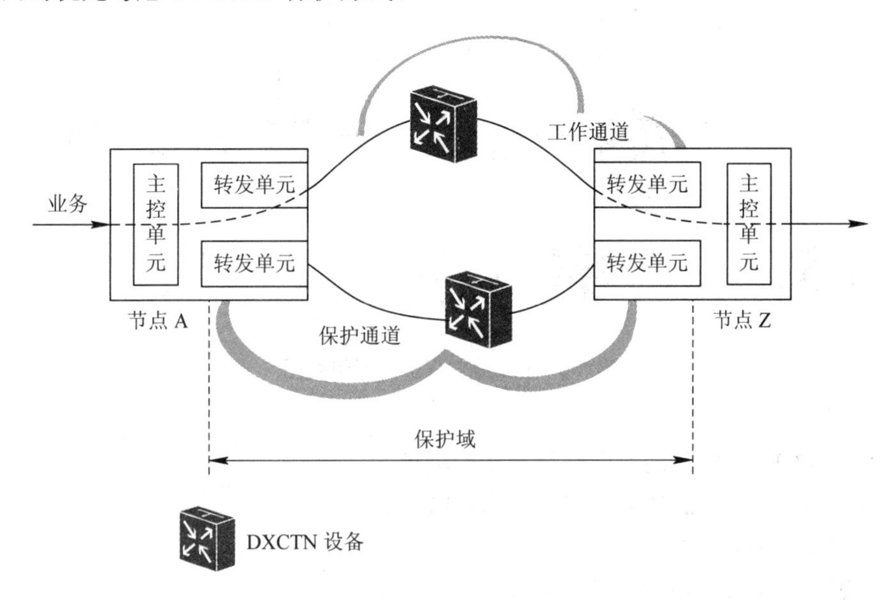

图 5-7　双向 1∶1 路径保护倒换结构

线性 APS 有两条独立通路，可以进行端到端的保护和倒换。作为一种端到端保护方式，线性 APS 规划配置简单，能满足电信级 50 ms 倒换时间要求，很快得到了推广。但在实际应用中，也暴露了一些不足之处：

(1) APS 路径需要提前规划，以确保工作和保护路径不能有重叠，否则在重叠段出现故障后，整个 APS 保护将失效。此工作大大增加了维护人员的负担。

(2) 线性 ASP 保护不具备抗多点故障能力，如果工作和保护通道各有一处故障，APS 保护将失效。

(3) 线性 APS 保护无法有效地控制故障影响范围。由于线性 APS 保护为端到端保护，路径中间任何一处故障都将导致业务端到端的整个倒换。当多条通道共享路径时，一旦共享路径出现故障，所有通路都会同时倒换，导致故障影响范围扩大，同时上报的大量告警信息也给故障定位和维护带来了很多困扰。

上述不足之处给 PTN 运维人员在实际维护中带来诸多困扰，现网迫切需要一种更为可靠、便捷、实用的保护方案，PTN 环网保护正是在这样的背景下应运而生。PTN 环网保护分为 Wrapping 和 Steering 两种方式，至少应支持一种，就现网工程应用情况而言，一般多采用 Wrapping 环网保护架构。

3. 1+1 线性保护配置

NE1、NE2、NE3 和 NE4 为 ZXCTN 设备，组成一个 10 GE 环网。NE1 和 NE3 之间承载公司分部和公司总部的以太网业务，为该业务配置 1+1 线性保护，如图 5-8 所示。

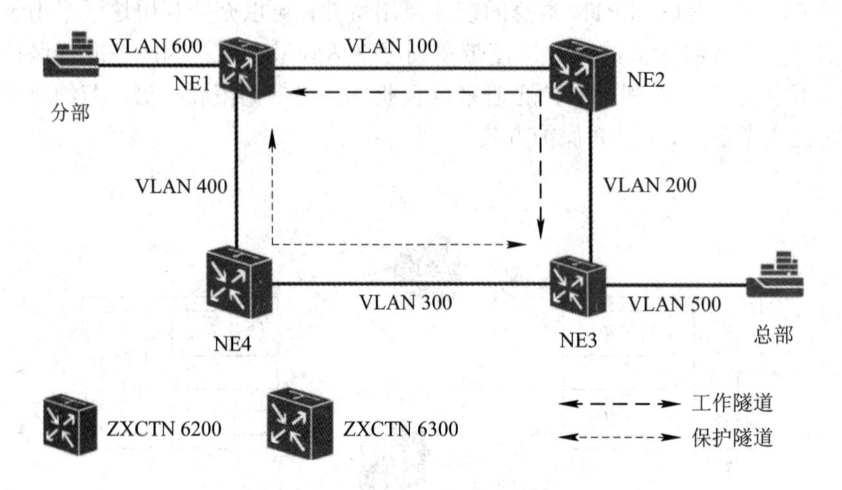

图 5-8 1+1 线性保护配置组网图

1) 配置规划

(1) NE1—NE2—NE3 的双向路径为工作隧道。

(2) NE1—NE4—NE3 的双向路径为保护隧道。

(3) 配置 1+1 路径保护模式。

(4) 配置采用 LM 检测方式的 SD 保护。

2) 配置过程

在业务配置窗口的新建静态隧道页面中，设置隧道的全局参数，如图 5-9 所示。

新建静态隧道	
組网类型	线型
保护类型	线型保护
终结属性	终结
組网场景	普通线型 + 隧道线型保护 + 两端终结
組网样图	A Z
保护策略	完全保护
业务方向	双向
A端点*	NE1
Z端点*	NE3
批量条数	1
用户标签	Tunnel-linear
客户	
带宽资源预留	☑
配置MEG	☑
隧道模式	管道

图 5-9 新建静态隧道(线性保护)

在高级属性页面中，开启支持 SD 功能，如图 5-10 所示。

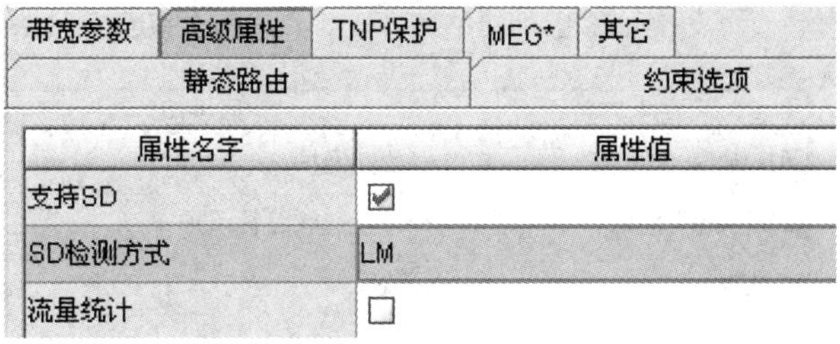

带宽参数 | 高级属性 | TNP保护 | MEG* | 其它
静态路由 | 约束选项

属性名字	属性值
支持SD	☑
SD检测方式	LM
流量统计	☐

图 5-10　隧道保护开启 SD 功能

在 MEG*页面中，设置 MEG 参数，如图 5-11 所示。

带宽参数 | 高级属性 | TNP保护 | MEG* | 其它
静态路由 | 约束选项

属性名字	属性值
MEG ID*	2,3
本端MEP ID*	100
远端MEP ID*	200
速度模式	高速
CV包	☑
发送周期	3.33ms
CV包PHB	CS7
连接检测	☑
预激活LM	☑
LM统计本层报文	☐
AIS	☑
FDI包PHB	CS7
CSF插入/提取	☐
CSF包PHB	CS7
预激活DM	☐
预激活DM方向	单向
预激活DM发送间隔(100毫秒)	10
预激活DM报文长度	
DM包PHB	EF
SD使能	☐

图 5-11　线性保护的 MEG 参数设置

在 TNP 保护页面中，设置 TNP 保护参数，如图 5-12 所示。

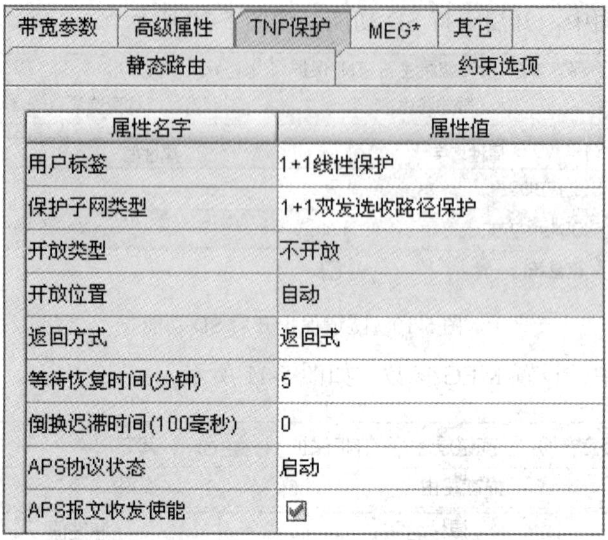

带宽参数 | 高级属性 | TNP保护 | MEG* | 其它

静态路由 | 约束选项

属性名字	属性值
用户标签	1+1线性保护
保护子网类型	1+1双发选收路径保护
开放类型	不开放
开放位置	自动
返回方式	返回式
等待恢复时间(分钟)	5
倒换迟滞时间(100毫秒)	0
APS协议状态	启动
APS报文收发使能	☑

图 5-12　线性保护 TNP 参数设置

在约束选项页面中，设置路由约束条件，如图 5-13 所示。

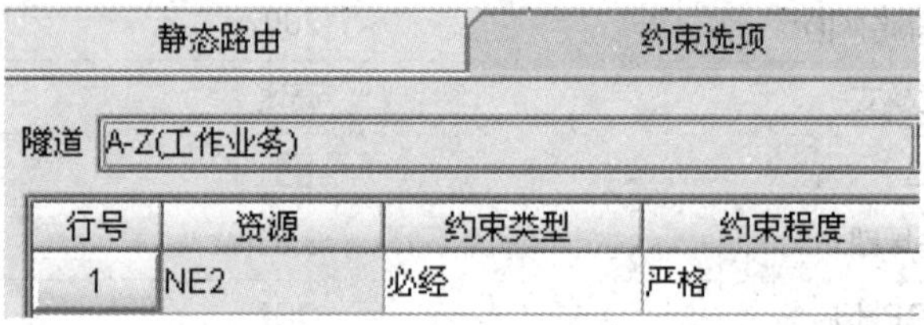

静态路由 | 约束选项

隧道 A-Z(工作业务)

行号	资源	约束类型	约束程度
1	NE2	必经	严格

图 5-13　线性保护路由约束设置

在静态路由页面中，单击“计算”按钮后，单击“应用”按钮，完成新建 1+1 保护隧道。

5.4.2　环网保护

1. 环网保护原理

环网保护是一种链路保护技术，保护的对象是链路层，在 MPLS-TP 技术中进行保护，防止段层的失效和劣化。

MPLS-TP OAM 用于进行环网邻居间的保护。当 MPLS-TP OAM 检测到邻居之间发生故障后，通知本节点的 APS 模块同时向环的两个方向发送 APS 切换报文。当环上的节点收到 APS 切换报文后，发现目的节点不是本节点，则直接将报文转发给自己的另一个邻居；当节点发现目的节点是自己，并检查源节点是自己的邻居节点后，则知道自己和源节点之间的联通发生了故障。于是 APS 模块通知 MPLS-TP OAM 模块进行切换。

2. Wrapping 保护

Wrapping 是一种本地保护机制，它基于故障点两侧相邻节点的协调来实现业务流在这两节点上的流量反向，从而完成保护倒换。当发生故障时，无论是链路故障还是节点故障，其相邻节点均会知道业务流不能继续沿原路径传送，为了保证业务流顺利传送到故障点下游相邻节点，故障链路(或故障节点)上游相邻节点需要把从该故障链路经过的所有业务流反向从保护路径进行传送。故障链路下游相邻节点检测到工作路径故障时，该节点知道业务流会因为工作接收路径损坏而倒换到保护接收路径上。因此，该节点同样会执行倒换动作，从保护路径接收业务，再倒换到工作路径上，将业务流从工作路径上传出该点，传送到环的出口节点流出，具体如图 5-14 所示。

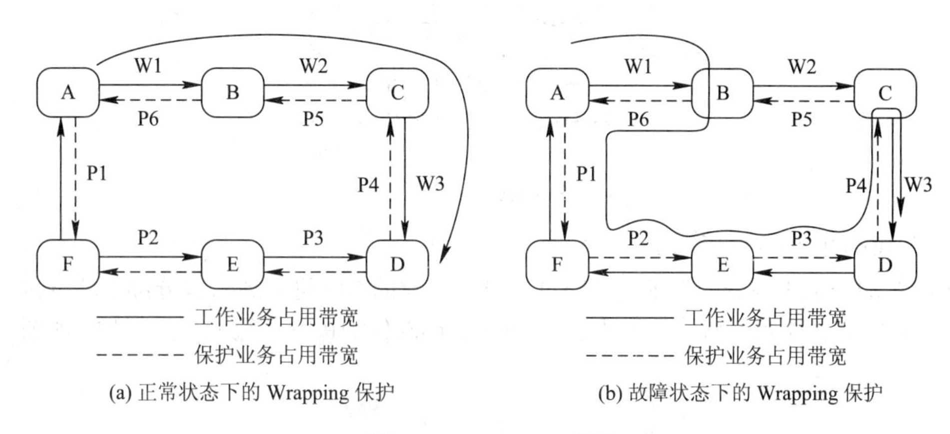

图 5-14　Wrapping 保护

每一条工作路径都有一条与其方向相反的封闭环路作为保护路径。保护路径的标签分配必须和工作路径的标签分配相关联，以便业务流能够在工作路径和保护路径之间进行倒换，达到保护业务流的目的。

工作标签分配：A[W1]→B[W2] →C[W3] →D。

保护标签分配：A[P1] →F[P2] →E[P3] →D[P4] →C[P5] →B[P6] →A。

工作和保护标签的关联关系：[W1] ↔ [P6]，[W2] ↔ [P5]，[W3] ↔ [P4]。

当节点 B 和节点 C 之间发生故障时，B、C 两点通过环网互发 APS 请求，节点 B 发生倒换，将业务流标签由工作标签[W1]交换为保护标签[P6]，业务流沿环反向传送至节点 C；节点 C 将业务流标签由保护标签[P4]交换为工作标签[W3]，业务流由节点 C 流至节点 D，最终流出该环。最终业务流路径及标签应用为：A[W1] →B→B[P6] →A[P1] →F[P2] →E[P3] →D[P4]→C[W3] →D。

Wrapping 倒换需故障链路相邻两节点 B 和 C 进行协调，完成业务流的保护倒换。

节点失效可以等效为该失效节点两侧相邻链路同时失效。

3. Steering 保护

当在 Steering 方式下发生故障时，受故障影响的业务流的源宿节点会把业务流直接由工作路径倒换到相应的保护路径进行传送，具体如图 5-15 所示。

工作标签分配：A[W1]→B[W2]→C[W3]→D。

保护标签分配：A[P1]→F[P2]→E[P3]→D。

当节点 B 和节点 C 之间发生故障时，B、C 两点通过环网互发 APS 请求，节点 A 和节点 D 分析 APS 请求，并确定以节点 A、D 为源宿节点的业务流将受到该故障影响，于是节点 A 发生倒换，给业务流分配保护标签[P1]，使业务流沿着与工作路径相反的方向传送至节点 D，最终流出环网。最终业务流路径及标签应用为：A[P1] →F[P2] →E[P3] →D。

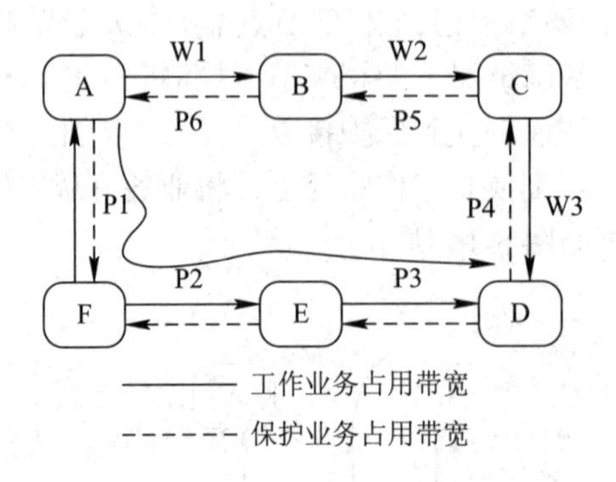

图 5-15 Steering 保护倒换

4．Wrapping 环网保护配置

公司 A 的分部 1 与分部 2 通过 ZXCTN 设备组建的网络进行通信。分部 1 和分部 2 之间传输业务的可靠性要求高，因此采用 Wrapping 环网保护进行传输业务的保护，如图 5-16 所示。

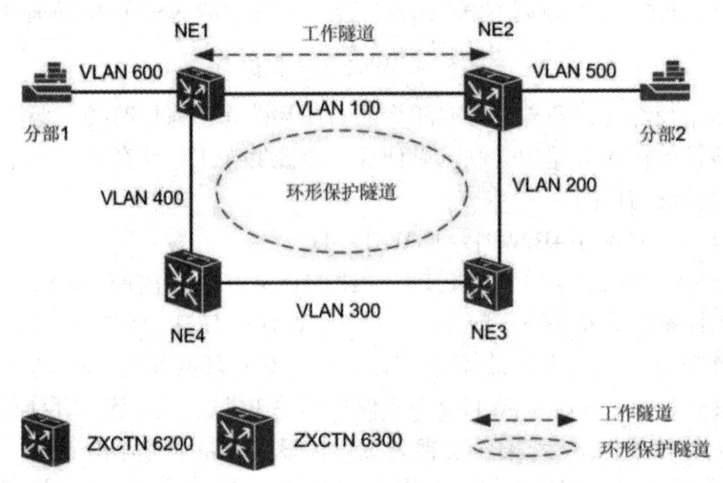

图 5-16 Wrapping 环网保护

1) 配置规划

(1) NE1—NE2 的双向路径为工作隧道。

(2) NE1—NE2—NE3—NE4—NE1 的环形路径为环形保护隧道。

NE1～NE4 之间形成 MPLS-TP 环网。当网络中某节点发生故障后，工作隧道上的业务切换到环形保护隧道。

2) 配置步骤

(1) 创建 CTN 段层环形保护子网。

① 在保护视图中打开创建保护子网向导的步骤 1 选择类型，设置参数，如图 5-17 所示。

② 在步骤 1.1 选择 IP 中，设置经过的 IP 网段，本例采用默认值，如图 5-18 所示。

③ 在步骤 1.2 中设置段层和 OAM 数据，如图 5-19 所示。

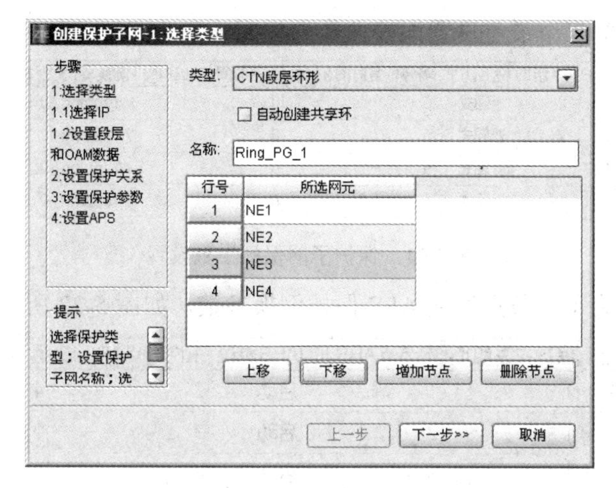

图 5-17　保护子网选择类型

行号	段层路径(A-Z)	经过IP网段
1	TMS-NE1_NE2-400	192.61.1.1<->192.61.1.2
2	TMS-NE2_NE3-401	192.61.2.2<->192.61.2.1
3	TMS-NE3_NE4-354	192.61.3.1<->192.61.3.2
4	TMS-NE1_NE4-395	192.61.4.2<->192.61.4.1

图 5-18　保护子网选择 IP 设置

创建保护子网-1.2设置段层和OAM数据

步骤
1选择类型
1.1选择IP
1.2设置段层和OAM数据
2:设置保护关系
3:设置保护参数
4:设置APS

行号	段层路径(A-Z)	跨段VLAN ID	A点IP	Z点IP	A点段层标识	Z点段层标识
1	TMS-NE1_NE2-533	100	192.61.1.1	192.61.1.2	1	1
2	TMS-NE3_NE2-532	200	192.61.2.2	192.61.2.1	1	2
3	TMS-NE3_NE4-559	300	192.61.3.1	192.61.3.2	2	1
4	TMS-NE1_NE4-534	400	192.61.4.2	192.61.4.1	2	2

段层OAM参数

☑ 是否配置OAM

行号	节点	保护点	MEG ID	本端MEP ID	远端MEP ID	速度模式	CV包	发送周期	CV包PHB
1	NE1 1	R1EXG[0-1-3]-ETH:1-Section:1	1388208895	3341	929	快速	☑	3.33ms	CS7
2	NE1 1	R1EXG[0-1-4]-ETH:1-Section:2	1388208900	3907	940	快速	☑	3.33ms	CS7
3	NE2 1	R1EXG[0-1-11]-ETH:1-Section:1	1388208895	929	3341	快速	☑	3.33ms	CS7
4	NE2 1	R1EXG[0-1-12]-ETH:1-Section:2	1388208897	753	4771	快速	☑	3.33ms	CS7
5	NE3 1	R1EXG[0-1-3]-ETH:1-Section:1	1388208897	4771	753	快速	☑	3.33ms	CS7
6	NE3 1	R1EXG[0-1-4]-ETH:1-Section:2	1388208898	2921	7560	快速	☑	3.33ms	CS7
7	NE4 1	R1EXG[0-1-11]-ETH:1-Section:1	1388208898	7560	2921	快速	☑	3.33ms	CS7

提示
展现配置的VLAN、IP、段层、OAM配置信息

上一步　下一步>>　取消

图 5-19　保护子网段层和 OAM 数据设置

④ 在步骤 2 中设置保护关系，如图 5-20 所示。

行号	跨段	链路
1	NE1--NE2	NE1-R1EXG[0-1-3]-ETH:1-Section:1<->NE2-R1EXG[0-1-11]-ETH:1-Section:1
2	NE2--NE3	NE3-R1EXG[0-1-3]-ETH:1-Section:1<->NE2-R1EXG[0-1-12]-ETH:1-Section:2
3	NE3--NE4	NE3-R1EXG[0-1-4]-ETH:1-Section:2<->NE4-R1EXG[0-1-11]-ETH:1-Section:1
4	NE4--NE1	NE1-R1EXG[0-1-4]-ETH:1-Section:2<->NE4-R1EXG[0-1-12]-ETH:1-Section:2

图 5-20　保护子网保护关系设置

⑤ 在步骤 3 中为每个节点设置保护参数，如图 5-21 所示。

行号	节点	保护关系组ID	返回方式	等待恢复时间(分钟)	迟滞时间(100毫秒)	倒换模式	保护单元带宽(kbps)
1	NE1	1	返回式	5	0	Wrapping	0
2	NE2	1	返回式	5	0	Wrapping	0
3	NE3	1	返回式	5	0	Wrapping	0
4	NE4	1	返回式	5	0	Wrapping	0

图 5-21　保护子网保护参数设置

⑥ 在步骤 4 中为每个节点设置 APS 保护倒换参数，如图 5-22 所示。

行号	节点	保护关系组ID	本节点APS ID	APS协议	东向节点APS ID	西向节点APS ID
* 1	NE1	1	1	启动	2	4
* 2	NE2	1	2	启动	3	1
* 3	NE3	1	3	启动	4	2
* 4	NE4	1	4	启动	1	3

图 5-22　保护子网保护倒换参数设置

(2) 创建带环网保护的工作隧道。

① 在新建静态隧道页面，设置隧道参数，如图 5-23 所示。

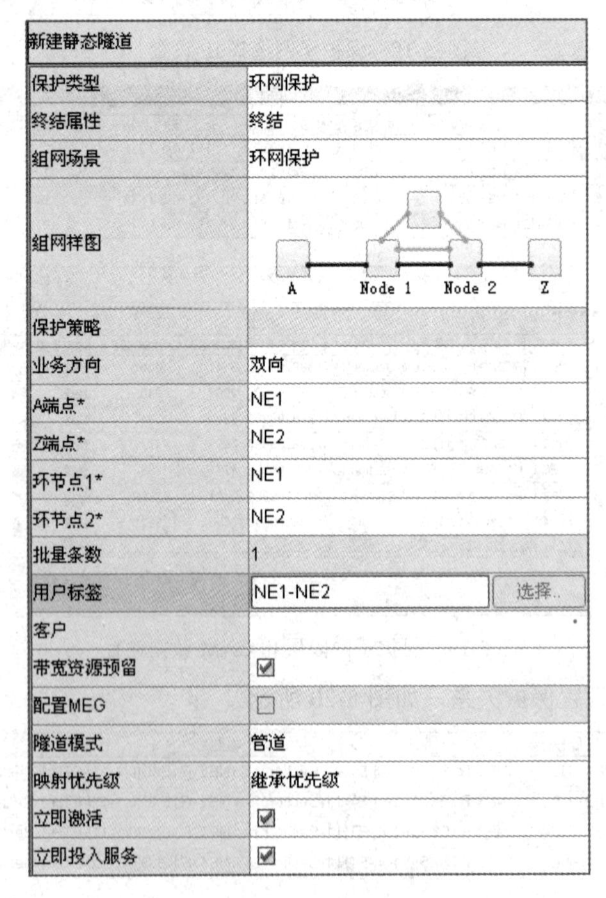

新建静态隧道

参数	值
保护类型	环网保护
终结属性	终结
组网场景	环网保护
组网样图	
保护策略	
业务方向	双向
A端点*	NE1
Z端点*	NE2
环节点1*	NE1
环节点2*	NE2
批量条数	1
用户标签	NE1-NE2　选择..
客户	
带宽资源预留	☑
配置MEG	☐
隧道模式	管道
映射优先级	继承优先级
立即激活	☑
立即投入服务	☑

图 5-23　新建静态隧道(环网保护)

② 单击“计算”按钮，生成工作隧道和保护隧道的路由计算结果，如图 5-24 所示。

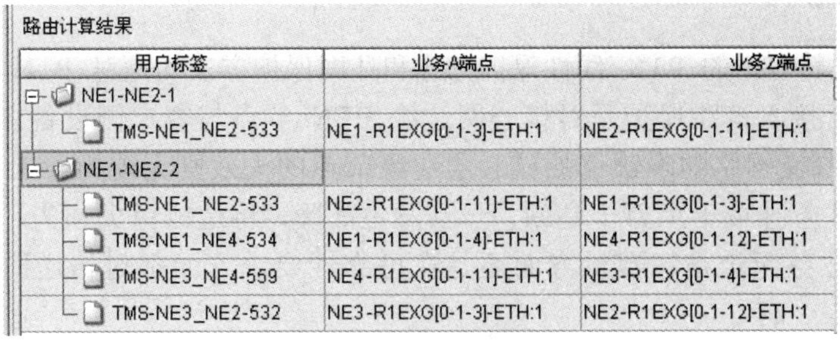

路由计算结果

用户标签	业务A端点	业务Z端点
NE1-NE2-1		
TMS-NE1_NE2-533	NE1-R1EXG[0-1-3]-ETH:1	NE2-R1EXG[0-1-11]-ETH:1
NE1-NE2-2		
TMS-NE1_NE2-533	NE2-R1EXG[0-1-11]-ETH:1	NE1-R1EXG[0-1-3]-ETH:1
TMS-NE1_NE4-534	NE1-R1EXG[0-1-4]-ETH:1	NE4-R1EXG[0-1-12]-ETH:1
TMS-NE3_NE4-559	NE4-R1EXG[0-1-11]-ETH:1	NE3-R1EXG[0-1-4]-ETH:1
TMS-NE3_NE2-532	NE3-R1EXG[0-1-3]-ETH:1	NE2-R1EXG[0-1-12]-ETH:1

图 5-24　路由计算结束

③ 在 TNP 保护页面，设置 TNP 保护参数，如图 5-25 所示。

静态路由　约束选项　带宽参数　高级属性　TNP保护　其它

属性名字	属性值
用户标签	NE1－NE2环网保护
保护子网类型	Wrapping环型保护
开放类型	不开放
开放位置	自动
返回方式	返回式
等待恢复时间(分钟)	5
倒换迟滞时间(100毫秒)	0
APS协议状态	
APS报文收发使能	☐

图 5-25　设置 TNP 保护参数

④ 单击“应用”按钮，完成新建隧道(环网保护)配置。

(3) 查看环网保护配置结果。

① 在 TNP 管理视图中，设置过滤条件，查找到业务：NE1—NE2 环网保护。

② 在拓扑区域，查看业务的工作路径和保护路径，如图 5-26 所示。其中 NE1—NE2 为工作路径，在系统上用蓝色标识；NE1—NE4—NE3—NE2—NE1 为环形保护路径，在系统上用黄色标识。

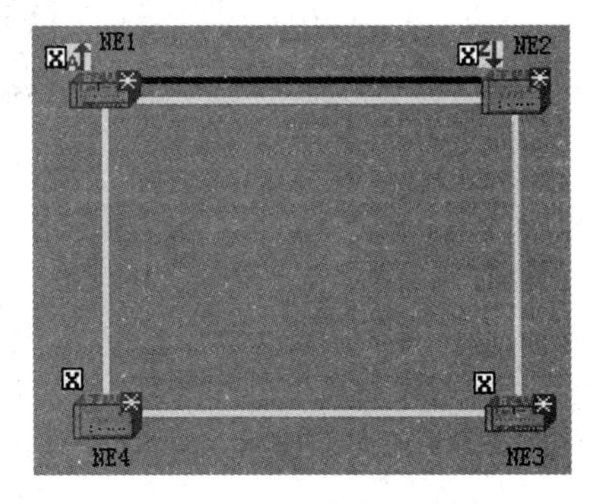

图 5-26　环网保护示意图

5.4.3 双归保护

已在现网成熟应用的 PTN 线性保护方式和环网保护方式均是对 PTN 网络内的网元/链路提供保护，接入链路保护是对核心网边缘 PTN 节点与客户侧设备之间链路提供保护，对于处于 PTN 网络咽喉部位的核心层边缘节点的失效则无能为力。一个 PTN 核心层边缘节点往往下挂成千上万个基站，一旦发生故障，将造成巨大损失，PTN 核心层边缘节点承载的业务无论是在数量方面还是在可靠性要求方面都对传送网提出了更高的要求。

PTN 双归保护主要是为了保护 PTN 核心层边缘设备，其主要指导思想是将故障影响的范围降到最低，即网络内故障仅触发网络内业务倒换，接入侧故障仅触发接入侧业务倒换。

双归保护是通过保护伪线来保护工作伪线上传送的业务。当出现工作伪线故障、设备单点失效或者用户侧链路故障时，业务将倒换至保护伪线。工作伪线和业务伪线走分离路由。

双归保护分为两种实现方式：1+1 双归保护和 1∶1 双归保护。1+1 双归保护的业务可以双发选收，也可双发双收，1∶1 双归保护的业务单发单收。

1. 1+1 双归保护

在 1+1 双归保护模式下，保护伪线是每条工作伪线专用的，工作伪线与保护伪线在保护域的源端进行桥接。业务在工作伪线和保护伪线上同时发向两条伪线的对端。在工作伪线的对端，接收业务；在保护伪线对端，根据预置的约束准则选择接收或不接收业务。

PTN 设备支持的 1+1 双归保护如图 5-27 所示。

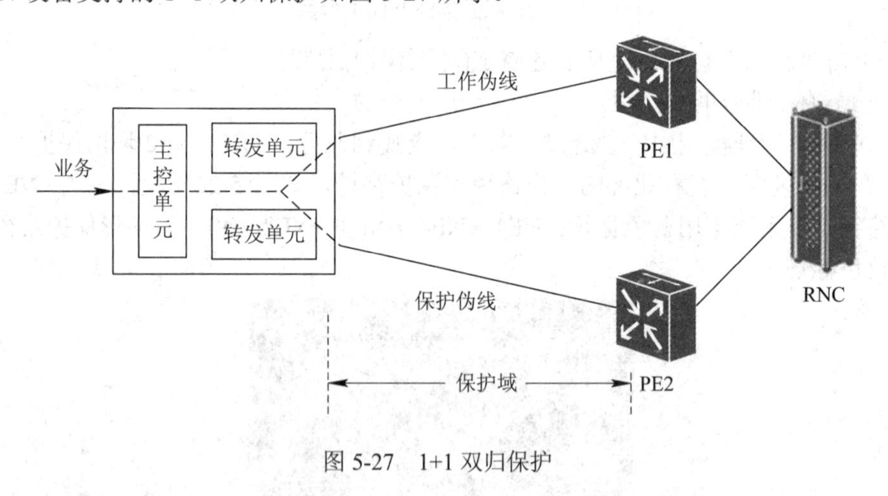

图 5-27 1+1 双归保护

2. 1∶1 双归保护

在 1∶1 双归保护模式下，保护伪线是每条工作伪线专用的。业务在工作伪线或保护伪线上传送。在工作伪线或保护伪线的对端，接收业务。PTN 设备支持的 1∶1 双归保护如图 5-28 所示。

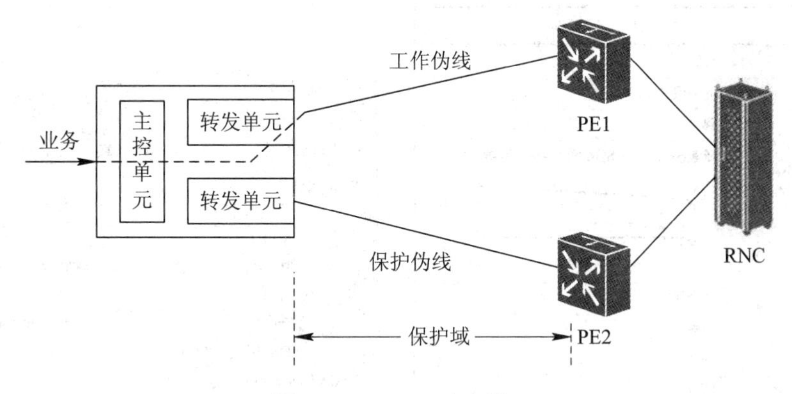

图 5-28　1∶1 双归保护

3. 伪线双归保护配置

RNC 通过 ZXCTN 设备接入网络，与 NodeB 进行实时通信。为了保证 RNC 与 NodeB 设备通信正常，采用双归方式接入。当 NE2 出现故障，或者 NE2 与 RNC 之间的链路出现故障的时候，业务切换到备用路由，保证 RNC 与 NodeB 设备的业务能够正常传送，如图 5-29 所示。

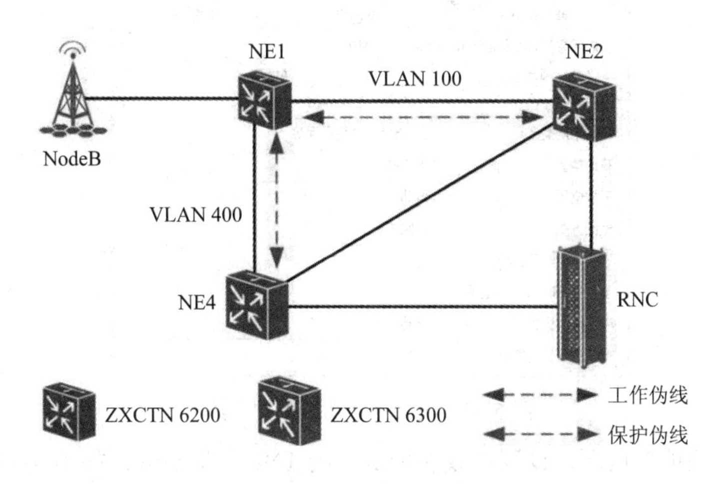

图 5-29　双归保护示意图

1) 配置规划

在 NE1、NE2、NE4 之间创建静态隧道：NE1—NE2 的路径为工作伪线的工作隧道；NE1—NE4—NE2 的路径为工作伪线的保护隧道；NE1—NE4 为保护伪线的工作隧道；NE1—NE2—NE4 为保护伪线的保护隧道。

在 NE1、NE2、NE4 之间配置伪线双归：NE1—NE2 的路径为工作伪线；NE1—NE4 的路径为保护伪线，保护类型为伪线 1∶1 单发双收。

2) 配置步骤

(1) 配置隧道。

① 在新建静态隧道页面，设置隧道的全局参数，如图 5-30 所示。

② 在静态路由页面，单击计算按钮，如图 5-31 所示。

新建静态隧道	
组网类型	线型
保护类型	冗余保护
终结属性	终结
组网场景	承载伪线冗余＋隧道线型保护＋两端终结
组网样图	A　Z1　Z2
保护策略	完全保护
业务方向	双向
A端点*	NE1
Z1端点*	NE2
Z2端点*	NE4
批量条数	1
用户标签	Tunnel-PW

图 5-30　新建静态隧道(双归保护)

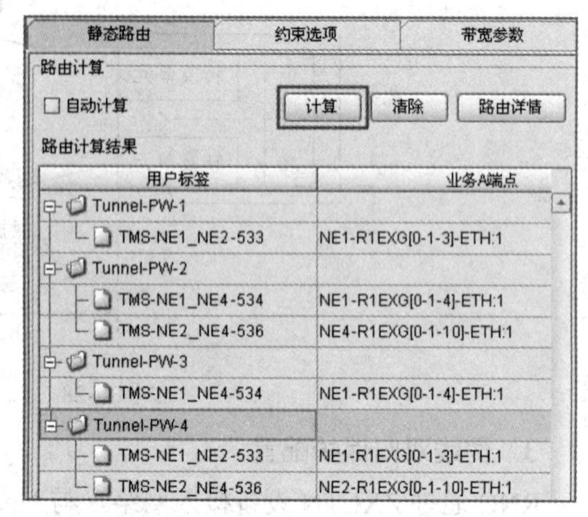

静态路由　约束选项　带宽参数

路由计算

□自动计算　计算　清除　路由详情

路由计算结果

用户标签	业务A端点
Tunnel-PW-1	
TMS-NE1_NE2-533	NE1-R1EXG[0-1-3]-ETH:1
Tunnel-PW-2	
TMS-NE1_NE4-534	NE1-R1EXG[0-1-4]-ETH:1
TMS-NE2_NE4-536	NE4-R1EXG[0-1-10]-ETH:1
Tunnel-PW-3	
TMS-NE1_NE4-534	NE1-R1EXG[0-1-4]-ETH:1
Tunnel-PW-4	
TMS-NE1_NE2-533	NE1-R1EXG[0-1-3]-ETH:1
TMS-NE2_NE4-536	NE2-R1EXG[0-1-10]-ETH:1

图 5-31　路由计算

③ 在 TNP 保护 1 页面，设置承载工作伪线的 TNP 保护参数，如图 5-32 所示。

高级属性　TNP保护1　TNP保护2　MEG*　其它

静态路由　约束选项　带宽参数

当前配置信息：承载工作伪线的TNP保护

属性名字	属性值
用户标签	TNP保护-工作伪线
保护子网类型	1:1单发双收路径保护
开放类型	不开放
开放位置	自动
返回方式	返回式
等待恢复时间(分钟)	5
倒换迟滞时间(100毫秒)	0
APS协议状态	启动
APS报文收发使能	☑

图 5-32　设置工作伪线保护参数

④ 在 TNP 保护 2 页面，设置承载保护伪线的 TNP 保护参数，如图 5-33 所示。

高级属性　TNP保护1　TNP保护2　MEG*　其它

静态路由　约束选项　带宽参数

当前配置信息：承载保护伪线的TNP保护

属性名字	属性值
用户标签	TNP保护-保护伪线
保护子网类型	1:1单发双收路径保护
开放类型	不开放
开放位置	自动
返回方式	返回式
等待恢复时间(分钟)	5
倒换迟滞时间(100毫秒)	0
APS协议状态	启动
APS报文收发使能	☑

图 5-33　设置保护伪线的 TNP 保护参数

⑤ 在 MEG*页面，设置隧道的 OAM 参数，如图 5-34 所示。

高级属性 | TNP保护1 | TNP保护2 | MEG* | 其它
静态路由 | 约束选项 | 带宽参数

属性名字	属性值
本端MEP ID*	
远端MEP ID*	
速度模式	高速
CV包	☑
发送周期	3.33ms
CV包PHB	CS7
连接检测	☑
预激活LM	☐
LM统计本层报文	☐
AIS	☐
FDI包PHB	CS7
CSF插入/提取	☐
CSF包PHB	CS7
预激活DM	☐
预激活DM方向	单向
预激活DM发送间隔(100毫秒)	10

图 5-34　隧道 OAM 参数设置

(2) 配置以太网专线业务。

① 在新建以太网专线业务页面，配置以太网业务，如图 5-35 所示。

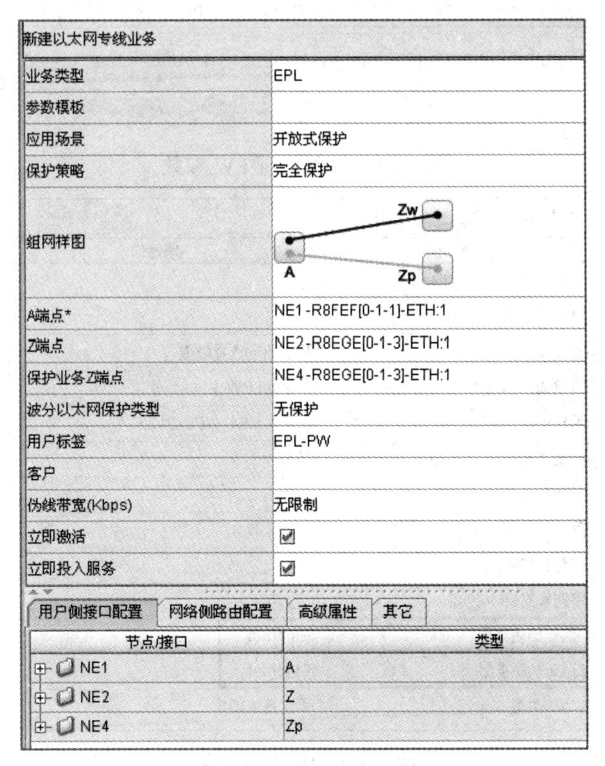

图 5-35　新建以太网专线业务(双归保护)

② 在用户侧接口配置页面，设置端口的高级属性，展开节点的接口，单击“修改接口”按钮，如图 5-36 所示。

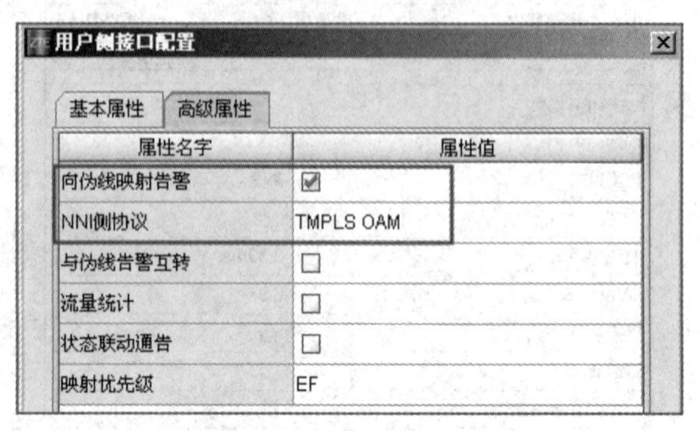

属性名字	属性值
向伪线映射告警	☑
NNI侧协议	TMPLS OAM
与伪线告警互转	☐
流量统计	☐
状态联动通告	☐
映射优先级	EF

图 5-36　端口的高级属性设置

③ 在网络侧路由配置页面，配置工作伪线和保护伪线的 OAM 参数，选中伪线，单击“伪线配置”→“PW 参数”，如图 5-37～图 5-39 所示。

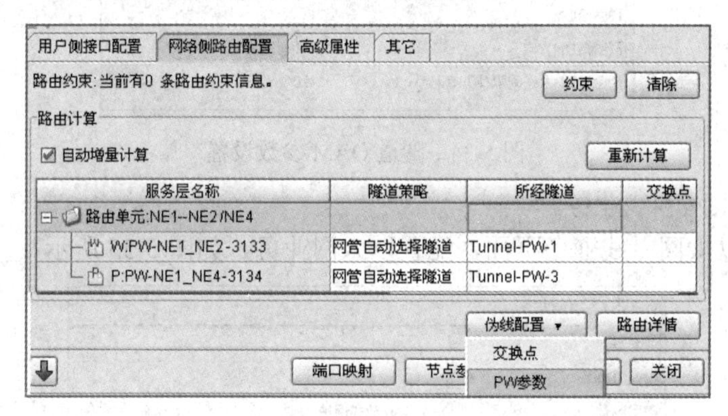

图 5-37　伪线配置 PW 参数

基本参数　带宽参数　MEG参数

属性名字	属性值
业务内使用统一VCID	☐
VCID	
隧道策略	网管自动选择隧道
隧道选择	Tunnel-PW-1
用户标签	W:PW-NE1_NE2-3133
创建方式	静态
正向标签	
反向标签	
控制字支持	☑
序列号支持	☐
A网元伪线类型	Ethernet
Z网元伪线类型	Ethernet
VCCV类型	不支持VCCV

图 5-38　PW 基本参数

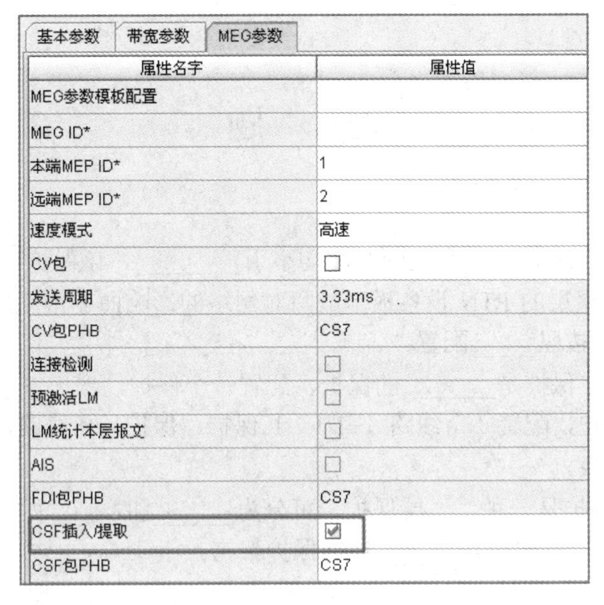

图 5-39　MEG 参数

④ 在网络侧路由配置页面，设置 TNP 保护参数，选中路由单元，选择“伪线配置”→“TNP 参数配置”，如图 5-40 和图 5-41 所示。

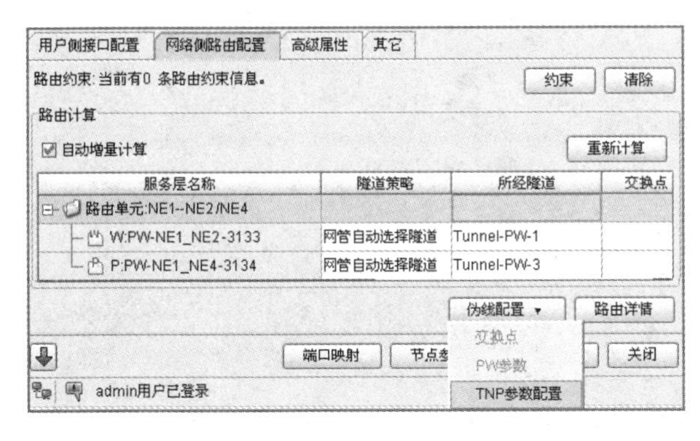

图 5-40　TNP 参数配置

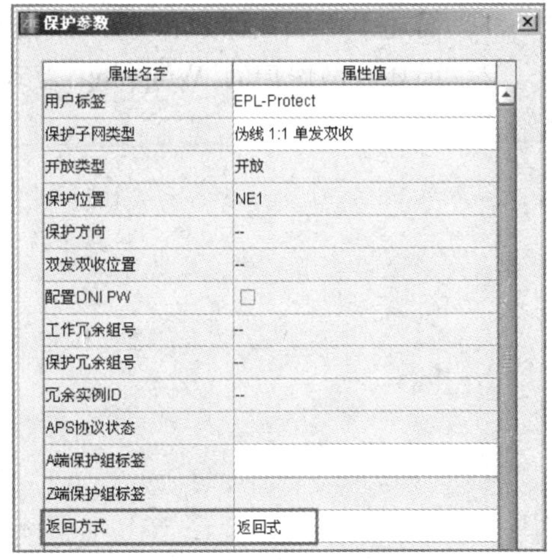

图 5-41　TNP 保护参数

⑤ 单击“应用”按钮，完成新建 EPL 业务双归保护配置。

(3) 查询保护业务。在 TNP 管理视图中，过滤查询出已创建的保护业务，如图 5-42 所示。

用户标签	保护类型	速率	开放类型	工作业务	保护业务
TNP保护-工作伪线	1:1单发双收路...	隧道速率	不开放	Tunnel-PW-1	Tunnel-PW-2
TNP保护-保护伪线	1:1单发双收路...	隧道速率	不开放	Tunnel-PW-3	Tunnel-PW-4
EPL-Protect	伪线 1:1 单发双收	伪线速率	开放	W:PW-NE1_NE2-3133	P:PW-NE1_NE4-3134

图 5-42　查询保护业务

习 题

一、填空题

1．PTN保护测试时，倒换和返回时间均小于________，该保护特性才算通过。

2．核心层和汇聚层的PTN设备板卡故障对网络的影响面非常广，因此在做设备配置时，核心单元应严格按照_____配置。

3．LSP1+1/1∶1保护是_______的保护，配置一个保护，保护______；线路1+1/1∶1保护是_______的保护，配置一个线路1+1/1∶1保护，保护一条线路，发生倒换时，这条线路上的_______倒换。

4．PTN环网保护是一种____层保护，可分为______和______两种方式，就目前现网工程应用情况而言，一般多采用______环网保护架构。

5．LSP 1+1\1∶1只需在________进行配置，Wrapping环网保护需在环网上的________进行配置。

6．LAG保护是指__________。

二、简答题

1．简述1+1线性保护和1∶1线性保护的区别。

2．简述环网保护的Wrapping方式和Steering方式的特点及区别。

第 6 章　分组传送网运行维护

本章将对 PTN OAM 的标准、基本概念、分层结构进行分析，同时解析 PTN 网络具体的 OAM 功能。除此之外，本章还介绍了 PTN 分组网的性能维护及故障处理方法，并依据故障定位与故障排除的知识对典型案例进行分析和处理。

6.1　MPLS-TP OAM 技术

PTN 作为融合传统 SDH 安全性与 IP 网络高带宽双重优势的新型传送技术，其思路是建立面向分组的多层管道，将面向无连接的数据网改造成面向连接的网络。该分组的传送通道具有良好的操作维护性和保护恢复能力。在传统的 SDH 网络中，SDH 有强大的开销处理能力，可以在其帧结构的固定位置提供不同开销的处理和传递，而 MPLS 类和以太网类技术主要是依靠扩展报文来携带开销信息。PTN 不仅吸取了分组交换对突发业务高效的统计复用和动态控制的优点，同时还保留了传送网的 OAM 和高生存性等基本特征。所以，PTN 如何通过完善 OAM 机制提供电信级的端到端的操作管理维护，是 PTN 网络中至关重要的问题。

6.1.1　OAM 定义及分类

1. 基本概念

OAM(Operation，Administration and Maintenance，操作、管理和维护)是指为保障网络与业务正常、安全、有效运行而采取的生产组织管理活动。

根据运营商网络运营的实际需要，通常将 OAM 划分为三大类：

(1) 操作：主要完成日常的网络状态分析、告警监视和性能控制活动。

(2) 管理：对日常网络和业务进行的分析、预测、规划和配置工作。

(3) 维护：主要是对网络及其业务的测试和故障管理等进行的日常操作活动。

ITU-T 对 OAM 的具体功能进行了如下定义：

(1) 性能监控并产生维护信息，根据这些信息评估网络的稳定性。

(2) 通过定期查询的方式检测网络故障，产生各种维护和告警信息。

(3) 通过调度或者切换到其他的实体，保证网络的正常运行。

(4) 将故障信息传递给管理实体。

2. OAM 的分类

OAM 按功能可分为以下三种：

(1) 故障管理：如故障检测、故障分类、故障定位、故障通告等。

(2) 性能管理：如性能监视、性能分析、性能管理控制等。

(3) 保护恢复：如保护机制、恢复机制等。

OAM按对象可分为对维护实体的 OAM、对域的OAM和对生存性的OAM。

6.1.2 OAM 层次模型

现有的基于PTN技术的OAM机制基本还是沿用了传统传送网的OAM思路，通过分层的概念，提供故障管理、性能监测以及通信通道等 OAM 功能，且将 OAM 包与业务包进行了分离，使它可以单独在通道中传输。为了对网络节点进行高效的管理，各有关的OAM协议标准都根据分层的思想来实现OAM功能，如表6-1所示。本书对 PTN OAM 的阐述也均基于G.8113.1/G.8114 方案(MPLS-TP)进行。

表 6-1 层次化 OAM

OAM技术	标 准
业务OAM	ITU-T Y.1731
MPLS-TP OAM	ITU-T G.8113.1
Ethernet OAM	IEEE 802.3ah/IEEE 802.1ag

PTN OAM包括MPLS-TP网络内OAM、业务层OAM以及接入链路层OAM等，不同层次的 OAM 管理范围不同，这就形成了多个管理域，多个管理域之间可以嵌套和分域管理，具有明确的维护管理范围，使PTN网络能够根据用户需要提供不同的维护管理范围。

(1) MPLS-TP网络内OAM机制：在PTN网络内的OAM，主要包括TMP、TMC、TMS三个层次的OAM机制。

(2) 业务层OAM机制：主要支持Ethernet业务的OAM机制和ATM业务的OAM机制。

(3) 接入链路OAM机制：主要支持Ethernet接入的OAM和TDM 2M E1告警与性能。

1. 管理域OAM网络模型

管理域OAM网络模型如图6-1所示。

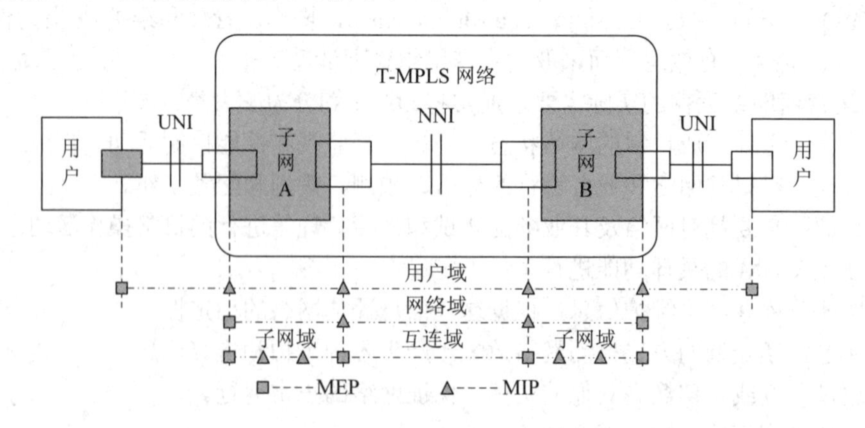

图 6-1 管理域OAM网络模型

对于一个 MPLS-TP 网络，不同管理域的 OAM 帧会在该域边界 MEP 处发起，源和目的 MEP 之间的节点为 MIP。所有 MEP 和 MIP 均由管理平面或控制平面配置，其中管理平面配置可由网管系统(NMS)执行。

OAM 功能是基于硬件处理的，由 OAM 报文可以实现检测网络状况并快速定位问题，对网络实现实时监控的功能。OAM 模块具有业务 OAM、MPLS-TP OAM、接入链路 OAM 等功能。UNI 侧的功能包括业务 OAM 和接入链路 OAM，NNI 侧的 OAM 功能包括 MPLS-TP OAM。各 OAM 在一起协调工作，为网络提供故障管理和性能监测相关的功能。

MEP、MIP 含义见 6.1.3 节。

2．PTN 网络内 OAM 机制

如图 6-2 所示，MPLS-TP OAM 机制遵循 G8113.1(即方案 GACH+Y1731)标准，为了有效地管理网络中各个层次的网络设备，MPLS-TP 定义了 G8113.1 通信标准，通过 MPLS-TP 网络的段层 TMS、通路层 TMP 和通道层 TMC，可对出现的故障进行检测、识别和定位。

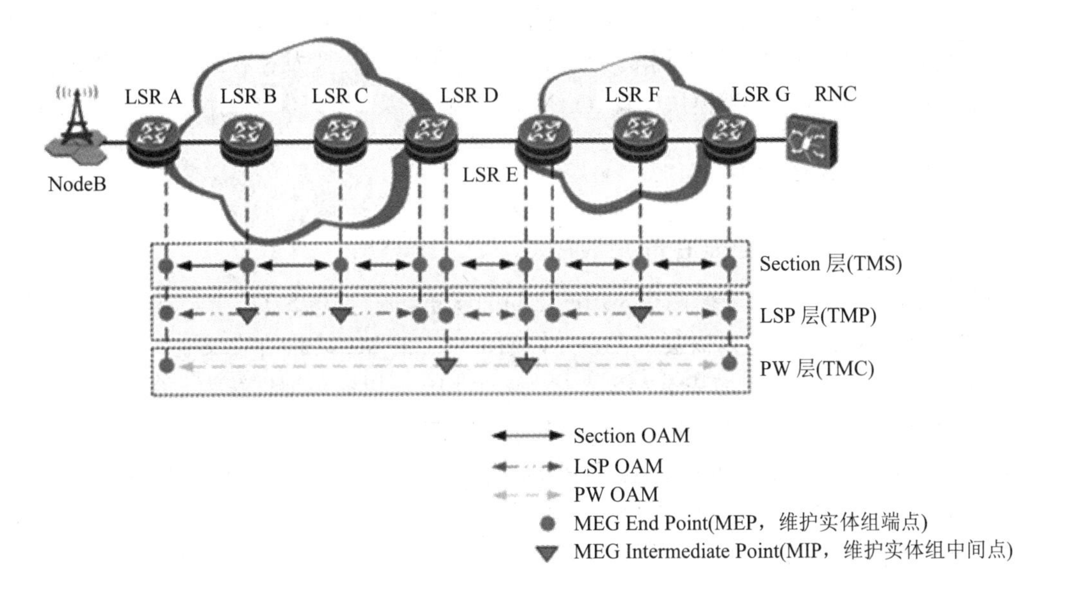

图 6-2　MPLS-TP OAM 应用示意图

通道层(Channel)TMC：Channel 层代表业务的类型，和 PWE3 的伪线意义相同，又称为伪线层，主要用于检测业务 PWE3 伪线是否有故障，监控各类业务连接与性能，PW OAM 可以实现对业务的端到端管理。

通路层(Tunnel)TMP：Tunnel 层提供传送网络通道。LSP OAM 检测整个通道，对应于 LSP 隧道，预防随着增加 OAM 业务而伴随出现的网络性能低效，达到 Tunnel 层次的监控并提供保护。

段层(Section)TMS：可选。Section 层主要保障 Channel 层在端到端网络节点间完整的传送消息。TMS 层的检测，保护的是隧道的段层，主要用于检测通道两个节点之间的连接状况，充分节省带宽并提供强有力的网络保障。

PTN 设备在 NNI 侧物理接口收到伪线、隧道和段层 OAM 报文，从中提取 OAM 报文信息，并根据需要发往相应的网络保护处理模块，网络保护处理模块根据伪线、隧道和段层 OAM 信息触发网络侧保护倒换。

3．网络业务层机制

网络业务层机制主要包括以太网业务的OAM机制和ATM业务的OAM机制。业务报文UNI侧物理接口收到业务OAM报文，并提取OAM信息，送往OAM模块进行处理，再发往相应的业务处理模块进行处理进入QoS模块，由QoS模块根据策略进行流分类和流标记处理、流量监管后，进入分组转发模块，分组转发模块对业务报文的路径进行查找和内部无阻塞交换，交换后再在QoS模块做拥塞管理、队列调度、流量整形，经线路适配模块后发送到相应的NNI侧物理接口。

4．接入链路的OAM机制

接入链路的OAM机制包括以太网接入链路的OAM机制，SDH接口的再生段和复用段层告警性能OAM机制，以及E1告警和性能OAM机制三类。在UNI侧物理接口收到接入链路OAM报文，从中提取OAM信息，并根据需要发往相应的接入链路保护处理模块，接入链路保护处理模块根据OAM信息触发接入链路保护倒换。

6.1.3 MPLS-TP OAM术语

1．维护实体(Maintenance Entity，ME)

一个需要维护的实体，表示两个MEP之间的联系。在MPLS-TP中，基本的ME是MPLS-TP路径。ME之间可以嵌套，但不允许两个以上的ME之间存在交叠。

MPLS-TP的OAM操作均基于ME进行。一个ME可以简单地理解为一条传送路径的两个端点及中间节点，也就是一对MEP以及中间经过的MIP。

在图6-2 MPLS-TP OAM应用示意图中，Section层中每两个相邻的LSR构成一个ME。LSP层中LSR A、LSR B、LSRC和LSR D构成一个ME，LSR D和LSR E构成一个ME，LSR E、LSR F和LSR G构成一个ME。PW层中LSR A、LSR D、LSR E和LSR G构成一个ME。

2．维护实体组(ME Group，MEG)

MEG是指一组满足下列条件的ME：属于同一个维护域；属于同一个MEG层次；属于相同的点到点或点到多点MPLS-TP连接。

一个或者多个属于同一条传送路径的ME构成一个MEG。对于MPLS-TP OAM来说，不同业务的MEG包含的ME是不同的。

一个MEG对应点到点单向路径时，就只包含一个ME。对应点到点双向路径时，则包含正反两个方向的两个ME(如果是双向共路，则只包含一个ME)。对应一个点到多点的单向路径时，就是由从根到各个叶子节点的各个ME组成。

在图6-2 MPLS-TP OAM应用示意图中，Section层中每个ME构成一个MEG。LSP层中每个ME构成一个MEG。PW层中每个ME构成一个MEG。如果LSR A到LSR D间有正反两条不同的隧道，则该路径上的MEG包含两个ME，即LSR A与LSR D构成的ME和LSR D与LSR A构成的ME。

3．维护实体组端点(MEG End Point，MEP)

维护实体组终端点 MEP 表示 PTN MEG 的终端点，具有发起和终结故障管理和性能监视 OAM 帧的能力。OAM 帧有别于传送的业务，在传送 PTN 业务的汇聚点加入 OAM 帧，假设其经过与 PTN 业务相同的转发处理，由此来实现 PTN 业务监视。MEP 不终结传送的业务，但可以监视这些业务即进行帧计数。用于标识一个 MEG 的开始和结束，能够生成和终结 OAM 分组。OAM 功能主要就运行在这一对 MEP 之间。

在图 6-2 MPLS-TP OAM 应用示意图中，Section 层中任一 LSR 都可成为 MEP。每个 LSR 都是 MEP。LSP 层中只有 LER 才能作为 MEP。LSR A、LSR D、LSR E 和 LSR G 是 LER。PW 层中只有 T-PE(PW Terminating Provider Edge，伪线端点运营商边缘)可以作为 MEP。LSR A 和 LSR G 是 T-PE。

4．维护实体组中间点(MEG Intermediate Point，MIP)

MEG 的中间节点，不能生成 OAM 分组，但能够对某些 OAM 分组选择特定的动作，对途经的 MPLS-TP 帧可透明传输。MEP 和 MIP 由管理平面或控制平面指定。

在图 6-2 MPLS-TP OAM 应用示意图中，Section 层中无 MIP。LSP 层中 LSR B、LSR C 和 LSR F 是 MIP。PW 层中 LSR D 和 LSR E 是 MIP。

5．维护实体组等级(MEG Level，MEL)

多 MEG 嵌套时，用于区分各 MEG OAM 分组，通过在源方向增加 MEL 和在宿方向减少 MEL 的方式处理隧道中的 OAM 分组。

6.1.4　MPLS-TP MEG 嵌套

在 MEG 嵌套的情况下，使用 MEL 区分嵌套的 MEG。每个 MEG 工作在 MEL=0 层次，所有 MEG 的所有 MEP，生成的 OAM 分组 MEL=0，且所有 MEG 的所有 MEP 仅终止 MEL=0 的 OAM 分组。所有 MEG 的 MIP 仅对 MEL=0 的分组选择动作。

传输一个报文过程中如果遇到另外一个 MEG，就会产生嵌套。为了区分嵌套的 MEG，对于某个 MEG，从任何一个 MEP 进入的 OAM 分组，MEL 值加 1；对于所有 MEL 值大于 0 的 OAM 分组，从该 MEG 的任何一个 MEP 离开时，MEL 值减 1。通过这种 MEL 处理方式，不需要手工指定每个 MEG 的 MEL，每层仅需要生成和处理 MEL=0 的 OAM 分组。出现嵌套时，低层 MEG 将接入的上层 MEG 的 OAM 分组隧道化，即源 MEP 将 MEL 值加 1，宿 MEP 将 MEL 值减 1。

MEG 嵌套和 MPLS-TP 标记堆叠互相独立。每层 MPLS-TP 标记最多可能存在独立的 8 个 MEL 层次。如果输入 OAM 分组的 MEL 值等于 7，MEP 直接丢弃，以避免 MEL 层次越限。

图 6-3 给出了一个 MEG 嵌套的示例。网络中现有两个嵌套的 MEG，一个 TMP MEG 嵌套在另一个 TMC MEG 中，在 TMC X 端点产生 OAM 报文时其等级 MEL 为 0，当该 OAM 报文进入 TMP MEG 时 MEL 加 1，此时等级 MEL 为 1；当该报文离开时，MEL 值会自动减 1，这时其等级就是 0。图中 Y 端点收到这个报文之后，检测到 MEL 为 0，就处理自己这一层的报文。

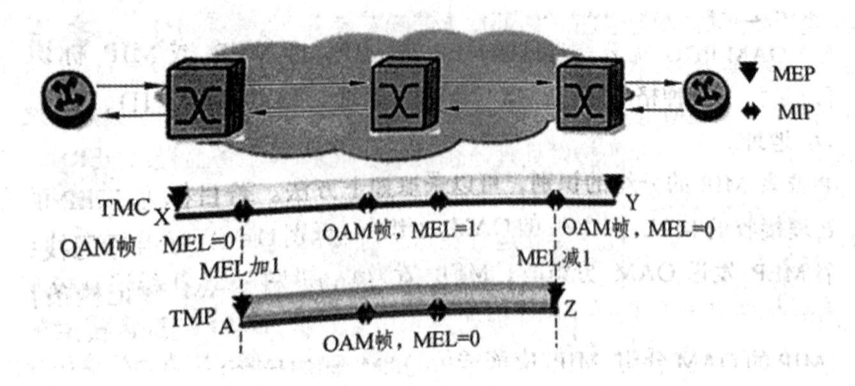

图 6-3 MEG 嵌套示例图

6.1.5 MPLS-TP OAM 分组格式

1. OAM 帧结构

OAM 分组由 OAM PDU 和外层的转发标记栈条目组成。转发标记栈条目内容同其他数据分组一样，用来保证 OAM 分组在 MPLS-TP 路径上的正确转发。每个 MEP 或 MIP 仅识别和处理本层次的 OAM 分组。

通用的 OAM PDU 格式如图 6-4 所示。

<table>
<tr><td></td><td colspan="8">1</td><td colspan="8">2</td><td colspan="8">3</td><td colspan="8">4</td></tr>
<tr><td></td><td>1</td><td>2</td><td>3</td><td>4</td><td>5</td><td>6</td><td>7</td><td>8</td><td>1</td><td>2</td><td>3</td><td>4</td><td>5</td><td>6</td><td>7</td><td>8</td><td>1</td><td>2</td><td>3</td><td>4</td><td>5</td><td>6</td><td>7</td><td>8</td><td>1</td><td>2</td><td>3</td><td>4</td><td>5</td><td>6</td><td>7</td><td>8</td></tr>
<tr><td>1</td><td colspan="20">Label(14)</td><td colspan="3">MEL</td><td>S</td><td colspan="8">TTL</td></tr>
<tr><td>5</td><td colspan="8">Function Type</td><td colspan="3">Res</td><td colspan="5">Version</td><td colspan="8">Flags</td><td colspan="8">TLV Offset</td></tr>
<tr><td>⋮</td><td colspan="32">OAM PDU payload area</td></tr>
<tr><td>last</td><td colspan="8">End TLV</td></tr>
</table>

图 6-4 通用的 OAM PDU 格式

最前面的 4 个字节是 OAM 标记栈条目，是 OAM 专用标签，在各种 OAM 报文中都会带上该标签。各字段定义如下：

(1) Label (14)：20 位标记值，值为 14，表示 OAM 标记。

(2) MEL：3 位 MEL，范围为 0～7；每个 OAM 包在创建时值自动设置为 0，每当进入另外一个嵌套在本 MEG 之上的 MEG 时，MEL 值就会加 1。同样，当 OAM 包离开这个 MEG 时，MEL 值就会减 1。对于低层 MPLS-TP 服务层来说，高层 OAM 信息值(大于零)与业务信息没有差别，不对其进行任何处理。只有当接收到 MEL 值等于 0 的 OAM 包时才进行接收和处理。

(3) S：1 位 S 位，值为 1。表示是标记栈底部，由 OAM 模块来处理的报文；对于 MPLS-TP 而言，S 一定为 1。

(4) TTL：8 位 TTL 值，取值为 1 或 MEP 到指定 MIP 的跳数+1。

Function Type、Res、Version、Flags、TLV Offset 字段组成的4个字节是 MPLS-TP OAM 报文的字头段，在各种 OAM 报文中都会带上字头段。

(5) 第5个字节是 OAM 消息类型(Function Type)，8位，表示 OAM 功能类型。具体如表6-2所示。

表6-2 OAM PDU 报文中的功能字节内容及含义

字节内容	含　义	字节内容	含　义
00	保留	01	CV v1 连通性验证
02	FDI v1 前向缺陷指示	03-1F	保留
20	LBR	21	LBM
23	LCK	25	TST
27	APS	28	SCC
29	MCC	2A	LMR
2B	LMM	2E	DMR
2F	DMM	30	EXR
31	EXM	32	VSR
33	VSM	35	SSM
37	CSF	38-FF	保留

(6) Res：3 bit 保留位，为将来的标准保留，目前设置为 000。

(7) Version：5 bit 的 OAM 协议版本号。

(8) Flags：占用 8 bit，是和 OAM PDU 类型相关的标志位。

(9) TLV Offset：1 bit，用来指示第一个 TLV 在 OAM PDU 中的位置，0 代表第一个 TLV 的位置紧跟在 TLV Offset 的后面。

(10) OAM PDU payload area：由一个或者多个 TLV 组成，通过这些 TLV 携带相关的参数信息。

(11) End TLV：8 bit，指示 OAM PDU 报文的结束。

对于 MEP 或者 MIP 的分组的识别，可以采取这种方法：若目标为 MEP 的 OAM 分组，MEP 识别并处理接收的 MEL 值为 0 的 OAM 分组，不识别 OAM 分组标记栈条目中的 TTL。MEP 向另一个 MEP 发送 OAM 分组时，MEL 置为 0，并将 OAM 标记栈条目中的 TTL 值置为 1。

若目标为 MIP 的 OAM 分组，MIP 应该透传 OAM 标记栈条目中 TTL 值为 1 的 OAM 分组。MIP 对于收到的 MEL 值为 0 的 OAM 分组，如果 OAM 分组中的数据平面标识指明是在 MIP，则处理该 OAM 分组。

2. OAM 的标签嵌套

MPLS-TP OAM 实现分层管理，TMS、TMP、TMC 三个层次管理由不同层次的标签实现。TMC 层的 OAM，检测 PWE3 伪线是否有故障；TMP 层的 OAM 检测，检测整个隧道；TMS 层的检测，保护的是隧道的段层。对应到各层的 OAM 报文带有相应层次的标签。

其帧结构支持 OAM 标签的嵌套，如图 6-5 所示。在图 6-5 中，标签含义同前述。在 TMC、TMP、TMS 不同管理层上 MPLS-TP 的标签是嵌套的，不同层次的标签实现对于不同层次的管理，使得网络管理更为有序。其分层管理功能由 SDH 继承而来。

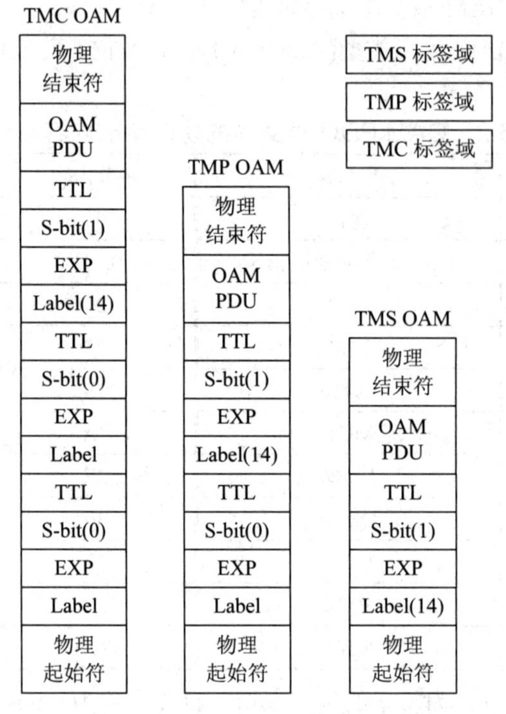

图 6-5　MPLS-TP 帧结构

6.1.6　OAM 功能

1．MPLS-TP 网络中的 OAM 机制

MPLS-TP 网络中的 OAM 功能可分为告警相关 OAM 功能、性能相关 OAM 功能以及其他 OAM 功能。

OAM 技术中的故障管理和性能管理功能描述如表 6-3 所示。

表 6-3　OAM 管理功能

OAM 技术	故障管理	性能管理
功能	故障检测、故障验证、故障定位和故障通告等	性能监视、性能分析、性能管理控制、性能下降时启动网络故障管理系统等
目的	配合网管系统提高网络可靠性和可用性	维护网络服务质量和网络运营效率
主要的工具和方法	连续性检查(CC)	帧丢失测量(LM) 帧时延测量(DM) 帧时延抖动测量(DVM)
	告警指示(AIS)	
	远程缺陷指示(RDI)	
	链路追踪(LT)	
	环回检测(LB)	
	锁定(LCK)	
	测试(TST)	
	客户信令失效(CSF)	

2. 告警相关 OAM 功能

1) 连续性检测(Continuity Check，CC)

连续性检测是一种主动性的 OAM。它用于检测一个 MEG 中任何一对 MEP 间的 LOC(Loss of Connectivity，连通性丢失)。CC 也可以检测两个 MEG 之间不希望有的连通性(错误混入)，在 MEG 内与一个不要求的 MEP(非期望的 MEP)间不希望有的连通性，以及其他故障情况(例如非期望的等级、非期望的周期等)。CC 同时也可应用于差错检测、性能监测或保护转换的应用。

CC 功能通过发送 CCM/CV(Continuity Check Message，连续性检查消息/Connectivity Verification，连接确认)包实现，CC 是周期性传送的，对于一个 MEG 中所有的 MEP，CC 的传输周期是同样的。根据不同的 OAM 应用，CC 的传输周期可以设置为不同的值(即指 CCM/CV 包的发送周期)，一般情况下，差错管理默认的传输周期为 1 s，性能监测默认的传输周期为 100 ms，保护倒换默认的传输周期为 3.33 ms。当一个 MEP 能产生带有 CC 信息的帧时，它也期望从 MEG 中它对等的 MEP 处接收带有 CC 信息的帧。

通过连续性检测功能，可以提供多种故障管理特性，当在 3.5 倍的传输间隔内没有接收到来自某个对等的 MEP 的 CC 报文时，它就检测出与那个 MEP 失去了连续性；当接收到的 CC 报文中的 MEG 等级低于本身的等级时，它就检查出非期望的 MEG 等级连接;当接收到不等于本身 MEG ID 的报文时，它就检查出错误混入；如果接收报文中的 MEP ID 有错误，它就检查出非期望的 MEP 接入；当接收报文的传输周期与本身不一致时，它就检查出非期望的周期。同时，连续性检测功能会与网络设备的告警和网管系统协作将检测出的故障上报到指定的系统进程中。

2) 告警指示信号(Alarm Indication Signal，AIS)

AIS 是一种维护信号，用于将服务层路径失效信号通知到客户层。当检测到服务层的缺陷情况时，用 AIS 通知客户层该连接存在故障，同时抑制客户层发生的 LOC 告警。该功能在避免告警连锁事件和及时启动故障处理程序中至关重要。

当服务层缺陷情况发生后，MEP 便按照客户层 MEL 发起 FDI/AIS 帧，并周期性地向客户层 MEP 传送，直至缺陷情况被清除。当所有缺陷情况被清除后，MEP 便没有必要继续发起 AIS 信息。

判定方法为：如果接收 MEP 在 3.5 个连续 AIS 接收周期内没有收到 FDI/AIS 帧，MEP 便清除告警，清除 AIS 缺陷情况。

3) 远端缺陷指示(Remote Defect Indication，RDI)

远端缺陷指示(RDI)功能用于在本端 MEP 检测到缺陷或故障后通知到远端 MEP。RDI 通常就是 CCM 报文中的一个指示位，通过反向的 CCM 报文发送给远端。其工作原理如下：

(1) 当本端 MEP 通过 CC 检测到链路故障发生后，立即将通过反向通道发送给远端 MEP 的 CCM 报文中的 RDI 标志置位(RDI 标志置 1)，通告故障。

(2) 故障清除后，再清除 CCM 报文中的 RDI 标志(RDI 标志置 0)，标志故障恢复。

说明：

① RDI 功能总是与主动方式的 CC 关联在一起，只在 CC 使能的情况下生效。

② RDI 只用于双向连接中。对于单向 LSP，需要先设置绑定反向通道。

4) 环回检测(Loopback，LB)

在MPLS-TP网络中，一条虚电路会跨越多个交换设备(节点)，包括MEP和MIP。当这条虚电路中的任一节点或链路发生故障时，会导致整条虚电路不可用，而且无法定位发生故障的位置。为了解决上述问题，可以在源端部署Loopback(LB)检测功能来检测和定位源端到MIP和MEP节点间的故障。

LB和CC都是MPLS-TP网络中的连通性检测工具，二者的区别如表6-4所示。

表6-4　CC和LB功能区别

功能	功能描述	选择原则
CC	一种主动性的OAM，用于检测一个MEG中任何一对MEP间连续性的报文丢失	只需要检测MEP节点之间的连通性，或者需要联动APS倒换时，选择CC检测
LB	一种按需的OAM，用来测试一个MEP节点与一个MIP节点之间，或者一对MEP节点之间的双向连通性	需要测试一个MEP节点与一个MIP节点之间，或者一对MEP节点之间的双向连通性，且不需要联动APS倒换时，选择LB检测

LB检测在MEP节点发起，LB的目的可以是MEP节点，也可以是MIP节点。

LB检测的工作原理如下：

(1) 源端的MEP节点向目的节点发出一个LBM(Loopback Message)报文。LB的目的节点为MIP时，必须指定准确的TTL，校验报文在该MIP节点检查自己携带的Target MIP ID是否和该MIP ID一致；LB的目的节点为MEP时，则要求TTL大于等于到达目的节点的跳数，否则LBM报文会在未到达目的节点之前被提取并丢弃。

(2) 目的节点收到LBM报文后，校验报文携带的Target MIP ID(或者Target MEP ID)是否和本节点的MIP ID(或者MEP ID)一致。如果不一致则丢弃该报文；如果一致则通过反向通道回复LBR(Loopback Reply)报文。

(3) 如果源端的MEP节点在指定的时间内收到目的节点响应的LBR报文，则认为LB检测的目的节点可达，LB检测成功。反之，如果没有收到目的节点响应的LBR报文，则记录一次LB超时，认为本次LB检测失败。LB 检测示意图如图6-6所示。

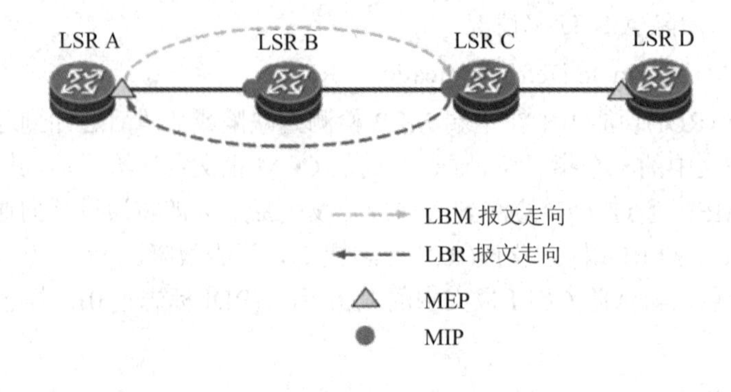

图6-6　LB检测示意图

以图 6-6 为例，在 LSR A 发起执行对 LSP 的中间节点 LSR C 的 LB 检测，具体实现过程如下：

(1) LSR A 对 LSR C 发起 LB 检测，在发送 LBM 报文时，指定到达 LSR C 的 TTL 值和 MIP ID。报文在 LSR B 被当作业务报文透传。

(2) 报文到达 LSR C 时，TTL 超时。LSR C 对报文进行处理，校验报文携带的 Target MIP ID 是否和自己的 MIP ID 一致。如果一致，则回复 LBR 报文。

(3) LSR A 在指定的时间内收到响应的 LBR 报文时，认为 LB 检测的目的节点可达，给出检测结果。如果没有收到响应的 LBR 报文，则表示 LSR A 与 LSR C 之间的连通出现故障。

5) 锁定 Lock

维护信号，用于通知一个 MEP，相应的服务层或子层 MEP 出于管理上的需要，已经将正常业务中断，从而使得该 MEP 可以判断业务中断是预知的还是由于故障引起的。

6) 性能测试 TEST

一个 MEP 向另一个 MEP 发送的测试请求信号。用于单向按需的中断业务或非中断业务诊断测试，其中包括对带宽吞吐量、帧丢失、比特错误等的检验。

3. 性能相关 OAM 功能

1) 丢包测量(Frame Loss Measurement，LM)

丢包测量用于测量从一个 MEP 到另一个 MEP 的单向或双向帧丢失率。

LM 功能主要是进行丢包性能统计，包括近端丢包率、近端丢包个数、远端丢包率、远端丢包个数等性能数据。

LM 用于统计点到点 MPLS-TP 连接入口和出口发送和接收业务帧的数量差，主要通过在一对 MEP 间发送和接收 LM 帧并结合两个本地计算器 TxFCI 和 RxFCI 的维护来实现。其中 TxFCI 用于统计 MEP 向其对等 MEP 发送的数据帧数，RxFCI 用于统计 MEP 从其对等 MEP 接收的数据帧数。默认发送周期为 100 ms。

近端帧丢失：MPLS-TP 连接入口的数据帧丢失，会导致近端严重误差秒(Near-End Severely Errored Seconds，Near-End SES)。

远端帧丢失：MPLS-TP 连接出口的数据帧丢失，会导致远端严重误差秒(Far-End SES)。

2) 时延检测(Packet Delay Measurements，DM)

DM 用于测量从一个 MEP 到另一个 MEP 的分组传送时延和时延变化，或者将分组从 MEP A 传送到 MEP B，然后测量 MEP B 再将该分组传回 MEP A 的总分组传送时延和时延变化。

帧时延测量功能是一种按需 OAM 功能，可用于测量帧时延和帧时延抖动，在诊断时间间隔内由源 MEP 和目的 MEP 间周期性地传送 DM 帧来执行，具体通过在请求和应答帧中设置时间戳并计算差值来实现。

如表 6-5 所示，时延度量在两个端点 MEP 进行，包含单向 DM 和双向 DM。当用户需要对链路的时延性能进行检测或者监控时，可以选择单向时延统计或者双向时延统计。

表 6-5 时延检测

功 能	功能描述	选择原则
单向时延统计	单向时延统计通过测量对等MEP之间链路单方向的网络时延，以确定链路的质量	当对等 MEP 时间同步并且只需对单向链路进行检测时，可以采用单向时延统计功能
双向时延统计	双向时延统计通过测量对等MEP之间网络的往返时延，以确定链路的质量	当对等 MEP 时间不同步且对往返链路进行检测时，可以采用双向时延统计功能

单向携带 DM 信息的帧被定义为 1DM 帧，双向携带请求 DM 信息的帧被定义为 DMM 帧，携带应答 DM 信息的帧被定义为 DMR 帧。

对于 MPLS-TP 网络，单向帧时延测量对发送 MEP 和接收 MEP 间的时钟同步要求十分严格，如果时钟不同步，只能执行单向帧时延抖动测量。相比之下，双向帧时延则比较容易精确测量，而且对时钟同步不作要求。

4．其他 OAM 功能

(1) 自动保护倒换(Automatic Protection Switching，APS)。

该功能用于在维护端点间通过该报文传递故障条件及保护倒换状态等信息，以协调保护倒换操作，实现线性及环网保护功能，提高网络可靠性，由 G.8131/G.8132 定义，发送 APS 帧。

(2) 管理通信信道(Management Communication Channel，MCC)。

该功能用于在维护端点间实现管理数据的传送，包括远端维护请求、应答、通告，以实现网管管理。

(3) 实验功能(Experimental，EX)。

实验用的 OAM 功能可以在一个管理域内临时使用，但是不可以跨越不同的管理域。

(4) 客户信号故障(Communication Signal Failure，CSF)。

该功能用于从 MPLS-TP 路径的源端传递客户层的失效信号到 MPLS-TP 路径的宿端。

(5) 信令通信信道(Signaling Communication Channel，SCC)。

该功能用于一个 MEP 向对等 MEP 发送控制平面信息，包括信令、路由及其他控制平面相关信息。

6.2 日 常 维 护

6.2.1 日常性能维护

日常的周期性例行维护，主要是对设备运行情况的周期性检查，及时处理检查中出现的问题，以达到发现隐患、预防事故发生、及时发现故障并尽早处理的目的。

1. 机房环境维护

PTN 设备属精密电子设备，需要良好的机房环境条件才能确保设备稳定可靠地工作。本节列出了 PTN 设备对机房环境的要求，维护人员平时应注意定时对这些项目进行检查，如有不符应及时更正、改进，以免影响设备运行。

1) 机房温度

(1) 长期工作条件：5℃～40℃。

(2) 短期工作条件：–5℃～45℃。

机房温度是指在地板以上 2 m 以及当机柜前没有保护板时设备前方 0.4 m 处测量的数值；短期工作是指连续工作时间不超过 48 小时并且每年累计时间不超过 15 天。

2) 机房湿度

(1) 长期工作条件：10%～90%(35℃)。

(2) 短期工作条件：5%～95%(35℃)。

机房湿度是指在地板以上 2 m 以及当机柜前没有保护板时设备前方 0.4 m 处测量的数值；短期工作是指连续工作时间不超过 48 小时并且每年累计时间不超过 15 天。

3) 机房防尘

机房中无爆炸性、导电性、导磁性及腐蚀性尘埃，直径大于 5 μm 的灰尘浓度小于等于 $3 \times 10\ m^4$粒/m^3 机房地面应干净，机房门窗有密封装置。

2. 设备声音告警检查

(1) 操作目的：在日常维护中，设备的告警声更容易引起维护人员的注意，因此在日常维护中应该保证设备告警时能够发出声音。

(2) 操作方法：人为制造告警，如利用网管软件进行“告警反转”操作，检查告警声音。检查标准：发生告警时，传输设备和列头柜(电源分配列柜，简称列头柜)应能发出告警声音。

(3) 异常处理：

① 检查截铃开关应置于“Normal”状态。

② 检查告警截铃电缆连接是否正确。

③ 如果设备告警外接到列头柜，应检查外部告警电缆连接。

3. 单板指示灯观察

(1) 操作目的：机柜顶部的指示灯的告警状态仅可预示本端设备的故障隐患或者对端设备存在的故障。因此，在观察机柜指示灯后，还需进一步观察设备各单板的告警指示灯，了解设备的运行状态。

(2) 操作方法：观察单板的指示灯状态。

(3) 检查标准：在单板正常工作时，单板指示灯应该只有绿灯亮。

4. 设备供电状态检查

(1) 操作目的：确保设备工作在要求的电压范围内。

(2) 操作方法：在空气开关测试点处测试输入电压。

(3) 检查标准如下：

① 电压：具体参数如下：

PTN 设备支持直流和交流电输入，直流电电压标称值为 −48 V，允许输入电压在 −40 V～−59.5 V 范围内波动；交流电电压根据不同使用地区，标称值为 110 V/220 V，允许输入电压在 90 V～290 V 范围内波动。

② 接地：设备接地正常、牢固和无松脱。设备机保护统一连接到列头柜保护地排，列头柜保护地排连接到机房总地排；交流电源的交流保护地应可靠地与交流保护地排连接；GND 地排和 PGND 地排最终须连接在同一个接地体上。

③ 标签：标签应规范、正确、清晰和牢固粘贴。

(4) 异常处理。

当电压测试异常时，应做好记录，并及时通知中心站的网管操作人员，查看设备告警、性能信息，联系动力专业人员共同进行处理。

设备维护需重点关注上电和下电两个过程的事项。

① 设备上电。将子架供电空气开关拨至“ON”，打开电源板开关；观察风扇运转以及各单板的运行状态，如果状态不正常，应立即检查，并排除故障。

注意：设备投入运行后，应定期检查风扇运转情况，以保证设备散热良好。

② 设备下电。关闭电源板开关；将子架空气开关拨至“OFF”。

③ 警告。鉴于传输设备在网络中的重要性，设备投入使用后，为保障传送的业务不中断，应尽量避免进行断电操作。严禁带电安装、拆除电源线。带电安装或拆除电源线时会产生电火花或电弧，易导致火灾或眼睛受伤。在安装、拆除电源线之前，必须切断电源。

5. 风扇检查和定期清理

1) 操作目的

良好的散热是保证设备长期正常运行的关键，设备运行时应确保风扇运行。在设备连续运行较长时间后，灰尘会堵塞风扇单元下部的防尘单元，造成设备散热不良，严重时可能损坏设备。因此，必须定期检查风扇的运行情况和通风情况。

2) 操作方法

(1) 观察风扇运行情况，在网管软件中查询风扇运转情况，根据实际情况调整。

(2) 将防尘网由防尘单元底部抽出，进行检查。

3) 检查标准

(1) 风扇运行平稳，转速均匀，发出持续的“嗡嗡”声，无异常声响。

(2) 防尘单元里的防尘网无积灰。

4) 异常处理

(1) 如果风扇转速不均匀或有异常声响，应立即关断风扇插箱电源，检查风扇插箱内是否有异物，插箱内的风扇是否有损坏。

(2) 防尘单元里的防尘网有积灰时，需进行清理，清理时用清水将防尘网刷洗干净，晾干后，插装回防尘单元底部。

6.2.2　网管维护操作

1．网元监控

在 NetNumen U31 的拓扑管理视图中，用户可以通过导航树、拓扑图以及网元图标，对网络、网元的运行状态进行监视，以便及时发现异常状态并处理。

1) 网元状态

登录网管客户端操作窗口时，系统默认进入拓扑管理视图，检查各网元、链路的图标状态，如 6-7 所示。

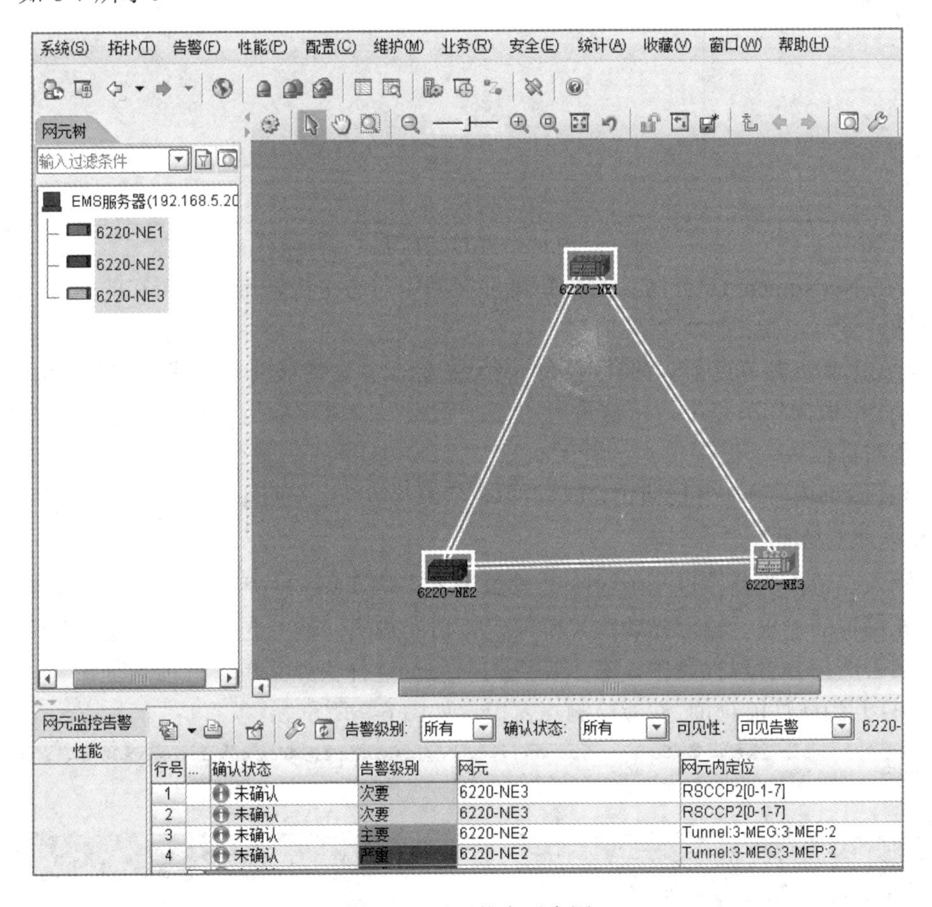

图 6-7　网元状态示意图

(1) 网元图标为红色，表示网元当前存在最高级别告警为严重告警。

(2) 网元图标为橙色，表示网元当前存在最高级别告警为主要告警。

(3) 网元图标为黄色，表示网元当前存在最高级别告警为次要告警。

(4) 网元图标为蓝色，表示网元当前存在最高级别告警为警告告警。

2) 单板运行状态

通过网管查询，可以掌握各单板当前的运行状态。单板运行状态包括单板信息、占用率和以太网端口状态，如图 6-8 所示。

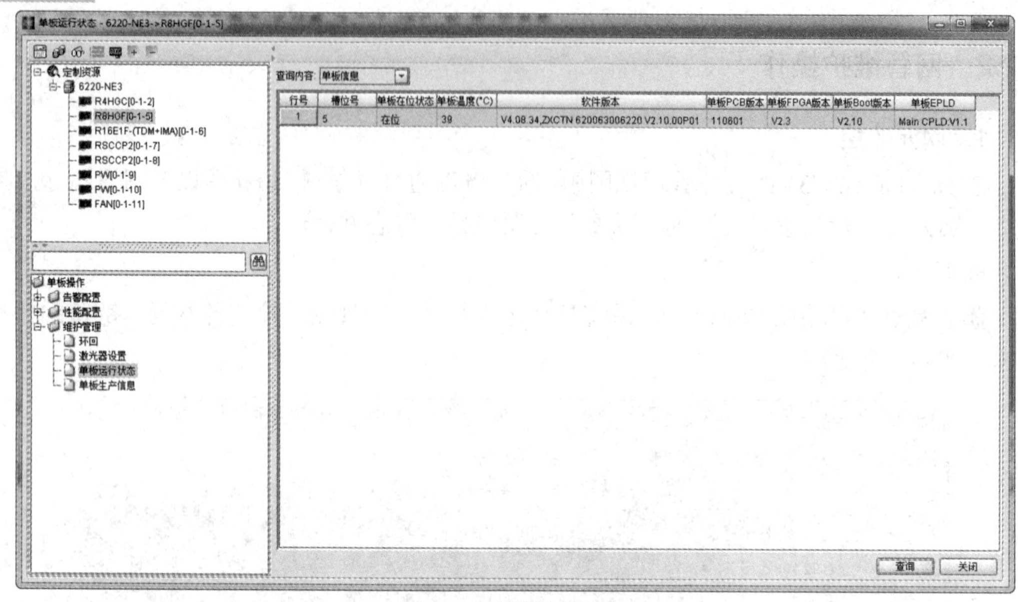

图6-8　单板运行状态

(1) 在NetNumen U31网管的拓扑管理视图中，右击待查询单板所在的网元，选择快捷菜单网元管理，弹出网元管理窗口。

(2) 在定制资源节点下，选择对应的网元图标，并选择该网元下待查询的单板。

(3) 在单板操作节点下，依次展开“维护管理”→“单板运行状态”节点，弹出单板运行状态对话框。

(4) 在查询内容下拉列表框中选择“单板信息”，单击“查询”按钮，可查看单板信息。

3) 接口光功率

当输入、输出光功率过高或过低会导致设备产生误码，损坏光器件并影响业务。应定期检查光接口的输出、输入光功率，确保光接口的输出、输入光功率都在正常范围内。

在网管的拓扑管理视图中，右击待查询网元，选择快捷菜单“性能管理”→“当前光功率”，打开当前性能查询_性能检测点窗口，如图6-9所示。

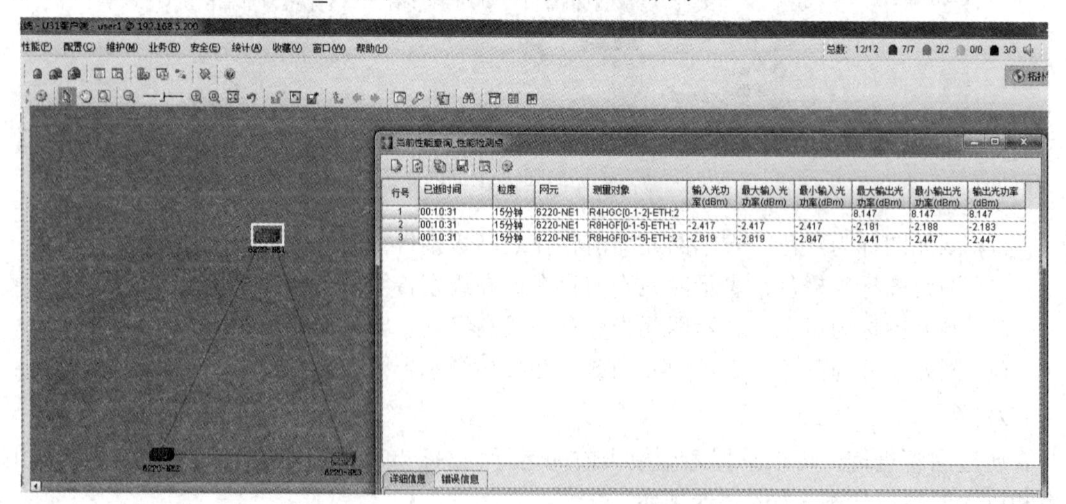

图6-9　接口光功率查询结果

2．告警监控

随着传输承载网的快速发展，设备数量也在与日俱增。为了保证设备正常运行，必须对设备进行 24 小时监控，任何一种异常情况都必须得到及时有效的处理，否则，将对传输承载网络的正常工作带来严重危害。

通过告警查询操作，可以了解网络中网元当前的告警，及时发现并处理网元的告警信息。定期查询告警有助于快速发现故障，分析告警有助于定位故障。

1) 拓扑视图查询告警

在拓扑视图中，选中一个或多个网元，在拓扑视图下方，即可实时查看到这些网元的当前告警。

在拓扑视图中，选中一个或多个网元，单击鼠标右键选择当前告警或历史告警，查看相关告警，如图 6-10 所示。

2) 主菜单查询告警

在主菜单中，选择“告警”→“告警监控”，弹出告警监控窗口。

在左侧的管理导航树中，依次选择“当前告警”→“历史告警”→“通知”，查询相关告警。也可继续展开“自定义查询”下的节点，按定制模板查询相关告警。告警查询导航树如图 6-11 所示。

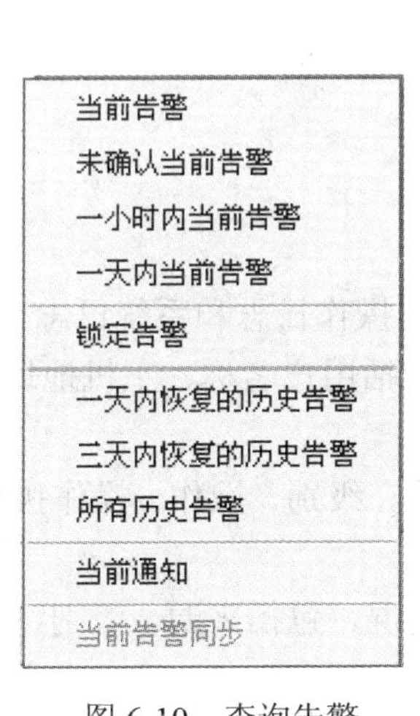

图 6-10　查询告警

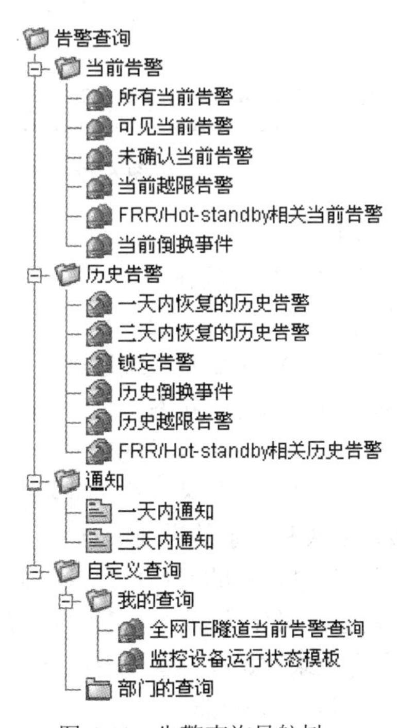

图 6-11　告警查询导航树

3．性能监控

通过监视网元的性能信息，可以了解网元的业务性能，及时发现和处理网元的故障隐患。

1) 查询当前性能数据

(1) 在 NetNumen U31 的拓扑管理视图中，选择“性能”→“当前性能查询”。

(2) 右击网元树或拓扑图中的任意网元，选择“性能管理”→“当前性能查询”，如图 6-12 所示。

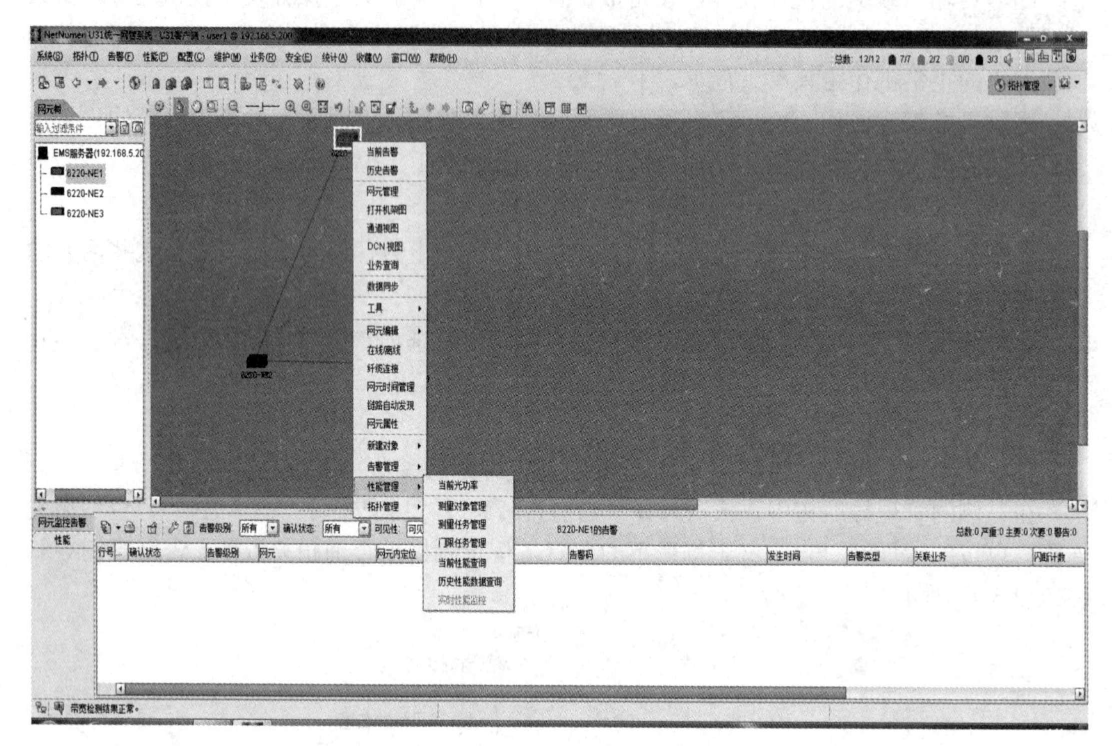

图 6-12　网元当前性能查询

2) 查询网管日志

(1) 定期查询网管日志的作用如下：

① 检查是否有非法用户入侵。

② 检查是否有误操作影响系统运行。

③ 监视网管系统的运行状态。

(2) 网管日志按记录的内容分为三类：安全日志、操作日志和系统日志。

① 安全日志记录用户登录网管服务器的信息，包括用户名称、主机地址、日志名称、操作时间、接入方式和登录的详细信息。

② 操作日志记录用户的操作信息，包括用户名称、级别、操作、操作执行的功能、操作时间、操作对象、操作结果、主机地址和接入方式。

③ 系统日志记录数据库、管理者或网元的运行情况，包括来源、级别、日志名称、主机地址、操作时间和关联日志。

(3) 查询网管日志的检查标准如下：

① 无非法用户登录。

② 无影响系统运行、业务功能的用户操作。

③ 系统日志中没有高级别错误。

在 NetNumen U31 网管的拓扑管理视图中，选择“安全”→“日志管理”，进入日志管理视图。在日志管理导航树中，根据需要，选择对应的操作，如图 6-13～图 6-15 所示。

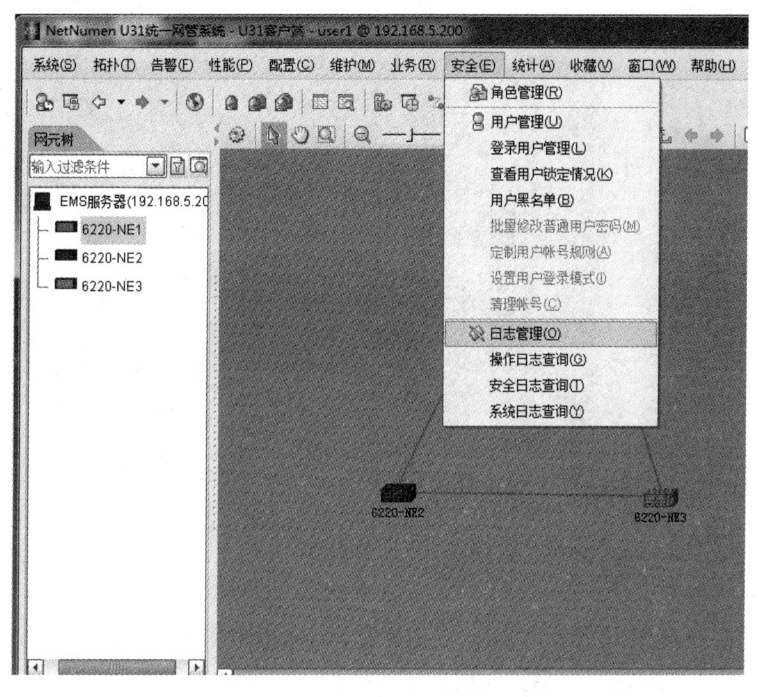

图 6-13　打开日志管理

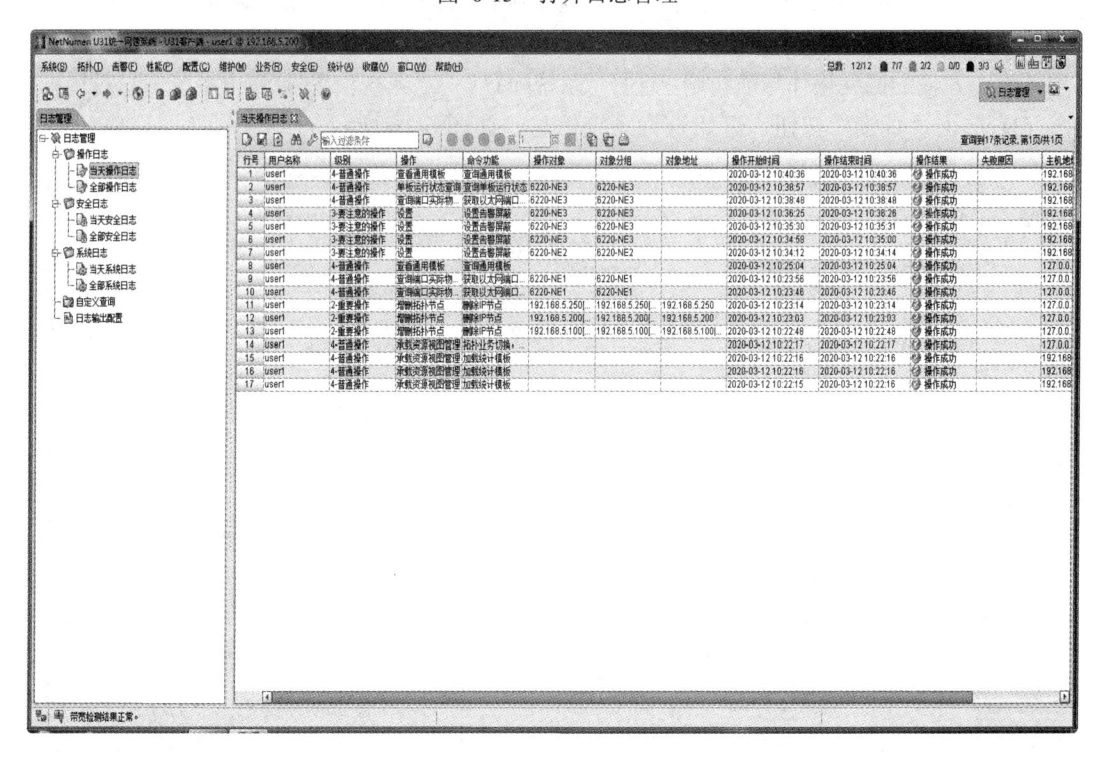

图 6-14　查询当天操作记录

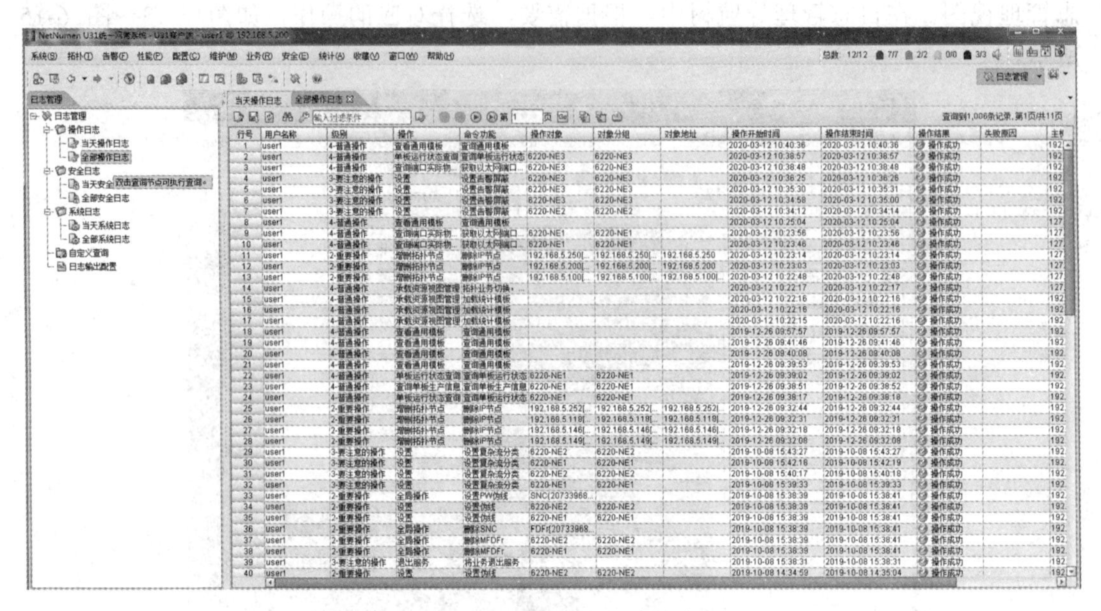

图 6-15　查询全部操作记录

3) 查询系统信息

NetNumen U31 网管提供系统信息查询功能，以便用户了解网管软件系统的名称、版本、正常运行时间、联系方式等信息。

(1) 在 NetNumen U31 网管的拓扑管理视图中，右击待查询网元，选择“网元管理”，进入网元管理窗口。

(2) 在左侧的网元操作导航树中，选择“系统配置”→“系统信息”，弹出系统信息对话框。

(3) 单击“查询”按钮，开始查询系统信息，如图 6-16 所示。

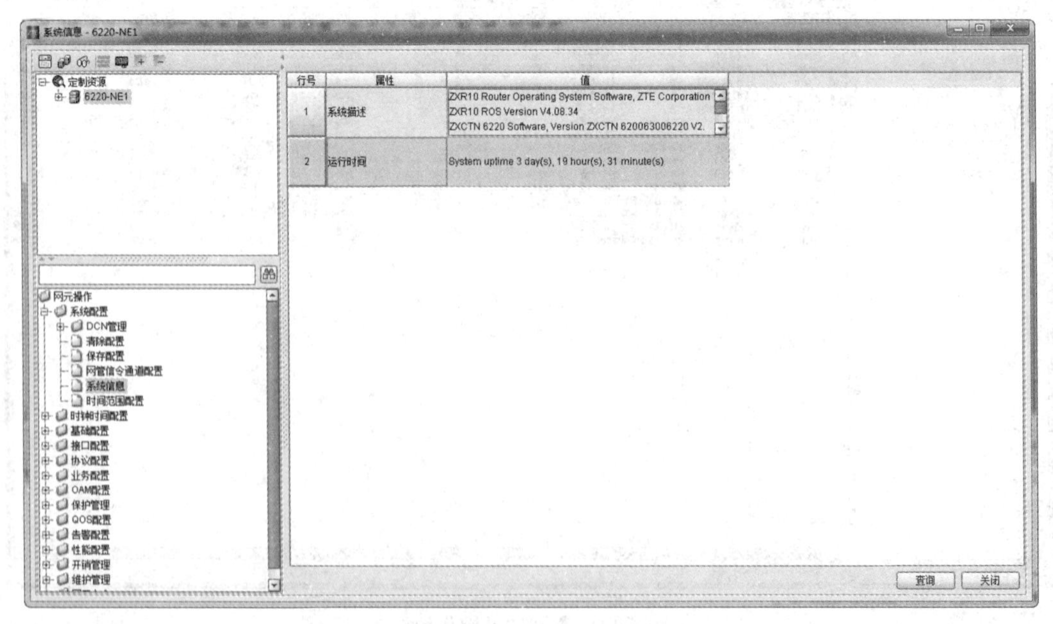

图 6-16　查询系统信息

6.2.3　维护注意事项

1. 单板维护

(1) 防静电：在设备维护中做好防静电措施，避免损坏设备。由于人体会产生静电电磁场并较长时间地在人体上保存，所以为防止人体静电损坏敏感元器件，在接触设备时必须佩戴防静电手环，并将防静电手环的另一端良好接地。单板在不使用时要保存在防静电袋内。

(2) 防潮：注意单板的防潮处理。备用单板的存放必须注意环境温、湿度的影响。保存单板的防静电保护袋中一般应放置干燥剂，以保持袋内的干燥。当单板从一个温度较低、较干燥的地方拿到温度较高、较潮湿的地方时，至少需要等 30 分钟以后才能拆封。否则，会导致水汽凝聚在单板表面，损坏器件。

(3) 防误插：插拔单板时要小心操作。设备背板上对应每个单板板位有很多插针，如果操作中不慎将插针弄歪、弄倒，可能会影响整个系统的正常运行，严重时会引起短路，造成设备瘫痪。

2. 光板维护

光线路板/光接口板上未用的光口一定要用防尘帽盖住。这样既可以预防维护人员无意中直视光口损伤眼睛，又能起到对光口防尘的作用，避免灰尘进入光口后，影响发光口的输出光功率和收光口的接收灵敏度。

(1) 在日常维护工作中，如果拔出尾纤，必须立即为该尾纤接头安装防尘帽。

(2) 严禁直视光线路板/光接口板上的光口，以防激光灼伤眼睛。

(3) 清洗尾纤插头时，应使用无尘纸蘸无水酒精小心清洗，不能使用普通的工业酒精、医用酒精或水。

(4) 更换光线路板/光接口板时，注意应先拔掉光线路板/光接口板上的尾纤，再拔光线路板/光接口板，禁止带纤插拔单板。

3. 网管维护

(1) 在系统正常工作时不应退出网管，虽然退出网管不会中断业务，但会失去对设备的监控能力，破坏对设备监控的连续性。

(2) 为不同的用户指定不同的网管登录账户，分配其相应的操作权限，并定期更改网管口令以保证其安全性。

(3) 不要在业务高峰期使用网管调配业务，因为一旦出错，影响会很大，应该选择在业务量最小的时候进行业务调配。

(4) 进行业务调配后应及时备份数据，以备发生故障时实现业务的快速恢复。

(5) 不得在网管计算机上玩游戏，以及向网管计算机内拷贝无关的文件或软件。应定期用杀毒软件对网管计算机进行杀毒，防止感染计算机病毒。

6.3 故障处理

6.3.1 故障处理流程

1. 观察

维护人员达到现场后，首先应仔细查看设备的故障现象，包括设备的故障点、告警原因、严重程度及危害程度。

2. 询问

询问相关操作人员，是否由直接原因导致此故障。查询清楚设备的历史操作、历史告警等。

3. 思考

根据现场查看的故障现象和询问结果，结合自己的知识进行分析，进行故障定位，判断故障点和故障原因。

4. 操作

根据前三个步骤，采取相应的操作，例如更换单板、端口等。故障处理的通用流程如图 6-17 所示。

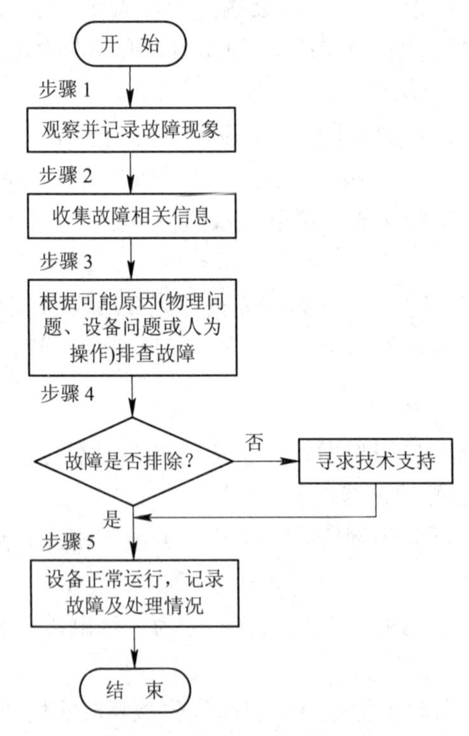

图 6-17 故障处理的通用流程

紧急故障指出现部分节点或所有节点承载的业务中断，或者大误码导致业务不能正常传输。导致 PTN 设备紧急故障的原因通常有：线路光纤中断导致业务中断，广播风暴导致业务中断，设备掉电、设备配置丢失或设备倒换失败导致业务中断，其他设备(包括承载相关业务的设备)瘫痪导致业务中断。设备紧急故障处理流程如图 6-18 所示。

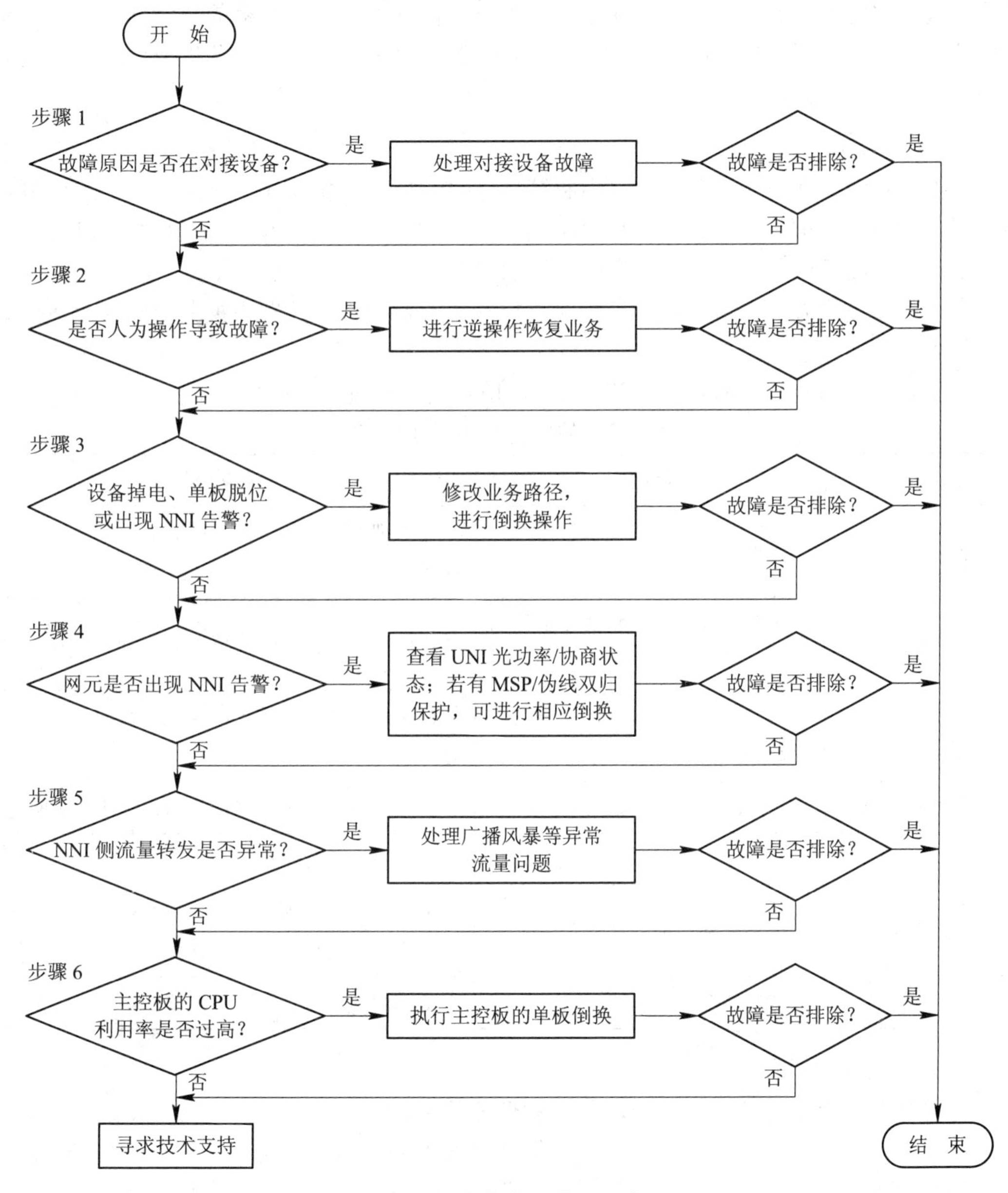

图 6-18　设备紧急故障处理流程

6.3.2　故障定位及处理

1．定位原则

由于传输网站点之间的距离较远，因此在进行故障定位时，最关键的一步就是将故障点准确定位到单站。在将故障点准确定位到单站后，就可以集中精力来排除该站的故障。

故障定位的一般原则如下：

在定位故障时，应先排除外部的可能因素，如光纤断、交换故障或电源问题等，再考虑传输设备的问题。定位故障的顺序是：站点→单板→端口。线路板的故障常常会引起支路板的异常告警，因此在故障定位时，先考虑线路，再考虑支路；在分析告警时，应先分析高级别告警，再分析低级别告警。

2．定位方法

根据现网中处理网元脱管或业务中断等故障的经验，一般遵循“一分析、二倒换/复位(环回)、三换板”的处理方案。保证PTN网络的稳定运行，尽量减少突发事故。处理故障时，应从分析故障现象开始，尽快查明故障的原因。

常用故障定位方法：告警性能分析法、环回法、替换法、配置数据分析法、更改配置法、仪表测试法、经验处理法。

对于较复杂的故障，需要综合使用表6-6所示的方法进行故障定位和处理。

表6-6 故障定位和处理方法

常用方法	适用范围	操作特点
告警性能分析法	通用	全网把握，可初步定位故障点；不影响正常业务；依赖于网管
环回法	分离外部故障，将故障定位到单站、单板	不依赖于告警、性能事件的分析；快捷
替换法	将故障定位到单板，或分离外部故障	简单；对备件有需求；需要与其他方法同时使用
配置数据分析法	将故障定位到单站或单板	可查清故障原因；定位时间长；依赖于网管
更改配置法	将故障定位到单板	风险高；依赖于网管
仪表测试法	分离外部故障，解决对接问题	通用，具有说服力，准确度高；对仪表有需求；需要与其他方法同时使用
经验处理法	特殊情况	处理快速；易误判；需经验积累

(1) 告警性能分析法。

告警性能分析法是通过网管获取告警和性能信息，进行故障定位，这是最直接、最直观查找故障的方法，可以全面、详实地了解全网设备的当前或历史告警信息。另外，还可以通过机柜顶部指示灯和单板告警指示灯来获取告警信息，进行故障定位。例如，可以通过看相应端口的收发包数目变化来判断端口业务是否正常。

(2) 环回法。

当组网、业务和故障信息相当复杂时，或者设备没有出现明显的告警信息上报时，可以利用网管提供的维护功能进行测试，判断故障点和故障类型，最常用的测试方法是环回法。环回法可以将故障尽可能准确地定位到单站。环回操作分为软件环回和硬件环回。

硬件环回：使用光纤或者电缆端口实现的环回。

软件环回：利用网管软件实现的环回。

环回方向：向设备内方向环回称为终端侧环回，反方向称为线路侧环回，如图 6-19 所示。

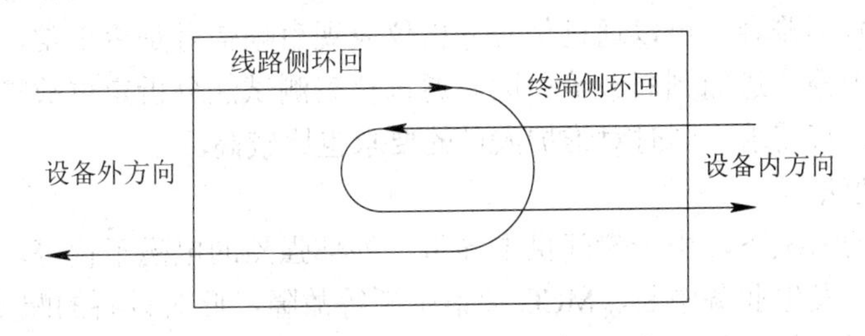

图 6-19　环回方向示意图

与软件环回相比，硬件环回更为彻底。若通过尾纤将光口自环后，业务测试正常，则可确定该单板是好的。但硬件环回需要到设备现场才能进行操作。另外，光接口在硬件环回时要避免接收光功率过载。

环回的基本步骤包括：选择故障站点；从故障站点中选择一条受影响的单板；逐段进行环回，定位故障到单站乃至单板。

(3) 替换法。

替换法是指使用一个工作正常的物体去替换一个疑似工作不正常的物体，从而达到定位故障、排除故障的目的。这里的物体可以是一段线缆、一个设备、一块单板、一块模块或一个芯片。替换法适用于排除传输外部设备的问题，如光纤、中继电缆、交换机、供电设备等，或故障定位到单站后，用于排除单站内单板或模块的问题。

(4) 配置数据分析法。

配置数据分析法是指查询、分析设备当前的配置数据，例如 VPWS 和流配置的情况，还有 LSP 保护的情况，同时根据所配数据在单板里查看相应的映射是否正确，在状态里看相应的收发包是否正常等，通过分析以上配置数据是否正常来定位故障。若配置的数据有错误，需进行重新配置。

配置数据分析法主要用于解决由于设备配置变更或维护人员的误操作导致的故障。常见的情况有：接口配置问题(VLAN、IP 接口等)；通道配置问题(隧道、伪线等)；业务配置问题；维护操作问题(环回，告警插入等)；网管和网元配置数据不一致等。配置数据分析法一般要求维护人员具备较丰富的经验和知识。

(5) 更改配置法。

更改配置法是指通过更改设备配置来定位故障的方法，操作起来比较复杂，对维护人员的要求较高，因此一般用于在没有备板的情况下临时恢复业务。更改配置法常用于以下情况：出现业务滑码问题时，更改时钟源配置和时钟抽取方向进行定位；如果怀疑支路板的某些通道或某一块支路板有问题，可以将时隙配置到另外的通道或另一支路板；如果怀疑背板某个槽位有问题，可以通过更改板位配置进行排除。更改设备配置之前，应备份原有配置，同时详细记录所进行的操作，以便于故障定位和数据恢复。

(6) 仪表测试法。

仪表测试法是指利用仪表定量测试设备的工作参数，一般用于排除传输设备外部问题以及与其他设备的对接问题。仪表测试法常用于以下情况：如怀疑电源供电电压过高或过低，可以用万用表进行测试；如传输设备与其他设备无法对接，怀疑设备接地不良，可以用万用表测量通道发端信号地和收端信号地之间的电压值；如传输设备与其他设备无法对接，怀疑接口信号不兼容，可以通过信号分析仪表观察帧信号是否正常，开销字节是否正常，是否有异常告警，进而判断故障原因。通过仪表测试法分析定位故障比较准确，可信度高，但是对仪表有需求，同时对维护人员的要求也比较高。

(7) 经验处理法。

在一些特殊的情况下，由于瞬间供电异常、外部强烈的电磁干扰等，致使设备单板进入异常工作状态，发生业务中断、MCC 通信中断等故障，此时设备的配置数据完全正常，在这种情况下可通过复位等操作重新恢复业务。常用的经验处理方法有：复位单板，插拔单板，重新下发数据，掉电重启。此类方法不利于故障的彻底清除，只用于紧急情况，业务恢复并非意味着故障已消除，设备可能依然存在隐患。

6.4 故障处理案例

6.4.1 PTN 业务连通性诊断

1. 网络配置

某局本地传输网采用 ZXCTN 6000 设备组成链型网，网络由 3 台 ZXCTN 6000 网元组成，其中网元 A 为 6300，网元 B 为 6200，网元 C 为 6100。网络结构如图 6-20 所示。

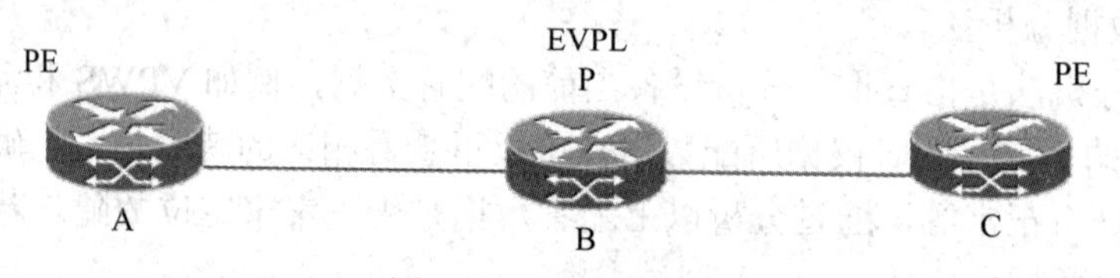

图 6-20 网络结构图

链上 A 至 C 配置了一条 VLAN ID 为 325 的 EVPL 业务，A 的 UNI 对应的物理端口为 gei_6/1，C 的 UNI 对应的物理端口为 fei_1/1，A 至 C 的隧道 ID 为 110。

2. 故障现象

A、B、C 站点均无告警，但 A 至 C 的业务不通。

3. 故障分析

由于业务不通，通常应进行分层检测来定位故障。通过各站点无告警，排除物理层断链的情况。定位故障应该在隧道/伪线/业务，按照层次关系分别进行检查。

4. 故障处理

故障排除步骤如下：

(1) 验证隧道的连通性。

在 U31 网管上，分进入 A、C 两节点的设备管理器的 OAM 配置界面；为 A 至 C 的隧道创建 TMP OAM。具体配置参数如图 6-21 所示。

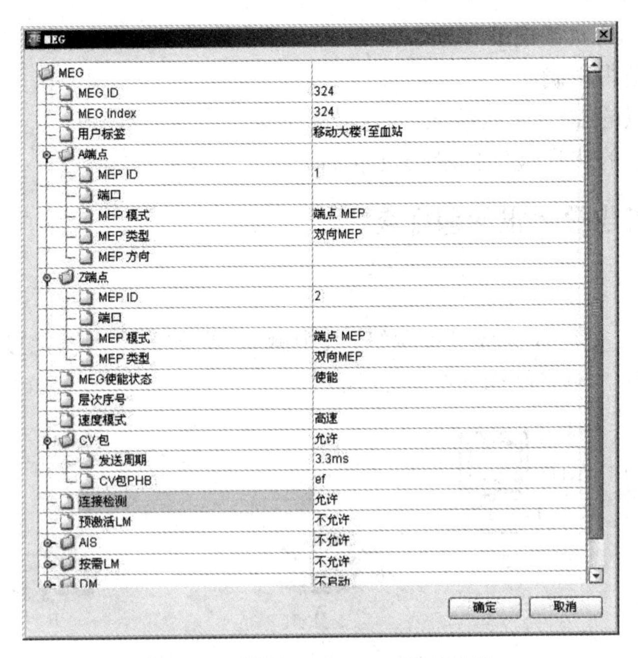

图 6-21　隧道 TMP OAM 配置参数

配置后，若隧道出现 CC 告警，则说明隧道未通。那么主要故障点可能出现在静态业务 ARP 配置错误或忘记配置的地方。

(2) 若隧道的连通性没有问题，则应检查伪线的连通性。

为 A 至 C 的隧道创建 TMC OAM，具体配置参数如图 6-22 所示。

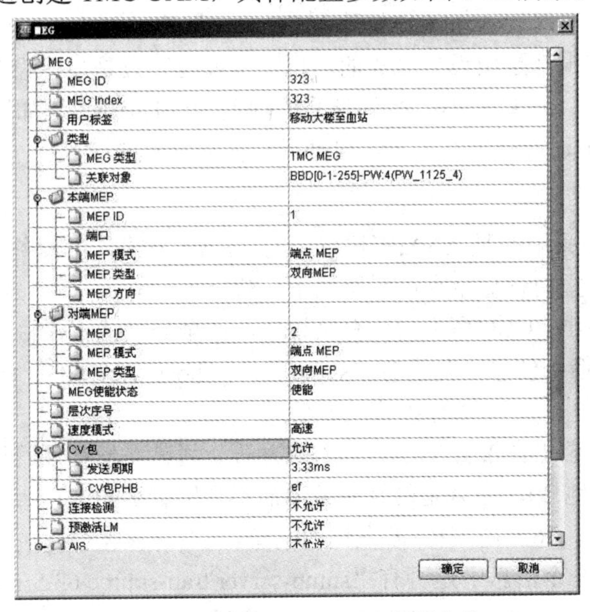

图 6-22　伪线 TMC OAM 配置参数

(3) 若伪线的连通性没有问题，则应检查业务的配置情况。

检查内容如下：

① UNI 端口绑定是否正确。

② 源、宿节点的业务类型一致。

③ 伪线绑定是否正确。

④ 源、宿节点的 VLAN 保持应一致(可选)。

⑤ 源、宿节点的优先级保持应一致(可选)。

6.4.2 PTN 网管告警上报问题排查

1. 网络配置

某网络中，网元 A 和 B 组成链型网络，其中网元 A 作为接入网元接入网管，且网元 A 和 B 均能正常管理。网络结构如图 6-23 所示。

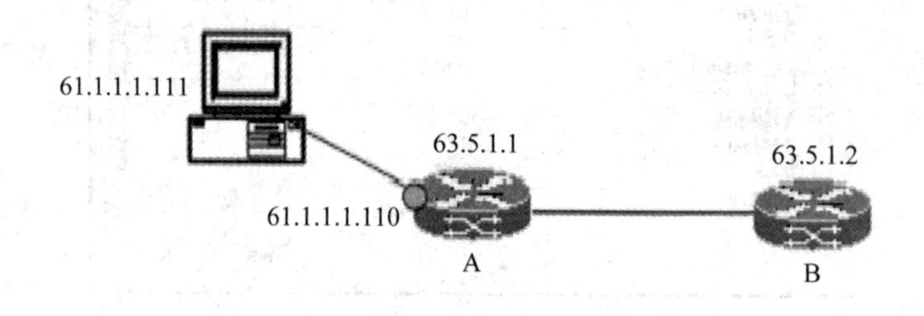

图 6-23 网络结构图

2. 故障现象

断开网元 A 和 B 间的光纤连接，网管查询不到到设备的告警信息。

3. 故障分析

网管能够正常管理网元 A 和 B，排除 MCC 通道配置问题。

告警的产生、上报都是由设备完成的，也就是说网管只是显示设备上产生的告警并进行相关管理或者操作。网管是不会产生告警的(除了个别告警，比如网管相关参数超过阈值)，告警一般都是由设备产生并上报，自动显示在网管上的。

4. 故障处理

PTN 告警的上报采用的是 SNMP 协议中的 TRAP 方式，由设备主动上报网管。如果发现告警无法主动上报网管显示，可采用如下步骤排除问题。

(1) 通过串口或网管 CLI 命令窗口登录设备，在全局模式下，输入：show run。

(2) 检查显示的命令信息中是否有“snmp-server host 61.1.1.111 trap version 2c public udp-port 162”。

该配置信息是告警平台告警 TRAP 包往哪里发，通常是发往网管服务器(61.1.1.111 地址为网管服务器 IP 地址)，注意是网管服务器而不是网管客户端，大部分情况客户端和服务器不在一台电脑上。162 是 TRAP 发送的端口。

(3) 检查显示的命令信息中是否有“snmp-server trap-source 63.5.1.1”。

设备上报告警给网管时，TRAP 报文中会包含发送端的 IP(即网元 IP 地址，本例中为 63.5.1.1)，网管通过这个 IP 获取对应的网元。mcc 组网时如果不设置，TRAP 报文的 IP 可能就不是网元 IP，网管找不到对应网元就会丢弃这条告警，因此建议设置。

6.4.3　光模块类型不符导致业务不通

1. 网络配置

某局本地传输网采用 ZXCTN 6200 设备与 6100 设备混合组网，6200 设备通过 R8EGF 单板的 GE 接口与 6100 主板的 GE 接口对接。

2. 故障现象

对接后，发现 R8EGF 上的 GE 接口与 6100 主板上的 GE 接口指示灯状态有问题，GE 接口指示灯状态均为 Tx 灯亮，Rx 灯灭。

3. 故障分析

根据上述情况，判断设备光模块都可以发送数据，但是接收不到数据。

分别将 6100 和 6200 设备上的 GE 接口用一根光纤自还，自还时需要在该光口的接收端增加衰耗器，此时两台设备 GE 接口的 Tx 和 Rx 灯均正常闪烁。

判断光模块工作正常，故障出在光纤线路或对接参数上。

4. 故障处理

(1) 在光模块端口进行远端回环，GE 接口的 Tx 和 Rx 灯均正常闪烁，确定光纤线路没有问题。

(2) 检查对接光接口上所安装的光模块，发现光模块类型不一致，一个是多模光模块，波长为 850 nm，另一个是单模光模块，波长为 1310 nm。更换为相同类型的光模块后，业务恢复正常。

需要注意：在长距离传输时，应确保光模块所有参数都一致，包括传输模式(现在工程使用的通常是单模)、波长、传输距离等。

6.4.4　电源板导致业务出现瞬断

1. 网络配置

某地传输网采用中兴通讯的 ZXCTN6300 设备组网，整个网络由 3 个 ZXCTN 6300 网元组成，组成一个链型网，如图 6-24 所示。

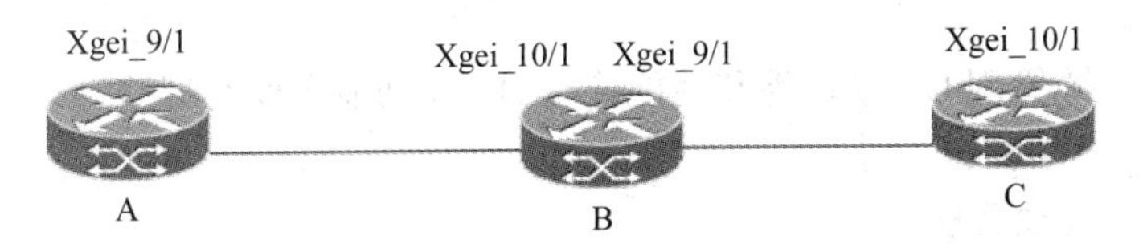

图 6-24　网络结构图

光纤连接关系如下：A 网元的 Xgei_9/1 接 B 网元 Xgei_10/1，B 网元的 Xgei_9/1 接 C 网元 Xgei_10/1。各网元间都有 TDM E1 业务。

2. 故障现象

从网管上发现 B 与 C 网元出现业务中断，大概几分钟后业务又恢复。同时在 A 网元的 Xgei_9/1 与 C 网元的 Xgei_10/1 出现瞬断的现象，2M 业务出现 AIS 及 UAS 告警。

3．故障分析

先定位故障网元：由于 A 网元的 Xgei_9/1 与 C 网元的 Xgei_10/1 同时出现瞬断现象，而由于 A、C 网元同时出现故障，导致业务不通的可能性较小。因此基本可以排除 A 与 C 网元的故障，把故障定位在 B 网元。

再定位故障板卡：对于 B 网元，导致该现象的原因可能是由于该网元的主控板、时钟、10GE 接口板及电源板故障所引起。

4．故障处理

(1) 倒换主控板，故障依旧存在。

(2) 更换 10GE 接口板。在更换时发现，在插板时所有的单板都出现复位现象。因此，怀疑是电源板的供电电路故障或是背板总线故障。

(3) 更换电源板后，故障消失。

习　　题

一、填空题

1．OAM 是指__________。

2．在 MEG 嵌套的情况下，使用 MEL 区分嵌套的 MEG。每个 MEG 工作在 MEL=_______层次，所有 MEG 的所有 MEP 仅终止 MEL=_________ 的 OAM 分组。对于某个 MEG，从任何一个 MEP 进入 OAM 分组，MEL 值加______________。

3．在 MSTP-TP OAM 的基本概念中，ME 是_____，MEG 是_____，MIP 是_____，MEP 是_____。其中能够产生和终结 OAM 分组的是_____。

4．常用故障定位方法：___________、___________、___________、___________、___________、仪表测试法和经验处理法。

5．PTN 的 OAM 具有层次化特性，可分为______OAM、______OAM 和______OAM 三个层次。

6．在 MPLS-TP OAM 中，标签值______用来区别普通数据报文和 OAM 报文。

二、简答题

1．PTN 的故障管理 OAM 功能和性能管理 OAM 功能主要有哪些?

2．简述 CC 和 LB 的区别。

3．简述故障处理流程。

参 考 文 献

[1] 张宇. PTN 光传输技术. 北京：现代教育出版社，2016.
[2] 杨靖，原建森，刘俊. 分组传送网原理与技术. 北京：北京邮电大学出版社，2015.
[3] 许圳彬，王田甜，胡佳，何良超. 分组传送网技术. 北京：人民邮电出版社，2012.
[4] 张海懿. 宽带光传输技术. 北京：电子工业出版社，2012.
[5] 许圳彬，王田甜，胡佳. 等. SDH 光传输技术与应用. 北京：人民邮电出版社，2012.
[6] 曹若云. 光传输技术与实训. 北京：化学工业出版社，2010.
[7] 周鑫，王远洋. PTN 分组传送设备组网与实训. 北京：机械工业出版社，2019.
[8] 迟永生，王元杰，杨宏博，等. 电信网分组传送技术 IPRAN PTN. 北京：人民邮电出版社，2017.